ドライプロセスによる
表面処理・薄膜形成の応用

表面技術協会 編

コロナ社

編集委員会

編集委員長	明石　和夫	（東京大学名誉教授）
編 集 幹 事	亀山　哲也	（産業技術総合研究所）
編 集 幹 事	杉村　博之	（京都大学）
編 集 幹 事	坂本　幸弘	（千葉工業大学）

執筆者一覧（執筆順）

関口　　敦	（工学院大学／元 キヤノンアネルバ株式会社）	（1章，2章）
杉村　博之	（京都大学）	（3.1節，10.2節）
小田　昭紀	（千葉工業大学）	（3.2節）
中村　圭二	（中部大学）	（3.3節）
井上　泰志	（千葉工業大学）	（3.4節）
大工原茂樹	（元 日本真空学会）	（4章）
渡部　修一	（日本工業大学）	（5.1節）
梅村　　茂	（元 千葉工業大学）	（5.2節）
坂本　幸弘	（千葉工業大学）	（6章，11.3節）
川名　淳雄	（日本コーティングセンター株式会社）	（6章）
黒田　聖治	（物質・材料研究機構）	（7章）
尾形　　聡	（月島機械株式会社）	（8章）
矢嶋　龍彦	（埼玉工業大学）	（9章）
節原　裕一	（大阪大学）	（10.1節）
光田　好孝	（東京大学）	（11.1節）
馬場　恒明	（長崎県工業技術センター）	（11.2.1項）
國次　真輔	（岡山県工業技術センター）	（11.2.2項）
三浦　健一	（大阪府立産業技術総合研究所）	（11.2.3項）
田中　一平	（千葉工業大学）	（11.3節）
石原　正統	（産業技術総合研究所）	（11.4節）
亀山　哲也	（産業技術総合研究所）	（12.1節）
稲垣　雅彦	（産業技術総合研究所）	（12.1節）
堀　　　勝	（名古屋大学）	（12.2節）
田中　宏昌	（名古屋大学）	（12.2節）

（2016年10月現在）

ま え が き

21 世紀を迎え，技術と社会のありようが変わりつつあります。技術について見ますと，省資源・省エネルギー型技術，太陽光など自然エネルギー利用技術，環境調和型技術，安心・安全技術などの開発に対する期待は日本のみならず，世界的なレベルで高まっております。このような技術を実現する要素部品として機械部品，電子部品，光学部品などがあり，ドライプロセスはこれら部品の高性能化，高機能化，軽量化などを図る重要なプロセス技術として活用・発展を遂げてきました。

表面技術協会材料機能ドライプロセス部会は，昭和 58 ～ 61 年にかけて組織されたイオンプレーティングおよびスパッタリング関連の研究分科会をルーツに持ちます。昭和 62 年に，この二つの研究分科会は，ドライプロセス関連の研究専門部会としてまとまり，その後，専門部会・技術部会と名称は変遷しましたが，ドライプロセス技術の啓蒙および情報交換の場として着実に継続され，平成 10 年より現在の名称となりました。ドライプロセスによる材料機能の創製を目標に，ドライプロセスを基盤とする表面技術の発展を支えるための活動を続けています。

本部会では，これからの発展が望まれている前述の産業分野において，ドライプロセスが必要欠くべからざる貢献を果たし，その成果が迅速かつ有効に浸透するには，若手研究者・技術者の育成および製造現場で活用できる最新の教科書が必要であると考えました。そこで，当該分野で指導的な役割を果たしてこられた明石和夫 東京大学名誉教授を委員長とする編集委員会を立ち上げ，「ドライプロセスによる表面処理・薄膜形成の基礎」を刊行しました。同書は，2013 年に出版され好評を博しています。応用編に対する要望も高く，部会では編集委員会を再度組織し，基礎編同様，ドライプロセス分野でリーダーとして活躍しておられる産学官の先生方にご執筆をお願いしました。

今回刊行する応用編は，第Ⅰ編「ドライプロセスの基盤技術」および第Ⅱ編「ドライプロセスの応用」から構成され，研究現場や製造現場で基礎技術をベースに的確にドライプロセスが実施できるよう，工夫をしております。

以下に本書の内容を簡単にまとめます。1章ではドライプロセス反応場を作り出す真空技術を解説しました。2章では反応場に原料気体を制御・導入する技術について説明をしました。3章では薄膜成長時の膜厚を水晶振動子センサーでその場で計測する手法について解説しました。4章では各種光学薄膜の作製技術について説明しました。高性能反射防止膜，反射膜，フィルターなどの形成に活用されています。5章では航空・宇宙・真空機器で使用される機械部品用固体潤滑膜，および電子デバイスや切削工具保護用硬質膜などの作製とその特徴について概説しました。

6章ではPVDにより，Ti，Al，Si，Crなどを原料に用いて窒化膜，炭化膜を形成する技術および膜の特徴について解説しました。省エネルギー型部材への活用が期待されます。7章では溶射技術の特徴および作製した遮熱皮膜，防食皮膜，耐摩耗皮膜の性能について概説しました。遮熱皮膜は航空機エンジン，発電用タービンに，防食皮膜は橋梁に活用されています。8章ではプラスチックフィルムおよびボトルにガスバリア膜を形成する手法である酸化ケイ素を原料に用いるプラズマ蒸着法およびプラズマCVDについて概説しました。食品，医薬品，飲料のみならず，太陽電池などへも利用されつつあります。9章では固体表面の親水性およびはっ水性を支配する化学的因子および物理的因子について解説しました。印刷，自動車，医療のみならず，エレクトロニクス，エネルギー分野でも活用が広がっています。10章では有機材料の表面改質および無機材料薄膜との複合化を可能にするプラズマプロセスの基礎について概説しました。フレキシブルデバイスへの応用が期待できます。11章ではダイヤモンド薄膜，ダイヤモンドライクカーボン，ナノカーボン，グラフェンおよび窒化炭素膜の作製手法について概説しました。切削工具のみならず，電子デバイスへの応用が期待できます。12章では高周波プラズマ溶射を用いてチタン基材上に生体適合性セラミックを傾斜組成的に形成する手法とその特徴について概説しました。骨粗しょう症が顕著な高齢者の方に有効な人工股関節部材として活用できる可能性があります。また，超高電子密度大気圧プラズマにより生成したプラズマ活性溶液は手術が困難な卵巣がんや胃がんの治療に有効であることを紹介しました。プラズマ活性溶液はさまざまな疾患にも応用できます。

今回の応用編を次世代ものづくり産業の創製・発展に役立てていただければ幸いです。

最後に，本書の刊行にあたり，コロナ社の方々には大変お世話になりました。編集委員会ならびに執筆者一同に代わって御礼申し上げます。

2016年10月

材料機能ドライプロセス部会
代表幹事
亀山哲也

目　　　　次

第Ⅰ編　ドライプロセスの基盤技術

1. 真　空　技　術

2. ガ　ス　制　御

3. プロセスモニター

第Ⅱ編　ドライプロセスの応用

4. 光　学　薄　膜

5.　トライボロジー薄膜

6.　表面硬化処理

7.　耐環境性皮膜

8. ガスバリア膜

9. 親水性とはっ水性

10. 高分子材料の表面処理

11. 炭素系薄膜

12. ドライプロセスと医療

第Ⅰ編　ドライプロセスの基盤技術

******** 1.

真　空　技　術

****

1.1　ドライプロセスの中の真空技術

真空技術は，ドライプロセスを実現するための最も基本となる重要なツールである。所定のプロセスを実施する容器内の雰囲気調整，清浄表面の維持，目的とする素子を構成する界面特性の実現，膜中不純物の管理，および微細加工用プラズマの作製雰囲気など多くの目的で真空技術が用いられる。先に出版された基礎編[1)†]では，真空に関して気体分子運動論などの真空科学の視点から解説されている。本応用編では，基礎編の知識をベースとし，ドライプロセスを実現するための手法の視点から真空技術を解説することにする。特に真空技術を応用する場合に誤りやすい概念に重点を置き解説するようにした。

工業的に「真空」は日本工業規格（JIS）の中で明確に定義されている。すなわち，「ドライプロセス表面処理用語 JIS H 0211：1992」および「真空技術—用語—第1部：一般用語 JIS Z 8126-1：1999」の中で「真空」は「通常の大気圧より低い圧力の気体で満たされた空間の状態。」と定義されている。

真空の程度を表す単位は圧力である。**図1.1**に圧力のSI単位を説明する模式図を示した。圧力のSI単位はPa（パスカルと呼ぶ）であり1 Paは1 N/m^2

---

†　肩付き数字は，巻末の引用・参考文献番号を表す。

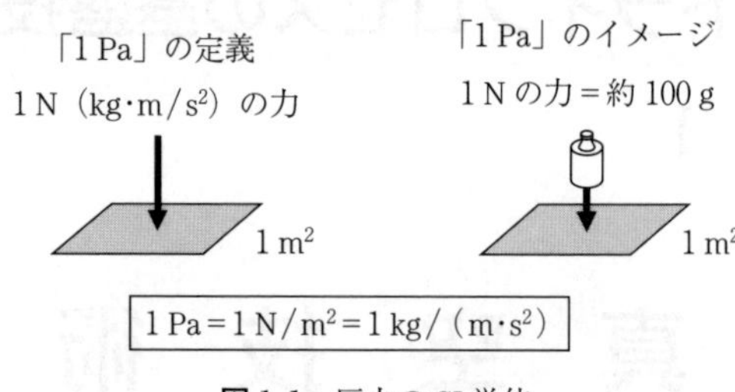

図 1.1　圧力の SI 単位

と定義されている。すなわち 1 m^2 の面に 1 N の力を加えた圧力が 1 Pa である。1 N の力はおおよそ 100 g 重の力に相当するため，1 Pa の圧力を感覚的に知る意味ではおおよそ 100 g 重 /m^2 と認識しておくと役に立つ。現在，一般的に使用されている圧力単位の各種換算表は，基礎編[1] の表 2.2 やその他の文献 2)，3）に詳しく記載されている。

1.2　絶対圧とゲージ圧

真空の程度を表す圧力の単位の定義に関して説明したが，ここで圧力に関して実務上誤りの生じやすい概念を説明する。「絶対圧」と「ゲージ圧」の概念である。**図 1.2** に絶対圧とゲージ圧に関する模式図を示した。絶対圧の原点「0」点は，真空容器内に気体が何もない理想的な状態である。この考え方は真

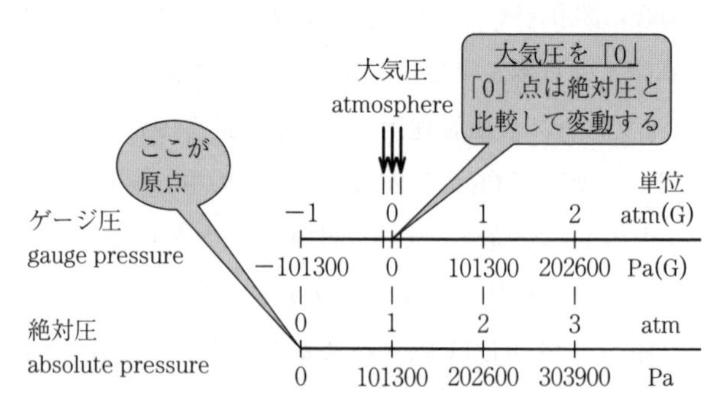

図 1.2　絶対圧とゲージ圧

空容器内の圧力の概念や，一般的な物理法則を適用する場合に取り扱いやすい。当然ながら，ドライプロセスを実施する場合の真空の程度を表現するときには，通常，この絶対圧で表記する。

一方，ゲージ圧は大気圧下を原点「0」点としている。高圧ガスや液圧を取り扱う場合，通常作業場の雰囲気である大気圧を原点とし，そこから加圧されている差圧力分を表記することは実務上大変わかりやすい。この意味から，「ゲージ圧」表記が使用される。真空分野を除く世の中で一般的に使用している圧力表記は，このゲージ圧表記である場合が多く，絶対圧の概念との違いに注意が必要である。ゲージ圧単位の表記は，絶対圧表記と混同を避けるため「Pa(G)」あるいは「PaG」と表記することになっているが，単純に「Pa」と表記されていることも少なくないので必ず意識して確認する必要がある。絶対圧の単位表記は一般的に「Pa」を使用するが，ゲージ圧と意識的に混同を避ける目的でまれに「Pa(A)」または「PaA」を使用することもある。この絶対圧とゲージ圧の概念は下記の4点に関して特に注意しておく必要がある。

〔1〕　**気体導入配管系設置機器と真空容器設置機器の表記の差**　　真空容器内への気体導入の際など，ゲージ圧表記と絶対圧表記を混同してしまう。気体導入配管系の減圧弁の圧力表記などは通常「ゲージ圧表記」が一般的である。一方，真空容器に接続されている真空計（圧力計）は「絶対圧表記」となっている。ここの表示値は，図1.2に示したとおり約0.1 MPaの差が生じる。

〔2〕　**ゲージ圧の原点変動**　　ゲージ圧表記の原点は絶対圧に比較してつねに変動している。大気圧は，気圧の変化に応じてつねに有効数字3桁目が変動していることは一般的に知られている事実である。ゲージ圧の原点はこの大気圧であるため，当然ながらつねに変動していることになる。精密な調整が必要なプロセスは，ここの概念を意識した考察が必要となる。

〔3〕　**物理量は基本的に絶対圧基準**　　気体の流量などの物理量は絶対圧をベースに測定あるいは算出されている点である。通常，気体の導入配管系統の圧力表示はゲージ圧表示であることが多いが，この部分の気体の流量は絶対圧ベースの物理量である。この流量を表すSI単位は$Pa\cdot m^3/s$である。当然，こ

このPa値は絶対圧値となる。気体の流量を慣用的に表す単位として使用されているsccmやslmは，それぞれatm･cc/minおよびatm･L/minを簡略表現しているものであるが，ここの圧力値も絶対圧値でなくてはならない。このように気体の流量を設計・運用する際，ゲージ圧を誤って適用してしまうことがないように注意が必要である。

〔4〕 **減圧弁はゲージ圧基準**　　気体導入配管系統で供給圧力を一定に保つための機器として一般的に減圧弁を使用するが，この減圧弁はゲージ圧基準として圧力を一定に保つ機器である。すなわち，減圧弁は大気圧からの差圧を一定に保つ機器であるため，絶対圧基準で圧力を一定に保つ機器ではない。

気体の流量を制御する機器として浮き子式テーパー管とニードル弁を使用した気体のコンダクタンスによって流量設定を行う機器では，減圧弁を使用しても一次側の圧力が大気圧変動の影響を受けて実質的な流量変動が生じていることに注意する必要がある。

絶対圧基準で気体導入配管内の圧力を一定に保つことは技術的に難しい。このため，精密な気体の流量制御が必要であれば減圧弁（ゲージ圧基準で圧力を一定化する）＋質量流量制御機器（マスフローコントローラー）の組合せを使用することが有用であり一般的に使用されている。

1.3　真空下での気体の挙動

図1.3に真空下での1 molの各気体の容積の圧力変化を示した。縦軸の値の有効数字に注意してほしい。ここから，通常の気体は絶対圧で1 atm以下の圧力（真空）下では有効数字3桁の範囲で理想気体と同じ挙動を示すことがわかる。

一般的に，「通常気体の挙動は理想気体とは異なる性質を示す」と認識されているが，これは大気圧より高い圧力下での性質であって，真空下では幸い理想気体と同等に扱うことが可能である[4)～6)]。すなわち実務上，理想気体の状態方程式を適用することができる。所定のプロセス容器を使用し真空下でプロセ

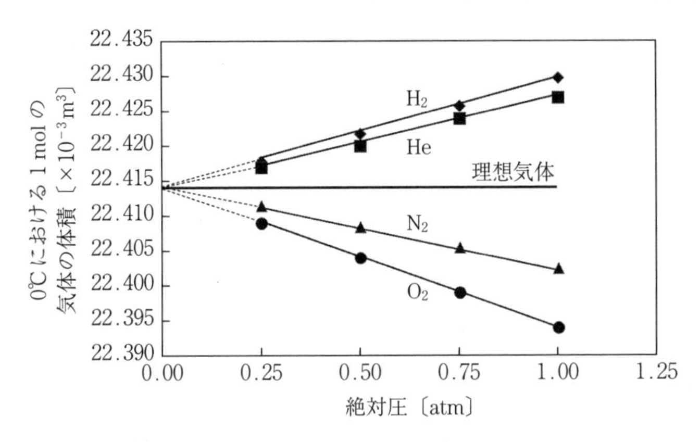

図 1.3 0℃における1molの気体体積の圧力変化

スを設計・検証するための各気体の圧力は理想気体の状態方程式，すなわち

$$pV = nRT \tag{1.1}$$

ここで，p：圧力〔Pa〕，V：体積〔m^3〕，n：気体のモル数〔mol〕，R：気体定数〔8.314 J·mol^{-1}·K^{-1}〕，T：絶対温度〔K〕を用いて算出することができる。

混合気体の場合，ドルトンの分圧の法則を適用して各気体の分圧を算出しても有効数字3桁の実務上，実測値と大きな差は生じない。通常のドライプロセスは，10^{-2} Pa〜1 atmの圧力下で行われるためこの性質は大変に有用である。

「気体定数」と「理想気体の状態方程式」を使用して計算を行う場合，つぎの認識を理解していることが重要である。

「圧力×体積」のディメンションはエネルギーである。

pVのSI単位は，つぎのように変換される。

$$\mathrm{Pa} \times \mathrm{m}^3 = (\mathrm{N}/\mathrm{m}^2) \times \mathrm{m}^3 = \mathrm{Nm} = \mathrm{J} \tag{1.2}$$

気体定数は科学技術データ委員会（Committee on Data for Science and Technology）より国際基準で8.314 J·mol^{-1}·K^{-1}と表記することが決まっている。このことから，教科書では気体定数のSI単位はPa·m^3·mol^{-1}·K^{-1}と表記されていない。古い教科書では気体定数は0.082 atm·L·mol^{-1}·K^{-1}を使用しているが，最近はSI単位系に統一が進み，単位はJ·mol^{-1}·K^{-1}を使用している。このため，エネルギーと圧力，体積の関係を理解していないと有用な理想気体の状態方程式を使いこなすことができない事態が発生する。理想気体の状態方程式および気体定数を使用して「気体の圧力」,「気体の量」などを算出する場合，$Pa \cdot m^3 = J$ であることを認識しておくと，すぐに理想気体の状態方程式を応用することができる。

前に 10^{-2} Pa ～ 1 atm の圧力下では理想気体の状態方程式が利用できることを説明してきた。ここで，後述する約 10^{-2} Pa 以下の圧力下でのプロセスや，H_2O や NH_3 などの極性の大きい分子を取り扱う場合は，気体分子の壁への吸着の影響に配慮が必要となる。

極性の大きな気体分子の吸着の影響例を**図 1.4** に示した。この図は Ar，N_2，NH_3 の各気体の関して，質量流量制御機器にて 10 sccm の流量をプロセス容器内へ導入し，この容器を排気する排気バルブを閉じてからの容器内圧力上昇特性（ビルドアップと呼ばれている[5), 7), 8)]）を測定したものである。あらかじめ到達圧力まで容器内を真空排気した後，気体を導入している。

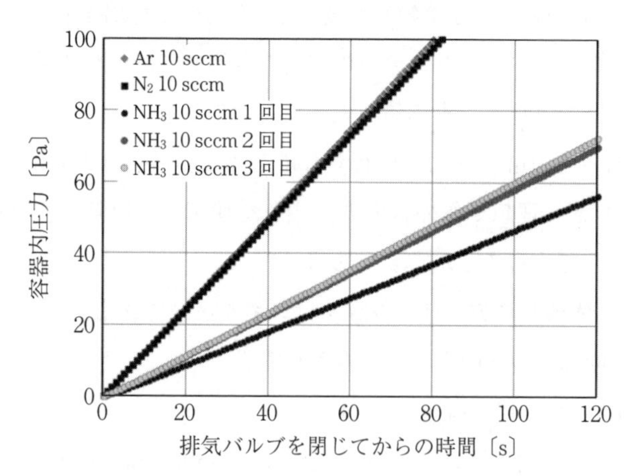

図 1.4　各気体を定量導入したときの容器内ビルドアップ圧力変化

Ar，N_2 の場合は，理想気体の状態方程式に合致した容器の体積に相当する値で圧力が上昇していて，この両気体の圧力上昇はほぼ同じ値となっている。通常の気体はこのような挙動を示し，繰り返してもほぼ同じ結果を得ることができる。

しかしながら，NH_3 の場合は，圧力上昇が少ない。到達圧力まで排気した後の1回目は，Ar，N_2 の場合との差が大きい。いったん，NH_3 を導入後，再排気してすぐに2回目の測定を実施すると1回目より大きな圧力上昇値を示す。2回目と3回目は，ほぼ同じ圧力上昇特性となる。この NH_3 で確認された現象は，H_2O などの大きな極性を持つ気体分子の場合に見られ，真空容器および内部構造物の壁に気体が吸着することによって発生する特性である。このような分子は，表面吸着の吸着エネルギーが大きい。当然ながら，この現象は表面の面積，表面の凹凸，表面温度などの影響を大きく受ける。

このような現象が発生している場合，壁は大きな極性を持つ気体分子のみを選択的に排気するポンプと同様の効果を持っていて，プロセス時もこの種の分子の分圧低下を招いていることに注意が必要である。プロセス状態を詳細に把握するために，この種の気体の分圧を知るには，差動排気付きの質量分析計など分圧モニターを併用する必要がある。分圧モニターの詳細は後述する真空計の節（1.10節）で説明する。

1.4　プロセス容器の真空排気特性

ドライプロセスを容器内で実施するときには，容器内に残留する気体をいったん真空排気した後，プロセスに必要な気体を導入して所定の処理を実施する。ここでは，このプロセス容器内を真空排気するときの特性に関して解説する。この真空排気特性の概念は単純にドライプロセスを実施するときの前工程の意味だけではなく，後述するプロセスを設計するための予備知識として重要であり，この知識を応用した考察からプロセスを実現するためのハード構成を決定していくことになる。

図1.5 に真空の質を悪化させる要因に関する模式図を示した。「1.　吸着分子の脱離」は，真空内構成部品の表面に吸着した分子の脱離である。表面に吸着した人体からの油分子や空気中の水分子が，吸着している表面から脱離する

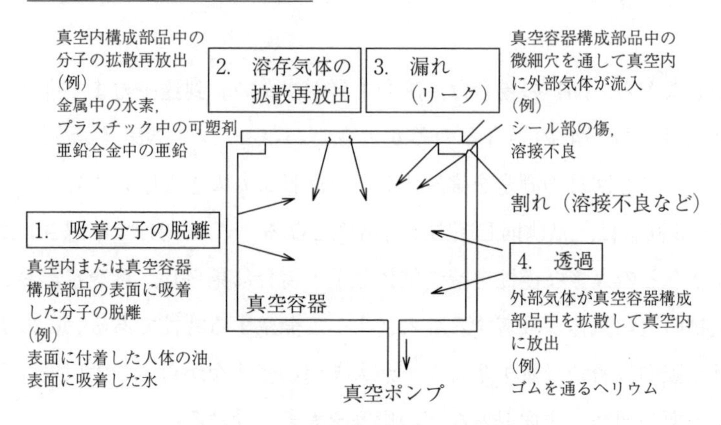

図 1.5　真空の質を悪化させる要因

過程のことである。「2.　溶存気体の拡散再放出」は真空内または真空容器構成部品中に含まれている分子が，部品の構成材料中を拡散して表面から気体として真空中に放出されることである。金属中に溶存している水素，プラスチック中の可塑剤，亜鉛合金中の亜鉛（亜鉛は飽和蒸気圧が比較的高い）などが拡散して真空中に放出される。「3.　漏れ（リーク）」は真空容器構成部品中の微細穴を通して外部気体が真空内に放出されることである。シール面に付いた傷や溶接不良による割れ部分を通して大気が真空室内に流入することをいう。「4.　透過」は外部気体が真空容器構成部品中を拡散して真空内に放出される現象のことである。真空シールに使用しているゴムの材料中を，漏れ試験に使用したヘリウム分子が拡散して真空内へ放出されることなどを意味している。「2.　溶存気体の拡散再放出」との違いは，透過気体はつねに外部の大気から供給されているため，時間が経過しても真空容器構成部品中の濃度は変化しない。

図 1.6 にプロセス容器の真空排気特性の模式図[5), 7)～9)] を示した。ここに示した排気特性は，一般的に真空構成材料として認知されている材料（ステンレス鋼など）で作成された容器を真空排気した場合の模式図である。図 1.6 では図 1.5 に示した真空の質を悪化させる要因がどの程度の圧力下で影響するかを知ることができる。また，その影響の排気特性との関係が理解できる。つぎに図 1.6 の各領域に関する特徴の詳細を説明する。

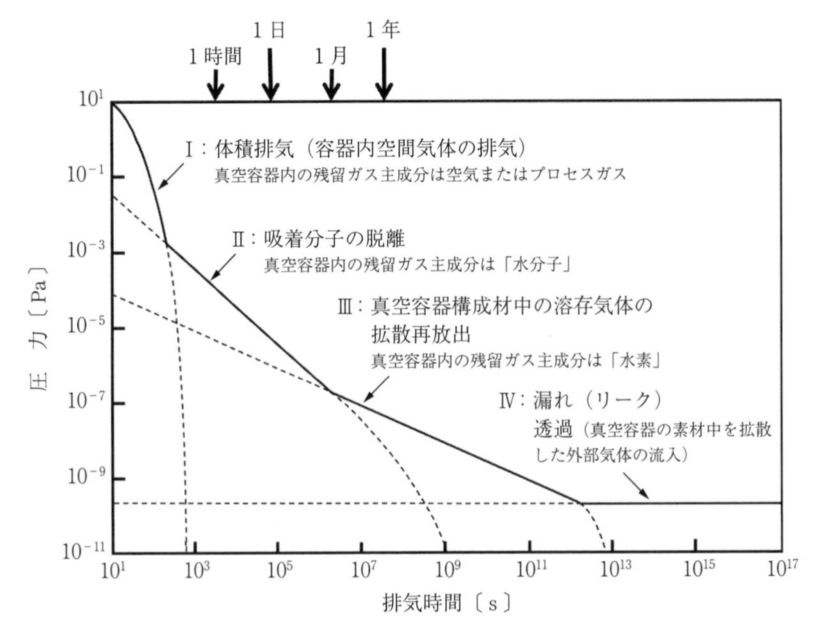

図 1.6 真空容器の排気特性の模式図

Ⅰの領域は真空容器の内空間に存在する気体を真空ポンプで排気している状態の特性曲線である。

$$P = P_0 \exp\left(-\frac{S}{V}t\right) \tag{1.3}$$

ここで，Sは真空ポンプの排気速度〔m^3/s〕，Vは真空容器内体積〔m^3〕，P_0は真空容器内の最初の圧力〔Pa〕であり，この真空容器をt〔s〕時間排気したときの圧力P〔Pa〕を求める計算式である。この領域Ⅰの状態を「体積排気」と表現することがある[9)]。容器の真空排気特性や式の詳細は基礎編[1)] p.26の式 (2.2) やその他の教科書[5), 7)～12)] に記載されているので本書では述べない。真空容器内の気体の排気に関して，理想的にはこの曲線の排気特性のように排気開始後数分で高真空が得られることになるが，現実は決してそのようなことはない。ここに良質なドライプロセスを実現するために必要な真空技術の難しさがある。

10^{-2} Pa付近まで真空排気されるとⅡの領域が出現する。この領域では，圧力Pは排気時間tと次式で表現される。

$$P \propto t^{-1} \tag{1.4}$$

ここは，真空容器内の壁に吸着していた分子が表面から脱離し空間分子となって排気されるときの排気特性である。図1.5の「1.　吸着分子の脱離」の部分に相当する。一般的に大気を排気した場合，この領域の残留気体は水分子である。その理由は下記に説明するが，ドライプロセスを設計するうえで，この残留水の存在の考察と配慮は非常に重要なことである。ここの考察は，圧力と入射頻度の説明で詳しく述べることにする。

領域Ⅱの特徴に関して説明する。この領域では圧力Pは排気時間tにほぼ反比例していて，時間とともに減少することが知られている。この特性は種々の吸着分子，種々の固体表面を総合的に試した実験から確認された。吸着の活性化エネルギーが約60 kJ/molより小さい分子は，容易に脱離するためあまり問題とはならない。また，吸着の活性化エネルギーが十分に大きな分子は吸着状態が維持され，気化する量が少ないため，ここも問題にならない。吸着の活性化エネルギーが80～100 kJ/molの間の分子は，時間とともに徐々に表面から脱離するため，10^{-2} Pa以下の圧力領域で長時間にわたり気体放出が続くことになる。水分子はステンレス表面上で約94 kJ/molの活性化エネルギーを持っているため，まさにこの領域の分子であり，真空排気において大きな問題となる。領域Ⅱの残留気体は水分子が主である理由はここにある。

また，油分子は水分子の吸着と同様の特性を示す。このため，真空内に使用する部品の表面は丁寧に脱脂を行い，脱脂後は素手で触ってはいけない。真空構成部品を取り扱う作業をする際には，人体からの油の真空部品表面への付着を防止することが求められる。通常の真空部品は，このように管理された状態で組み立てられているため，油分子の残留より大気に起因する水分子の管理が問題となる。

真空部品表面の吸着水を効率よく排気するためには，分子が吸着している壁を加熱して脱ガスを誘起（ベーキングと呼ばれている）する手法を用いる[5), 7)～11)]。真空容器の内壁，真空内部品を均一に加熱しながら排気することによって圧力を下げる。大気を排気する場合のみならず，プロセス用原料気体としてNH_3などの極性の大きな分子を使用した場合も，プロセス終了後の排気に領域Ⅱの特性が現れやすい。このようなプロセスを実施する場合，あらかじめ真空内容器の壁および内部構造物の表面を均一に加熱して排気特性の改善をはかる工夫を組み込むことが多い。このような加熱機構を組み込むと図1.4に示したNH_3などのビルドアップ圧力変化の特性も通常気体の特性に近づくように改善される。

さらに排気を進めて吸着分子の排気が終わり，10^{-7} Paを下回ると領域Ⅲの特性が出現する。この領域に達するまでの領域Ⅱでは圧力Pは排気時間t^{-1}に比例して低下してきたが，この領域Ⅲでは圧力Pの低下する速度は緩やかとなり，排気時間$t^{-0.5}$にほぼ比例して減少することが知られている。

$$P \propto t^{-0.5} \tag{1.5}$$

この領域の残留気体は水素が主である。この領域は，真空容器の構造材や真空内部品の材料中に溶存している分子が真空中に徐々に放出された気体の排気特性である。図1.5の「2.　溶存気体の拡散再放出」である。通常の真空材料であるステンレスなどの金属では溶存分子として水素が主であるため，この領域の主成分は水素となる。しかしながら，樹脂を真空内材料として使用していた場合は樹脂中に含まれている低分子可塑剤が放出していることがあり，10^{-7} Paより高い圧力から領域Ⅲの特性が見られるので真空内材料の選定に注意が必要である[2), 5), 7), 8), 12), 13)]。

領域Ⅳの特性は，「漏れ（リークと呼ぶ)」の特性である。図1.5の「3.　漏れ（リーク)」である。構造材として，真空特性の優れた材料を使用した場合，この領域Ⅳは領域Ⅲの圧力より十分に低い圧力領域で観察される。この領域では，時間が経過しても圧力は低下しない。

当然ながら，大きなリークが存在する系では，この領域Ⅳは高圧力領域側へシフト（図1.6では，上方へ平行移動）した特性を示す。低真空側でこの領域Ⅳの特性を発見した場合は，すばやく漏れ（リーク）試験を実施し，リークを止めるような改善対策を実施する必要が生じる。

また，この領域Ⅳは大気側から気体が真空構造材を通して真空中に流入する「透過」がある。図1.5の「4.　透過」である。シリコンゴムなどのエラストマーを真空シール材として使用した場合，ここの透過量が増大して，圧力の高い領域から領域Ⅳの特性が現れる。また，フッ素系ゴムは大気の透過量は少ないが，漏れ試験で使用するヘリウム分子は時間経過とともに徐々に透過して真空内へ流入する。このため，ヘリウムを検知することから漏れと誤認しないように注意が必要である。

「漏れ（リーク）」は，真空構造材料中にクラックなどの大気から真空中に気体が流入する経路が存在する場合をいう。「透過」は構造材料中を気体分子が拡散して真空中に放出される場合をいう。漏れ試験を実施している場合，「漏れ（リーク）」と「透過」では検知時間に差がある。「漏れ（リーク）」が存在する場合はヘリウム照射後に比較的早く検知するが，「透過」の場合はヘリウムの信号は時間経過後に徐々に増加する。

つぎに図1.5の「2.　溶存気体の拡散再放出」と「4.　透過」の違いを説明する。「4.　透過」の場合には放出する気体は大気側からつねに供給されていることである。「2.　溶存気体の拡散再放出」の場合は，真空構造材内部の気体は時間とともに減少して領域Ⅲの特性となるが「4.　透過」の場合には，時間が経過しても減少しないため領域Ⅳの特性となる。

以上，プロセス容器内を真空排気する場合の圧力減少特性に関して説明した。目的のドライプロセスを実施する場合，この領域Ⅰ～Ⅳのどの領域まで排気した後に実行するかは設計上重要な項目である。容器内に残留する気体の種類と量は「真空の質」という用語で表現され，目的とするプロセスを実現するハード構成を設計するためにも前述した領域Ⅰ～Ⅳの特性を把握しておく必要がある。領域Ⅰは，プロセス容器中の大気を排気するところからスタートした場合，残留気体の21％は酸素である。この残留酸素でプロセス表面を酸化してしまう。また，領域Ⅱでは，残留気体は水分子が主成分となる。この領域でも領域Ⅰと同様に残留水分子中の酸素によりプロセス表面を酸化してしまう。

領域Ⅲよりも高い圧力で領域Ⅳが出現している場合，同様に流入大気中の酸素による酸化が発生する。

ここで，領域Ⅲの残留気体は水素が主成分であるため多くのプロセスで影響が少なく，一般的に，この領域Ⅲでプロセスを設計することが良いといわれている。この「真空の質」とプロセスとの関係の詳細は1.5節で説明する。

1.5　ドライプロセスにおける真空の必要性

ドライプロセスを行うために真空を必要とする理由を**表1.1**にまとめた。理由は大きく3項目に分類される。「1.　大気を除去する」，「2.　プロセス気体を制御する」および「3.　プラズマを発生・維持する」である。当然ながら，プロセスによってはこれらの3項目を組み合わせた機能を必要とするものもあ

表1.1　ドライプロセスにおける真空の必要性

<table>
<tr><td rowspan="3">1. 大気を除去する</td><td>1.1　大気成分の化学的影響を排除する
（例）目的の膜表面の酸化防止
積層膜形成時の界面制御
成膜プロセス時の膜中不純物混入防止</td></tr>
<tr><td>1.2　平均自由行程を確保する
（例）真空蒸着の蒸着源と基板間の設計
ビーム照射プロセスのビーム源と処理基板間距離</td></tr>
<tr><td>1.3　低い圧力であることを利用する
（例）真空チャックなどの運動制御機構</td></tr>
<tr><td rowspan="2">2. プロセス気体を制御する</td><td>2.1　気体の流れを制御する（気体導入・排気）
（例）スパッタ成膜時のアルゴン雰囲気
CVDや表面クリーニング気体の導入・排気
反応生成物の除去</td></tr>
<tr><td>2.2　気体の温度を制御する
（例）CVDのガス加熱
基板裏面加熱・冷却時の加熱・冷却用気体導入</td></tr>
<tr><td rowspan="2">3. プロセスプラズマを発生・維持する</td><td>3.1　プラズマを維持する
（例）真空グロー放電の維持
マグネトロンスパッタの放電維持
ドライエッチング放電維持</td></tr>
<tr><td>3.2　プラズマを発生する
（例）放電トリガー</td></tr>
</table>

る。つぎに各項目に関して説明する。

真空を必要とする理由の中で最も重要な項目は，プロセス容器内の「1.　大気を除去する」ことである。この概念は大きく「1.1　大気成分の化学的影響を排除する」，「1.2　平均自由行程を確保する」および「1.3　低い圧力であることを利用する」に分類することができる。ここの詳細説明は特に重要であるため，1.6節でまとめることにする。

つぎに「2.　プロセス気体を制御する」必要性に関して説明する。プロセス容器内の気体の流れを制御し薄膜を成長する方法として化学気相成長（chemical vapor deposition：CVD）法がある。このプロセスの詳細は基礎編[1)]に記載されているが，プロセスを構築するうえで気体の流れの設計は反応原料の供給と反応生成物の除去の点から非常に重要である。CVD 法の反応模式図を**図 1.7**に示した。当初 CVD 法は大気圧下で CVD プロセスを実施する大気圧 CVD（atmospheric pressure chemical vapor deposition：APCVD）法として開発された。この APCVD 法を気体の流れの設計の観点から改良して減圧 CVD（low-pressure chemical vapor deposition：LPCVD）法が提案され，いまでは多くの産業で成膜プロセスに使用されている。成膜の反応速度を制御し，目的とする

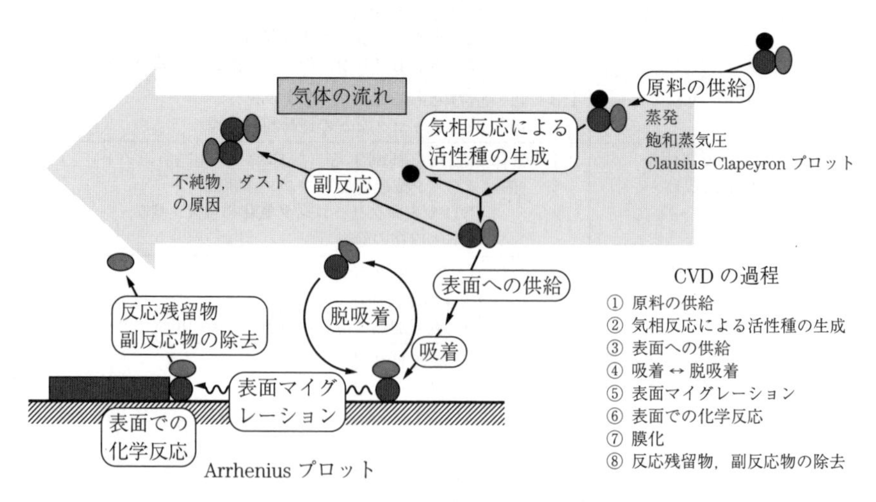

図 1.7　化学気相成長（CVD）法の反応模式図

基体（通常，基板であるが板に限定されることはないため基体と表記する）の表面に成膜を実現するためには表面反応速度に対して気体の流れの速さに注目し原料の供給速度および反応生成物の除去速度を制御する必要があった。このLPCVD法の実現によって，凹凸表面上への目的とする成膜のカバレッジ改善などが実現している。

当然ながら，このLPCVD法をハード面で実現するには真空容器，真空排気，真空計などの真空技術を使用することになる。CVD技術の進化に伴って，原料の多様化が進んできた。初期のCVDでは，常温常圧下で気体の原料を使用していたが，現在では有機金属化合物や有機金属錯体なども使用され，常温常圧で液体または固体の材料の使用も求められている。これらの材料を使用した反応系の設計には，特に古来の成膜技術である真空蒸着の考え方の応用が必須である。すなわち，原料の飽和蒸気圧を意識して原料分圧を管理し，目的とする基体表面へいかに輸送するかを構築する技術である。また，反応生成物に関しても同様に飽和蒸気圧の低い生成物が生じることが多い。生成物の飽和蒸気圧に配慮してプロセス容器の壁の温度を必要に応じて加熱することが必要となる。

図1.8にLPCVDプロセス容器の設計模式図を示した。横軸にプロセス容器の壁の絶対温度の逆数を，縦軸にプロセス圧力の対数値を取っている。これはClausius-Clapeyronプロットと呼ばれており，真空下のプロセス設計を行う際にしばしば使用される。その理由は，飽和蒸気圧曲線が近似的に直線となるためプロセスの設計を考察しやすいためである。

ここでClausius-Clapeyronの式に関して補足説明を行う。一般的に真空容器（定積）内での飽和蒸気圧Pは，次式で表され，Clausius-Clapeyronの式と呼ばれている[14)～16)]。

$$\ln(P) = -\frac{\Delta H_v}{RT} + C \tag{1.6}$$

ここでΔH_vはモル蒸発熱，Rは気体定数，Tは系の絶対温度，Cは積分定数である。

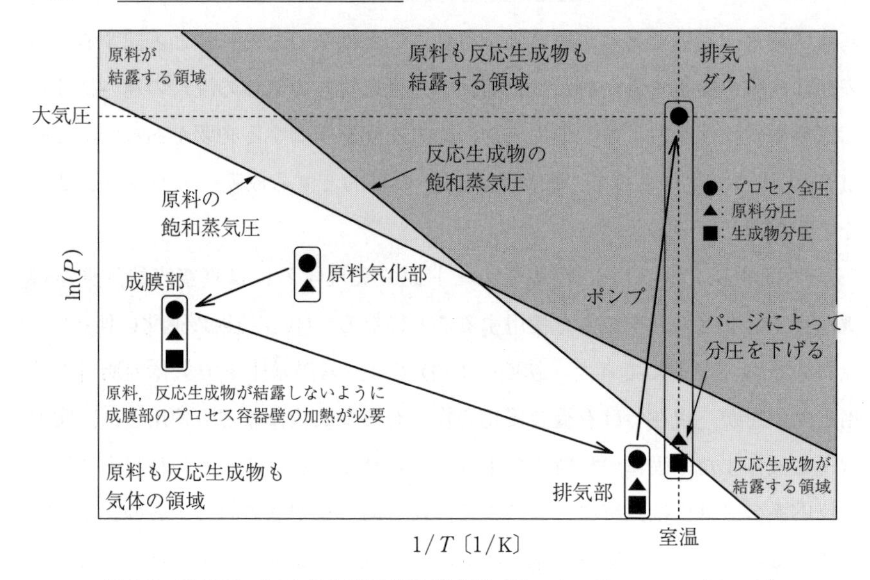

図 1.8　LPCVD プロセス容器の設計模式図（Clausius-Clapeyron プロット）
T：プロセス容器の壁の絶対温度〔K〕，P：プロセス圧力〔Pa〕

今回は解説をわかりやすくするために，原料および反応生成物の線を各 1 本で示したが，実際には複数の原料および生成物を取り扱うことになるため，飽和蒸気圧曲線を直線化できるこの図が大変に有用である。

原料分圧および反応生成物の分圧は，各飽和蒸気圧より低い領域（図 1.8 の白色領域）にプロセスを保つことが必要となる。気体は全圧が高い場所から低い方向に流れるため，原料気化部⇒成膜部⇒排気部へと進む。その後，真空ポンプによって大気圧まで昇圧されて排気ダクトへと輸送される。飽和蒸気圧の低い原料および反応生成物を取り扱う場合，特にポンプによる圧力上昇部に注意が必要である。昇圧に伴って分圧が飽和蒸気圧以上となり結露を生じる。真空ポンプ内は，その動作から発熱が生じていて通常，室温より高い温度になっている。しかしながら，ある種の材料を使用する系ではポンプ内部の昇圧過程で結露が生じることがある。この場合，ポンプ内へパージ気体を導入して原料および反応生成物の分圧を下げたり，オプションで機能付加されているポンプ加熱機構を使用してポンプ内部を加熱し，結露防止対策を実施する。

排気ダクト内は，さらに深刻な状況が発生する。ここの内部の全圧は大気圧であって，通常，ダクトの外壁温度は室温となっている。原料および反応生成物の各材料に関して，各分圧以下になるようにポンプ内部または出口にパージ気体を多量に導入することが必要となる。この設計を誤ると，排気ダクトなどの内部で結露が生じてトラブルの発生原因となるため特に注意が必要である。

必要なパージ気体の流量は各材料の飽和蒸気圧から算出することになる。実務上，低い飽和蒸気圧の材料を取り扱う場合，あまりにも多量のパージ気体が必要になるため，現実的に不可能な場合も生じる。この場合，排気ダクトの壁全体を加熱して材料を輸送する機構を併用する。排気ガス処理装置などのシステムを排気ポンプに近づけて設置し，この間の排気ダクト部分を加熱保持することで実現する。

前述ではLPCVD法のプロセスを例に「2.　プロセス気体を制御する」目的で真空技術を使用する例を説明したが，ドライエッチングなどのプロセスでも低蒸気圧の反応生成物が生じる場合が多々あり，図1.8に示したClausius-Clapeyronプロットによるプロセス設計を行うことになる。

つぎに「3.　プロセスプラズマを発生・維持する」ための真空技術を説明する。プロセスプラズマに関しては基礎編[1)]で詳細に解説されているが，特記する内容としてプロセスに使用されるプラズマは多くの場合，真空下で作られるグロー放電である点である。その理由は気体分子の温度を上昇させずに電子の並進エネルギーを高めることが可能であるためである。大気圧に近い圧力領域では，分子間および電子-分子間の衝突が大きいため電子の並進エネルギーのみを高めることができない。気体の温度上昇を抑え，電子の並進エネルギーを高めることで種々の新しいプロセスを構築することが可能である。まさに真空技術を必要とする部分である。ここの詳細は基礎編[1)]に解説されているのでここでは省略する。

また，磁場を併用したマグネトロン放電では，電子を磁場によって捕捉するため効率の良い放電を作ることが可能であり，より低い圧力下でグロー放電を作製し使用することができる。前述した気体の流れの制御や，後述する平均自由行程などの制御とプロセスプラズマの作製を組み立てて，実際に目的とするプロセスを構築することになる。

さらに，プラズマを発生する手法の一つに「圧力スパイク」を作る方法がある。低圧のマグネトロン放電などでは，放電のための電力を注入してもプラズマが発生しない場合がしばしば起こる。このような場合，一瞬，気体を多量にプロセス容器に導入して圧力を高めるとプラズマが発生する。「放電トリガー」と呼ばれている手法である。このような真空技術の手法によってプロセスプラズマを作製し，利用することができる。

1.6　大気成分の化学的影響を排除する　（1）清浄表面の確保

つぎにドライプロセスの構築に真空技術を必要とする重要な理由「1.　大気を除去する」ことに関し説明する。良質なドライプロセスを実現するためには，一般的に大気中の酸素，水などによる酸化防止対策が必要である。まず，この点からドライプロセス容器内の「真空の質」の設計として「1.1　大気成分の化学的影響を排除する」項目に関し考察する。ここは，図1.6の領域Ⅰ～Ⅳまでの真空の質の議論とも深く関係するが，まず初めに圧力と目的のプロセス表面に入射する分子の入射頻度の概念を理解する必要がある。

清浄表面の確保と維持を考える目的で，所定の圧力下で「表面に影響を及ぼす気体分子の表面への入射頻度」に関して考えてみることにする。「単位面積，単位時間当りに表面に入射する気体分子の個数」すなわち入射頻度Γ〔$m^{-2}s^{-1}$〕は圧力P〔Pa〕に比例しており次式で表される。

$$\Gamma = \frac{P}{\sqrt{2\pi mkT}} \tag{1.7}$$

ここで，πは円周率，mは分子の質量〔kg〕，kはボルツマン定数1.38×10^{-23} J/K，Tは系の絶対温度〔K〕である。この式を導きだす理論は多くの教科書[5),7),8),11)]で解説されているため本書では説明しない。式(1.7)の応用を説明することに主眼を置く。

ここで表面処理を実施する基板の表面に関して考えてみる。一つの典型的な表面である Si(1 0 0) 面は，6.78×10^{18} 個 /m^2 の密度で原子が表面に並んでいる。圧力 P の場合，この単位面積当りの表面に入射頻度 Γ の速度で気体分子が入射してくる。入射分子は吸着後，空いている吸着サイトへ移動して平坦に吸着すると仮定すると，1 分子の厚さの吸着層（単分子層，1 ラングミュア吸着層と呼ぶ）ができるまでの時間 t_{1L}〔s〕は，下記の式で計算される。

$$t_{1L}=\frac{6.78\times10^{18}}{\Gamma} \tag{1.8}$$

表 1.2 に各分子に関して，単分子層形成までの時間の圧力依存性の算出結果を示した。ここに示した値は，真空を利用する目的の「1.1　大気成分の化学的影響を排除する」項目に関しての設計指針を示す値である。また，表 1.2 の値を算出するための基本データを**表 1.3** に示した。

プロセス容器の内部の大気を排気する場合，図 1.6 の領域 I の部分である 10^{-3} Pa 以上の圧力領域では残留気体の主成分は空気であることは前に述べた。表 1.2 によると 1×10^{-3} Pa 下では，空気が 1 ラングミュア層吸着する時間は 0.239 秒である。成膜直後あるいは基板表面のクリーニング後，0.239 秒で汚染分子が 1 ラングミュア層吸着してしまうことになり，とても清浄表面を維持することはできない。

実効的なプロセスとして 1 ラングミュア層吸着までの時間を 100 秒以上確保するためには表 1.2 より，プロセス容器内の圧力を 10^{-6} Pa のオーダーに維持する必要があることがわかる。この圧力下では，プロセス容器内の残留気体の主成分は水分子であることが多い。前に述べたベーキング操作によって吸着水を除去した場合，残留気体の主成分は水分子から水素分子へと変化していく。

水分子が残留している場合は水分子を構成する酸素が表面を酸化するなど悪影響を生じることが多いが，水素分子が残留する場合は酸化が生じないため比較的良質な雰囲気であると判断される。

図 1.9 に成膜装置の真空システム模式図を示した。「トランスファ室」を中心に，大気雰囲気と真空管理雰囲気とをつなぐ「ロードロック室」，真空下で

表 1.2　圧力と諸量の関係

	1ラングミュア層吸着までの時間† 〔s〕27℃雰囲気				平均自由行程 λ 〔m〕27℃雰囲気				
圧　力〔Pa〕	空　気	窒　素	水	水　素	空　気	窒　素	水	水　素	
1.0×10^{5}	2.39×10^{-9}	2.36×10^{-9}	1.89×10^{-9}	6.33×10^{-10}	6.60×10^{-8}	6.53×10^{-8}	4.26×10^{-8}	1.30×10^{-7}	← 大気圧 0.1 MPa 変動する
1.0×10^{4}	2.39×10^{-8}	2.36×10^{-8}	1.89×10^{-8}	6.33×10^{-9}	6.60×10^{-7}	6.53×10^{-7}	4.26×10^{-7}	1.30×10^{-6}	低真空
1.0×10^{3}	2.39×10^{-7}	2.36×10^{-7}	1.89×10^{-7}	6.33×10^{-8}	6.60×10^{-6}	6.53×10^{-6}	4.26×10^{-6}	1.30×10^{-5}	low vacuum
1.0×10^{2}	2.39×10^{-6}	2.36×10^{-6}	1.89×10^{-6}	6.33×10^{-7}	6.60×10^{-5}	6.53×10^{-5}	4.26×10^{-5}	1.30×10^{-4}	──
1.0×10^{1}	2.39×10^{-5}	2.36×10^{-5}	1.89×10^{-5}	6.33×10^{-6}	6.60×10^{-4}	6.53×10^{-4}	4.26×10^{-4}	1.30×10^{-3}	中真空
1.0×10^{0}	2.39×10^{-4}	2.36×10^{-4}	1.89×10^{-4}	6.33×10^{-5}	6.60×10^{-3}	6.53×10^{-3}	4.26×10^{-3}	1.30×10^{-2}	medium vacuum
1.0×10^{-1}	2.39×10^{-3}	2.36×10^{-3}	1.89×10^{-3}	6.33×10^{-4}	6.60×10^{-2}	6.53×10^{-2}	4.26×10^{-2}	1.30×10^{-1}	──
1.0×10^{-2}	2.39×10^{-2}	2.36×10^{-2}	1.89×10^{-2}	6.33×10^{-3}	6.60×10^{-1}	6.53×10^{-1}	4.26×10^{-1}	1.30	
1.0×10^{-3}	2.39×10^{-1}	2.36×10^{-1}	1.89×10^{-1}	6.33×10^{-2}	6.60	6.53	4.26	1.30×10^{1}	高真空
1.0×10^{-4}	2.39	2.36	1.89	6.33×10^{-1}	6.60×10^{1}	6.53×10^{1}	4.26×10^{1}	1.30×10^{2}	high vacuum
1.0×10^{-5}	2.39×10^{1}	2.36×10^{1}	1.89×10^{1}	6.33	6.60×10^{2}	6.53×10^{2}	4.26×10^{2}	1.30×10^{3}	──
1.0×10^{-6}	2.39×10^{2}	2.36×10^{2}	1.89×10^{2}	6.33×10^{1}	6.60×10^{3}	6.53×10^{3}	4.26×10^{3}	1.30×10^{4}	超高真空
1.0×10^{-7}	2.39×10^{3}	2.36×10^{3}	1.89×10^{3}	6.33×10^{2}	6.60×10^{4}	6.53×10^{4}	4.26×10^{4}	1.30×10^{5}	ultra high vacuum
1.0×10^{-8}	2.39×10^{4}	2.36×10^{4}	1.89×10^{4}	6.33×10^{3}	6.60×10^{5}	6.53×10^{5}	4.26×10^{5}	1.30×10^{6}	(UHV)
1.0×10^{-9}	2.39×10^{5}	2.36×10^{5}	1.89×10^{5}	6.33×10^{4}	6.60×10^{6}	6.53×10^{6}	4.26×10^{6}	1.30×10^{7}	──
1.0×10^{-10}	2.39×10^{6}	2.36×10^{6}	1.89×10^{6}	6.33×10^{5}	6.60×10^{7}	6.53×10^{7}	4.26×10^{7}	1.30×10^{8}	極高真空
1.0×10^{-11}	2.39×10^{7}	2.36×10^{7}	1.89×10^{7}	6.33×10^{6}	6.60×10^{8}	6.53×10^{8}	4.26×10^{8}	1.30×10^{9}	extreme high vacuum (XHV)

† 1ラングミュア層吸着までの時間 t_{1L} は各分子の表面入射頻度 Γ 〔$m^{-2}s^{-1}$〕から Si(1 0 0) 表面の原子密度である 6.78×10^{18} 個/m^2 入射するまでの時間として算出した。

入射頻度 Γ 〔$m^{-2}s^{-1}$〕の算出式

$$\Gamma=\frac{P}{\sqrt{2\pi mkT}}$$

Γ：入射頻度〔$m^{-2}s^{-1}$〕
P：圧力〔Pa〕
m：分子質量〔kg〕
k：ボルツマン定数 1.38×10^{-23}〔J/K〕
T：絶対温度〔K〕

平均自由行程 λ〔m〕の算出式

$$\lambda=3.108\times10^{-24}\frac{T}{d^2P}$$

λ：平均自由行程〔m〕
d：分子直径〔m〕
P：圧力〔Pa〕
T：絶対温度〔K〕

表 1.3　諸量を算出するための基本データ

	窒　素	酸　素	空　気	水　素	水	アルゴン
分子記号	N_2	O_2	N_2 79％＋ O_2 21％	H_2	H_2O	Ar
分子量	28.0134	31.9988	28.8503	2.0159	18.0153	39.948
分子質量〔kg〕	4.65×10^{-26}	5.31×10^{-26}	4.79×10^{-26}	3.35×10^{-27}	2.99×10^{-26}	6.63×10^{-26}
分子直径〔m〕	3.75×10^{-10}	3.64×10^{-10}	3.72×10^{-10}	2.75×10^{-10}	4.68×10^{-10}	3.67×10^{-10}

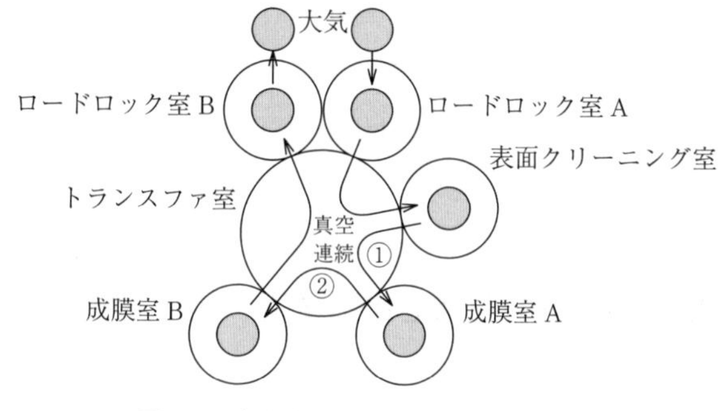

図 1.9　成膜装置の真空システム模式図
①：表面クリーニング⇒成膜
②：成膜 A ⇒成膜 B

基板の表面酸化層などの汚染層を除去する「表面クリーニング室」，成膜を行う「成膜室」を配置している。各「ロードロック室」，「表面クリーニング室」，「成膜室」間は「トランスファ室」を経由して同一真空下で連続処理することが可能である。

積層膜の各膜間の界面特性として，どこまでの品質が必要であるかは作製する素子によって異なる。まず，所定の膜を成膜する前行程として基体の表面をクリーニング処理する系を考える。図 1.9 の表面クリーニング室によって基板の表面酸化層および汚染層を除去する。基板はクリーニング処理後に成膜室 A に移動し成膜を開始する（行程①）。行程①においてクリーニング処理後から成膜までに曝露（ばく）される雰囲気と時間によって，ここの界面の清浄度が決まる。この「曝露される雰囲気と時間」の設計は，作製する素子に必要な界面特性から判断する必要がある。

成膜後につぎの膜を積層するまでの雰囲気と時間も同様に作製する素子によって異なる。成膜室Aにて成膜処理した基板は，つぎの成膜を実施するために成膜室Bへ移動する（行程②）。行程②において最初の成膜終了後からつぎの成膜までに曝露される雰囲気と時間によって，行程①と同様に界面の清浄度が決まる。ここも「曝露される雰囲気と時間」の設計は，作製する素子に必要な界面特性から判断する必要がある。

製造する素子に応じた目的とする積層膜の各膜間の界面特性として，どこまでの品質が要求されるかに配慮し，プロセス容器内の「真空の質」の設計を行うとともに，保持時間の設計には入射頻度の概念を応用して考察することが必要である。

1.7　大気成分の化学的影響を排除する　（2）膜中不純物の管理

入射頻度の概念は，成膜プロセスの膜中不純物濃度管理へも応用される。本節ではこの膜中不純物濃度と真空の質の設計に関して説明する。ただし，もともと原料自身に含まれる不純物はここでは無視して考察する。

図1.10に成膜における残留気体と膜中不純物に関する模式図を示した。成膜プロセスの実施中，残留気体はその分圧に依存した量の入射頻度で成膜表面に入射して膜中に取り込まれる。1.6節で解説したように残留気体の圧力（分圧）で残留気体分子の入射頻度Γ〔$m^{-2}s^{-1}$〕が決まった。一方，成膜種（原子

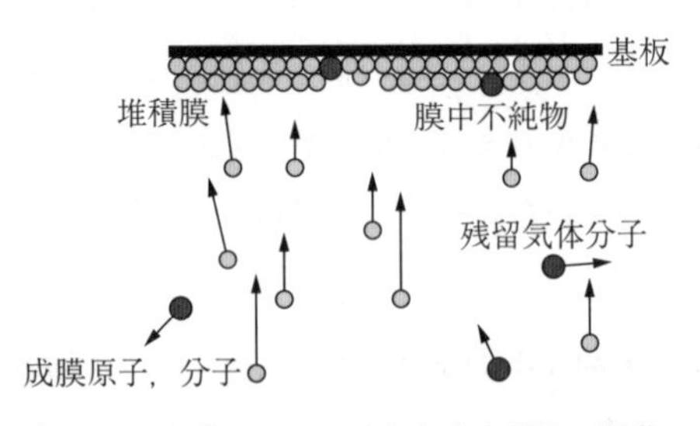

図1.10　成膜における残留気体と膜中不純物

または分子）は成膜表面に入射してある成膜速度で膜の堆積が生じている。膜の密度および化学組成が把握できているとすると，成膜の際の成膜種の入射速度が算出できる。この値と残留気体の入射頻度の比から成膜された膜中の不純物濃度として算出することができる。

ここでも製造する素子の構造によって，その膜中に含まれる不純物量のスペックが決まる。薄い膜の膜厚を制御良く管理するためには，成膜速度を遅くする必要が生じる。しかしながら，成膜速度を遅くすると前述の考察から残留雰囲気の影響を受けやすくなり，残留気体に起因する膜中不純物濃度が上昇してしまう。これを防止するためには，残留気体の圧力を低減（成膜前の到達圧力を低く管理）して成膜を実施する必要がある。反面，大きな成膜速度でプロセスを構築可能な場合は，膜中不純物濃度を低減させることは容易である。

1.8　平均自由行程を確保する

物理気相成長（physical vapor deposition：PVD）法によって成膜を行う場合，概して蒸発源から蒸発させた原子，分子，クラスターなどの粒子は無衝突で成膜を行う基板表面まで輸送することが必要である。成膜粒子がプロセス容器内の残留気体と衝突すると散乱され，成膜面まで到達しない。このため，PVD プロセスは，通常，プロセス圧力を下げ，平均自由行程を長く確保して成膜を行う。

図 1.11 に蒸着装置の断面模式図を示した。蒸発源と基板表面との距離 L〔m〕より平均自由行程が長くなる圧力領域で成膜プロセスを実施する。

ここで，平均自由行程 λ〔m〕は圧力 P〔Pa〕，気体の絶対温度 T〔K〕，気体の分子直径 d〔m〕から次式で算出することができる。この計算に使用する気体の分子直径の値は表 1.3 に示した。

$$\lambda = 3.108\times10^{-24}\frac{T}{d^2P} \tag{1.9}$$

式 (1.9) を用いて算出した圧力に対する平均自由行程 λ の値は，表 1.2 に示

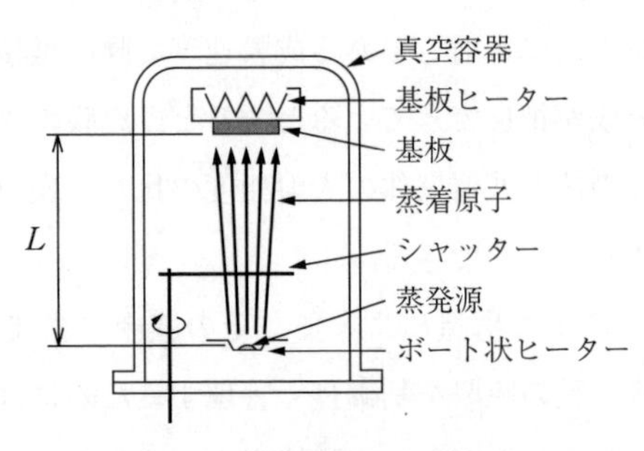

図 1.11　蒸着装置の断面模式図

した。空気の平均自由行程は 10^{-3} Pa の圧力下で約 6.6 m である。この値を覚えておくと，平均自由行程は圧力に反比例することから 10^{-4} Pa の圧力下では約 66 m と簡単に把握することができて便利である。

蒸発源と基板表面との距離 L より平均自由行程 λ を長くとることは，真空蒸着のプロセスのみではなく，スパッタプロセスでも同様である。スパッタ法の特徴は，ターゲットからたたき出された成膜粒子は，大きな並進エネルギーを持っていて，そのまま基板表面に入射する。このため，下地との良好な密着性を得ることができたり，表面マイグレーションを誘起するため配向性の良い膜を得ることが可能である。距離 L よりも平均自由行程を長くすることによって，成膜粒子が無衝突で基板表面に入射するためスパッタ法のメリットをいかすことができる。

スパッタ法では，真空蒸着法と異なりプロセス空間中にプラズマを作らなくてはならない。このため，通常，磁場を併用して比較的圧力の低い領域で効率良くプラズマを作製することができるマグネトロン方式を採用する。10^{-2} ～ 10^{-1} Pa の領域でプロセスを行う。このときの平均自由行程は 60 ～ 6 cm となる。距離 L は，この値以内とするため真空蒸着より蒸発源と基板との距離を近づける必要がある。幸いにスパッタ法の蒸発源は面源であるため，距離 L を小さくしても基板の面内分布の均一性は確保しやすい。

一方，ペニングイオン化を利用するイオン化スパッタ法の一種などの技術では，プロセス圧力を比較的高くしてプラズマ中にて励起アルゴン分子と成膜粒子を衝突させる。このことで，成膜粒子のイオン化を進めて異方性を高め，凹凸の底部への成膜特性を改善する。このような特殊な技法はあるが，一般的に蒸発源と基板表面間の距離 L よりも平均自由行程 λ を長くすることで良好な成膜特性を実現している。

1.9　真空を作る：真空ポンプ

真空を作るための器具が真空ポンプである。**図 1.12** に真空容器の排気模式図と真空排気特性図を示した。また，ドライプロセスで使用される主要な真空ポンプの動作領域を**図 1.13** に示した。大気圧から排気できる真空ポンプ（粗引き真空ポンプと呼んでいる）は高真空以下の圧力下で良好な排気性能を得ることができない。このため，高真空以下の排気を受け持つ真空ポンプ（主ポンプと呼んでいる）に切り替える必要がある。図 1.12 に示したように，粗引き真空ポンプの排気性能が低下し始めた圧力領域（中真空領域）で主ポンプに切り替えることになる。横軸の排気時間は，真空容器の体積と使用した真空ポンプの排気速度によって決まるため目安の値として示した。

真空を作るためには，古くから使用されている油回転真空ポンプや油拡散ポンプは構造がシンプルで安価に真空を作ることが可能である。しかしながら，

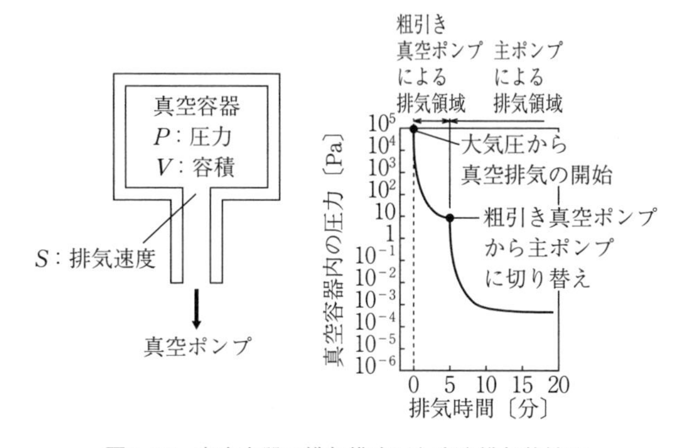

図 1.12　真空容器の排気模式図と真空排気特性図

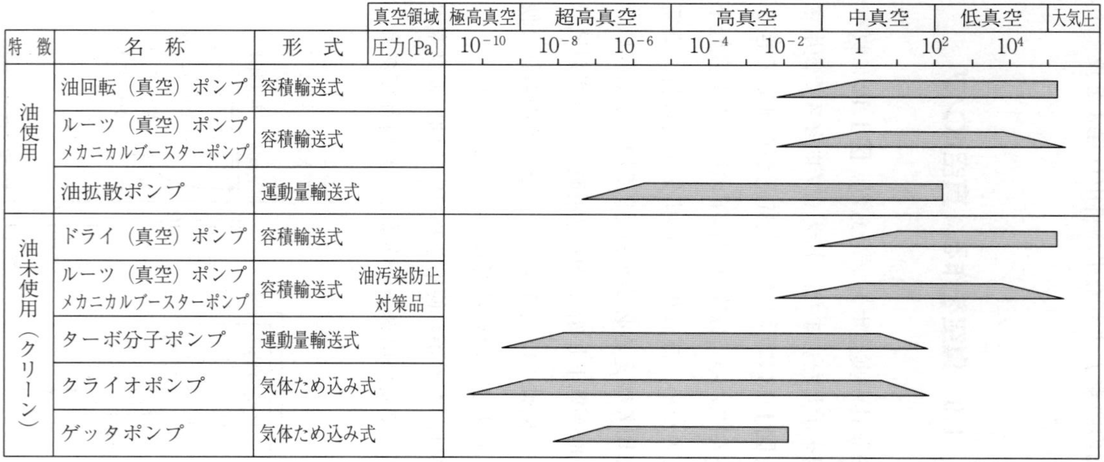
真空領域
極高真空
超高真空
高真空
中真空
低真空
大気圧
特　徴
名　称
形　式
圧力〔Pa〕
10⁻¹⁰　10⁻⁸　10⁻⁶　10⁻⁴　10⁻²　1　10²　10⁴
油使用
油回転（真空）ポンプ
容積輸送式
ルーツ（真空）ポンプ
メカニカルブースターポンプ
容積輸送式
油拡散ポンプ
運動量輸送式
油未使用（クリーン）
ドライ（真空）ポンプ
容積輸送式
ルーツ（真空）ポンプ
メカニカルブースターポンプ
容積輸送式
油汚染防止対策品
ターボ分子ポンプ
運動量輸送式
クライオポンプ
気体ため込み式
ゲッタポンプ
気体ため込み式

図 1.13　各真空ポンプの動作領域

その真空ポンプの性能限界である到達真空を決定している現象は，真空ポンプに使用している油の飽和蒸気圧である。すなわち，プロセス容器を真空排気した後の残留雰囲気には油の分子が主成分として存在してしまうことになる。図1.5の「1. 吸着分子の脱離」にて説明したが油の壁への吸着はより低圧を求める際，厄介な存在となる。また，プロセスを実施する際，目的とする素子の性能劣化を招くなど，真空の質の点から問題視される場合があるので注意が必要である。

このように真空の質の点から油の残留を問題とするプロセスを実施する場合，図1.13に「油未使用」として記載したオイルフリーの真空ポンプ系を使用する。ここでいう「油未使用」とは，真空ポンプ全体に「油をまったく使用していない」ことを意味しているわけではなく，「真空側に油蒸気が拡散することを防止する機構が取り付けられている」ことを意味している。これらのポンプ系統を使用すると油分子の真空室への流入を防止して界面特性の品質にこだわる素子の製造プロセスを実現することができる。

ここで，油未使用の主真空ポンプである「クライオポンプ」と「ターボ分子ポンプ」の使い分けを説明する。クライオポンプは，冷却面に気体を吸着させることで排気する真空ポンプである。クリーンな真空を作ることが可能であり，特に水分子の排気速度が大きいのが特徴で，図1.6の領域IIからIIIへ導くポンプとして特に有効である。しかしながら，ポンプ内部に排気した気体をため込むため，ときどきポンプ内部を室温に戻して吸着気体を再放出させる再生作業が必要である。

プロセスに危険有害ガスを使用する場合，クライオポンプを使用するとポンプ内でガスの濃縮が生じるため危険となる場合が多い。この場合，ターボ分子ポンプを選択することになる。例えばアンモニアやシランを使用するCVD装置，塩素系やフッ素系ガスを使用するドライエッチング装置などではターボ分子ポンプを選択する。また，酸素を微量添加した雰囲気下で真空蒸着やスパッタのプロセスを実施する場合，クライオポンプを採用すると，酸素のみならずオゾンもポンプ内部で濃縮され，再生作業時に高濃度で放出されることがある

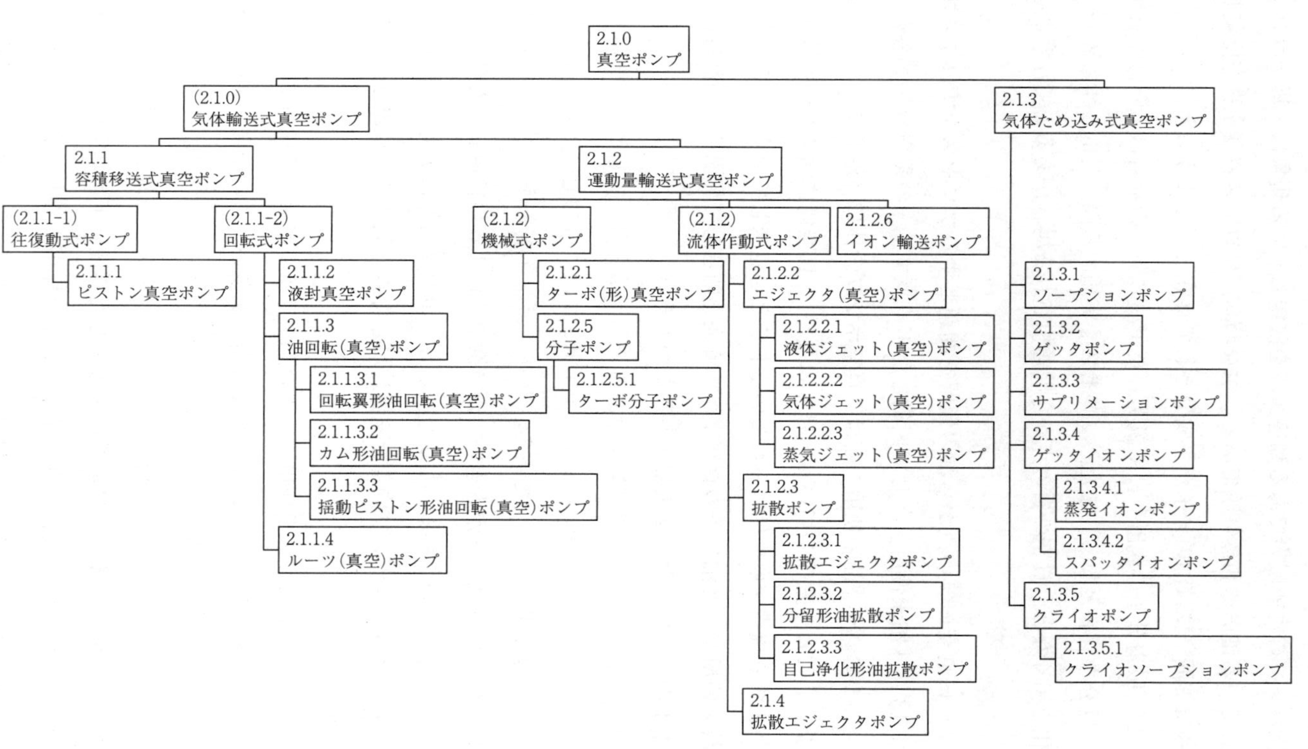

図 1.14 真空ポンプの分類[17]

ので爆発に注意が必要である。

真空ポンプの種類と分類は文献 17) にまとめられている。ここに記載されている真空ポンプの分類を**図 1.14** に示した。ドライプロセスに汎用的に使用されていない真空ポンプも含まれているが，この図は真空ポンプをメカニズム別に分けて分類しているため，その原理から把握することができてわかりやすい。

1.10　真空を測る：真空計

真空下の圧力を測定する機器として真空計がある。旧来，真空の程度を表現する項目として「真空度」と呼ばれることもあったが，いまでは「圧力」に統一することになっている。

ドライプロセスで使用する主要な真空計の動作領域を**図 1.15** に示した。大気圧からプロセスで使用する超高真空領域まで計測しなくてはならない圧力の桁数は 10 桁を超える。1 種類の真空計でこの桁数をカバーすることはとても無理である。このためプロセスに応じて使用する真空計を 2 種類以上選択し，組み合わせて使用することになる。

最近，2 種類の真空計を組み合わせて一体化し市販されている例がある。「水晶振動摩擦真空計」と「冷陰極マグネトロン真空計」，「ピラニ真空計」と「冷陰極マグネトロン真空計」，「水晶振動摩擦真空計」と「B-A 真空計」などである。

一方，プロセスに活性ガスを使用する場合や，圧力を精密に再現性良く測定するために隔膜真空計も多く使用されている。また，高真空，超高真空領域では B-A 真空計を使用することも多い。

真空計の種類と分類は文献 18) にまとめられている。ここに記載されている真空計の分類を**図 1.16** および**図 1.17** に示した[18)]。また各真空計の原理は秋道によって解説されている[19)]。

真空計には全圧真空計と分圧真空計がある。全圧真空計は，その名のとおり

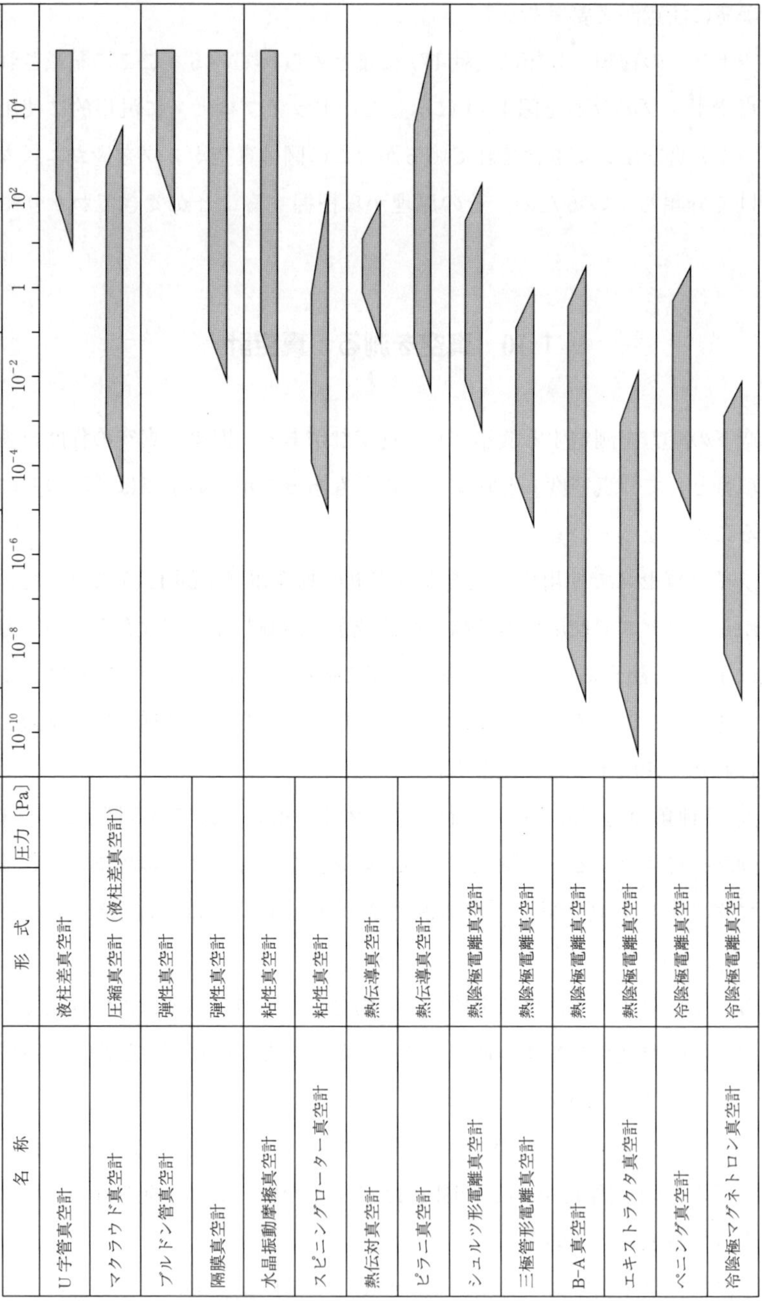

名　称	形　式	真空領域 / 圧力〔Pa〕
U字管真空計	液柱差真空計	
マクラウド真空計	圧縮真空計（液柱差真空計）	
ブルドン管真空計	弾性真空計	
隔膜真空計	弾性真空計	
水晶振動摩擦真空計	粘性真空計	
スピニングローター真空計	粘性真空計	
熱伝対真空計	熱伝導真空計	
ピラニ真空計	熱伝導真空計	
シュルツ形電離真空計	熱陰極電離真空計	
三極管形電離真空計	熱陰極電離真空計	
B-A 真空計	熱陰極電離真空計	
エキストラクタ真空計	熱陰極電離真空計	
ペニング真空計	冷陰極電離真空計	
冷陰極マグネトロン真空計	冷陰極電離真空計	

図 1.15　各真空計の動作領域

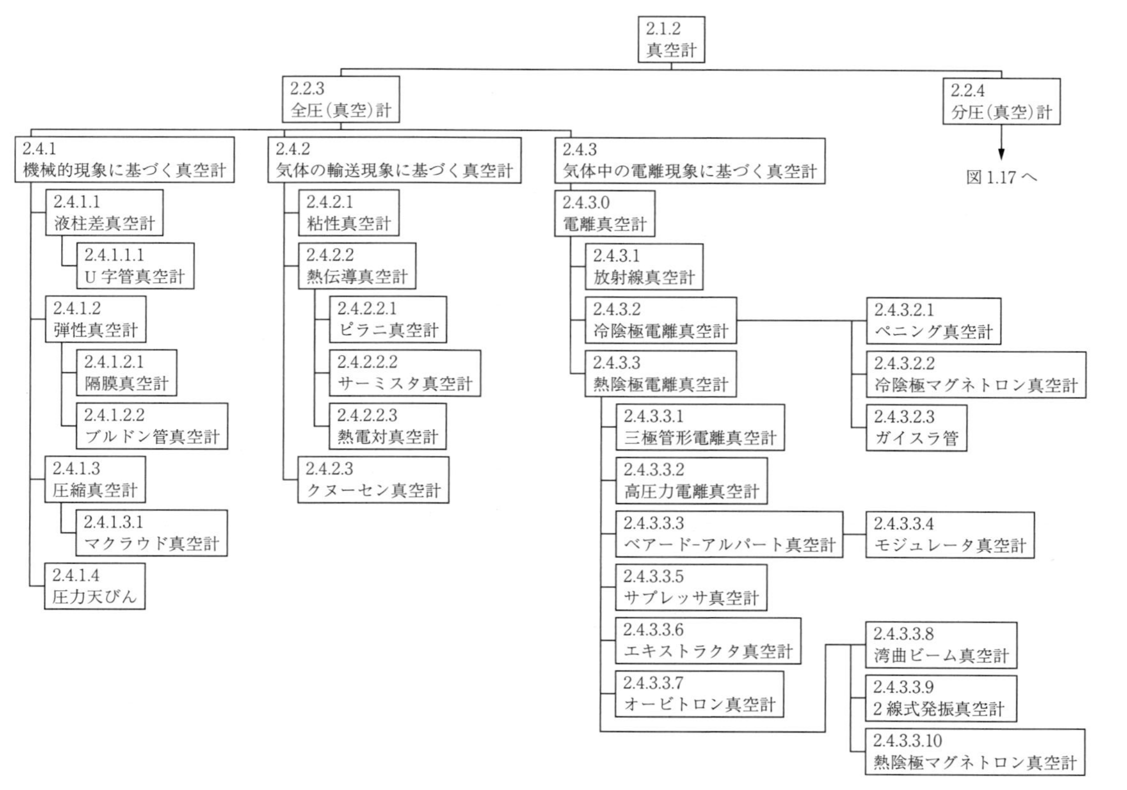

図 1.16　全圧真空計の分類[18]

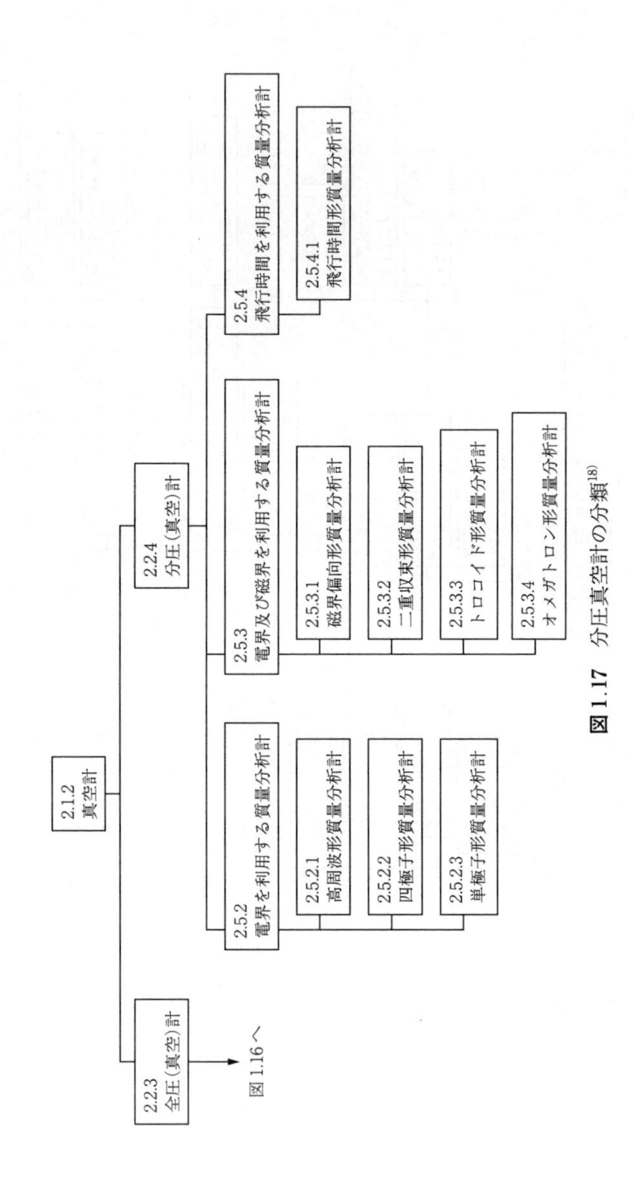

図 1.17　分圧真空計の分類[18]

真空容器内の全圧力値を測定するものである。この真空計では真空雰囲気を構成する成分ごとの分圧を測定することはできず，その必要が生じた場合は分圧真空計を使用することになる。プロセスの設計とその設計値どおりに実現されているかを把握するプロセスモニターとしてこの分圧真空計は重要である。

プロセス実行時の分圧モニターとして最も多く使用されている分圧真空計に四極子形質量分析計（四重極形質量分析計とも呼ばれる）がある。コンパクトで安価に分圧を測定することが可能である。**図 1.18** に四極子形質量分析計の構造模式図とそれを使用した分圧モニターシステムの模式図を示した[20), 21)]。真空雰囲気を構成する気体分子はイオン源部から発する熱電子の衝撃によって正にイオン化される。このイオンは四極子電極部へ導入され，四極子に印加している高周波によってイオンの質量ごとに分離された後，イオン検出部で電流値として検出される。四極子形真空計の内部は分子およびイオンどうしが衝突しないように十分に長い平均自由行程を確保しなくてはならず，高真空に維持する必要がある。

プロセス実行時の分圧をモニターする場合は，プロセスの実施圧力と四極子形真空計との間にオリフィスを設けて差圧を作る。図 1.18（b）のサンプル

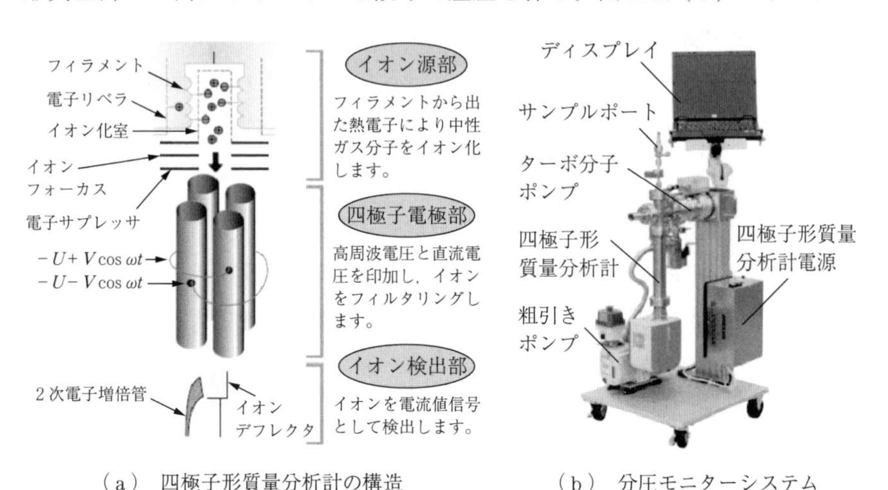

（a） 四極子形質量分析計の構造　　（b） 分圧モニターシステム

図 1.18 四極子形質量分析計の構造と分圧モニターシステム[20), 21)]

ポート部にこのオリフィスを設置する。真空計側には高真空を維持するための差動排気ポンプとしてターボ分子ポンプなどを設置し，つねに排気を行う。オリフィスからイオン検出部までは前述のとおり長い平均自由行程を確保しなくてはならない。このため測定するべき分子およびイオンの壁との衝突を避ける目的で，オリフィスからイオン検出器までは直線構造とする工夫が必須である。この直線構造を実現しない場合，プロセスモニター内壁への衝突を経験した分子種の情報を測定することになり，プロセス容器内の正しい分圧情報を測定していることにならない。

プロセスの実行前後の残留気体の分析にもこの分圧真空計を使用する。1.6節および1.7節で記述した真空の質を把握するためのものである。この場合は前述のオリフィスは必要ない。しかしながら，プロセス容器内の情報を正確に測定するために，プロセス容器の内部からイオン検出部までを直線構造とすることは同様に重要である。

また，この四極子形質量分析計は図1.5の「3.　漏れ（リーク）」場所を特定し，漏れ量を把握するいわゆる「リーク試験」のために使用することができる。大気側からプローブ気体であるヘリウム（大気に存在する量が少なく，分子量4を持つ他の元素がないことから使用される）を照射すると，漏れの発生場所近くでヘリウムが真空中へ流入する。ヘリウム分圧の上昇量から，場所の特定と漏れ量を知ることができる。

さらに，四極子形質量分析計のビルドアップ信号をモニターすると，通常のヘリウム照射法では調査することができないプロセス気体のストップバルブの弁座リークを特定することができ，大変有用である。弁座リークが存在する場合，そのプロセス気体種の分子量に相当する信号のみ急速に大きくなる。大気成分が流入する漏れの場合は，窒素分子（m/z 値28）：酸素分子（m/z 値32）＝4：1の比で信号が大きくなる。

******** 2.

ガス制御

****

2.1 ドライプロセスに必要なガス制御技術

ドライプロセスを実現するためにはプロセス容器内へ所定の種類の原料気体（ガス）を導入する必要がある。ここではおもに気体の導入制御技術に関して説明する。**図 2.1** に気体の導入制御系の模式図を示した。この図では一つの高圧容器内の気体を装置 A，装置 B，装置 C へ導入すると仮定している。もちろん，通常は多数の原料気体を導入する必要があるため，図 2.1 と類似の配管系統が原料気体の数ぶんだけ設置することになる。

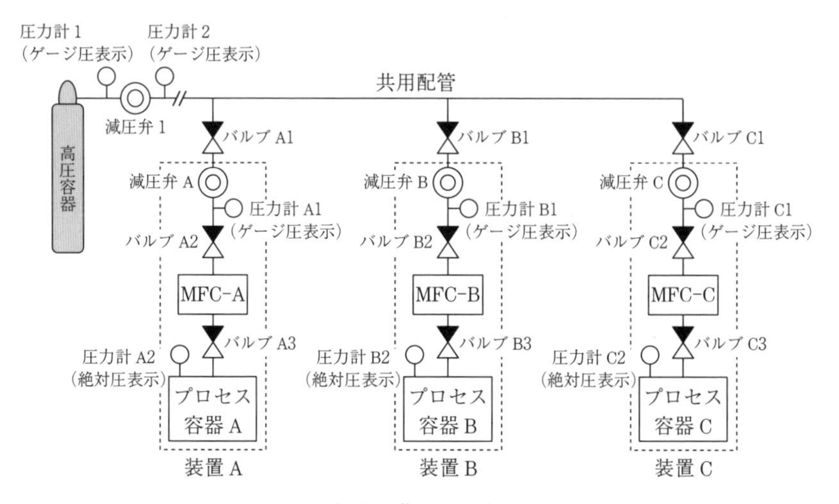

図 2.1 気体の導入制御系の模式図

原料気体は購入時，高圧容器内に通常 15.0 MPaG の圧力で充填されている。NH_3 などの液化ガスや有毒ガスなどは，その物質の性質に応じた充填圧力となっている。高圧容器内の気体の圧力は，図 2.1 の圧力計 1 によって計測される。ここでゲージ圧と絶対圧の概念に注意して圧力表示を認識しなければならない（1.2 節参照）。この圧力計 1 は，通常，ゲージ圧表示となっている。

高圧容器内の気体は高圧ガス（高圧ガス保安法の法規制対象で 1.0 MPaG 以上の圧力）ではない一般の気体として取り扱うことが可能な圧力まで減圧弁 1 によって下げて共用配管へ供給する。通常，0.3 ～ 0.7 MPaG の圧力で供給する。この供給圧は圧力計 2 によって測定し，減圧弁 1 を調整して設定する。圧力計 2 の表示値も通常はゲージ圧表示である。ここで減圧弁の構造とメカニズムは 2.3 節で詳細説明を行う。原料気体は共用配管から「バルブ A1」，「バルブ B1」，「バルブ C1」によって各装置へ分岐される。

つぎに装置内配管系統を装置 A を用いて説明する。分岐された気体は，圧力計 A1 によって装置内圧力を確認しながら，減圧弁 A によってさらに減圧する。この圧力計 A1 もゲージ圧表示であることが普通である。圧力計 A1 の圧力は，通常 0.1 ～ 0.2 MPaG に設定する。各装置の気体導入口に減圧弁を設置する理由は，他装置の動作の影響を少なくするためである。例えば，装置 C で急に多量の気体を使用すると，共用配管内の装置への分岐部付近の圧力は低下する。これは圧力計 2 から装置分岐部までの配管の気体コンダクタンスの影響である。同じ共用配管から分岐して使用する場合，近傍の装置の稼働状況の影響で目的の装置の供給圧が変動してしまう。このため，各装置は分岐後に装置専用の減圧弁を使用して原料気体の圧力の安定化を図る。

原料気体は質量流量制御器（マスフローコントローラー，mass flow controller：MFC）MFC-A を通して流量制御し，プロセス容器 A に導入する。ここで汎用的に使用する流量の単位である sccm または slm は，それぞれ atm･cc/min，atm･L/min を簡略表現しているものであるが，ここの圧力 atm は絶対圧値であり，圧力計 A1 の表示値（通常ゲージ圧値）と混同しないように注意が必要である。ここを混同すると誤った設計を行うミスが発生するので特に注意が必要である。また，MFC の質量流量制御の詳細は 2.4 節で説明する。

プロセス容器内で実施するプロセスが真空プロセスである場合，通常，圧力計 A2 の表示は絶対圧表示となる。ここも圧力計 A1 の表示値（通常ゲージ圧値）と混同しないように注意することが必要である。

2.2　バルブの構造と取付け方向

図 2.2 にバルブの構造と記号に関する模式図を示した。ここに示した図は，汎用的にプロセス気体のストップバルブとして使用するダイヤフラムバルブの断面である。あわせて，バルブ本体に刻印されている矢印記号も記載した。この矢印記号は「流れの方向」と呼ばれていて，バルブを配管に接続するときの指針とするものである。バルブの取付け方向には「弁座の方向」と「矢尻の方向」がある。バルブの断面構造に注目してほしい。「弁座の方向」のシール部は実際のバルブの弁座部のみの 1 か所である。一方，「矢尻の方向」のシール部は弁座部およびダイヤフラムの 2 か所に存在する。内部構造も複雑である。ダイヤフラムではなくベローズバルブの場合，この「矢尻の方向」空間にはベローズのさらに複雑な凹凸構造が存在する。このため，重要な圧力の高い共用配管方向には「弁座の方向」を，下流側に「矢尻の方向」を向けて設置する。

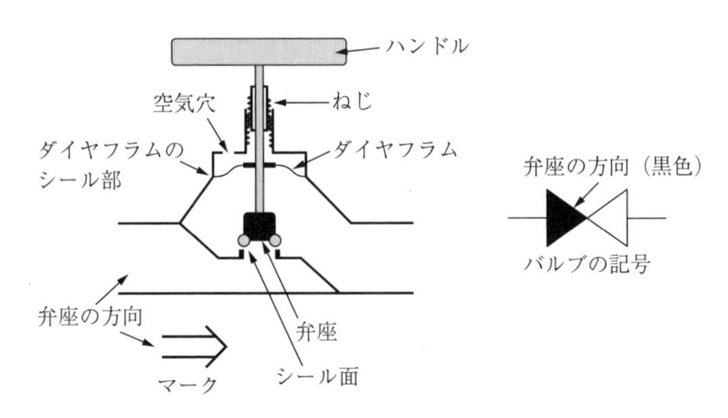

図 2.2　バルブの構造と記号

この場合「矢印記号」で示した方向に気体は流れ，「矢印記号」を「流れの方向」と呼んでいるゆえんがここにある。また，図面中にバルブを記載する場合には，図2.2にバルブの記号として示した記号を使用する。「弁座の方向」を明確に示したい場合は，図示したように，弁座方向部分を黒地で塗り込む。

ここで，プロセスとして真空を使用する場合はつぎの注意が必要である。バルブの「弁座の方向」をプロセス容器（真空容器）内部方向に向くように設置する。例えば図2.1の「バルブA3」，「バルブB3」，「バルブC3」である。この場合，「矢印記号」は気体の「流れの方向」と逆になる。

実際に気体が流れる方向と逆向きに「矢印記号」を設置する理由は3点ある。図2.2のバルブ断面図によって説明する。第1の理由は，真空プロセスは綿密に漏れ防止を工夫することが必要であり，シール部は極力少なくしたい。シール部の数が1か所である「弁座の方向」を真空容器側とすることで漏れに関するリスクを少なくする。第2の理由は，弁座にかかる圧力の方向である。「弁座の方向」を真空側にするとバルブが閉まる方向に圧力がかかる。「矢尻の方向」を真空側にすると，弁座には逆圧（大きな大気圧）を受けながら弁を閉めなくてはならない。このため，漏れのリスクから「弁座の方向」を真空容器側にする。第3の理由は，プロセスを行う真空容器側に複雑な構造を避けることである。気体の壁への吸着，結露などの問題は真空の質の点から致命的となる。このため，プロセスを実施する真空容器内は極力，無駄な構造を排除する配慮が必要となる。

これら3点の理由から「弁座の方向」を真空容器側に向けてバルブを設置する。真空を含むシステムの設計では，バルブ設置に関して「より重要なほうに弁座の方向を向けて設置する」と覚えるとわかりやすい。

一方，排気配管に使用するバルブの取付け方法は，そのバルブの構造や設計コンセプトによるため，一概には説明できない。例えば真空容器から直接排気するバルブの場合は，「弁座の方向」を真空容器側に向けてバルブを設置することが多い。この理由として前述の3点の理由に加え，第4の理由がある。排気ポンプ系をメンテナンスする機会は比較的多くなるが，そのときに真空容器を真空保管した状態で排気配管系を大気開放してメンテナンスを実施するからである。一方，真空容器をメンテナンスする場合は，排気配管系も同時に大気開放することが多いため逆圧に関する配慮が不要である。しかしながら，真空プロセスとして，真空容器内で大気圧に近い圧力でプロセスを実施する場合，このバルブへの逆圧負荷が大きく加わるため，真空容器に矢尻側を向けて設置する場合もある。このように，排気配管系統のバルブは，プロセスに依存した装置設計コンセプトによって異なるので一概には説明できない。

2.3 減　　圧　　弁

減圧弁（レギュレーターとも呼ばれている）は原料気体の圧力制御を行う機器として最も汎用的に使用されているものである。**図 2.3** に減圧弁の構造模式図を示した。減圧弁には種々，工夫された構造があるが図 2.3 には最も単純化した一例を示した。図 2.3（a）は減圧弁を実際に使用している二次圧調整中の模式図であり，図（b）は全閉中の模式図である。

減圧弁の構造と動作原理を説明する。減圧弁は一次圧を二次圧まで低下させ，下流側である二次圧を一定に保つ機構であり，ハンドルを回して二次圧値を設定する。ハンドルを右に回して締め込むと，二次圧は上昇し最終的には全

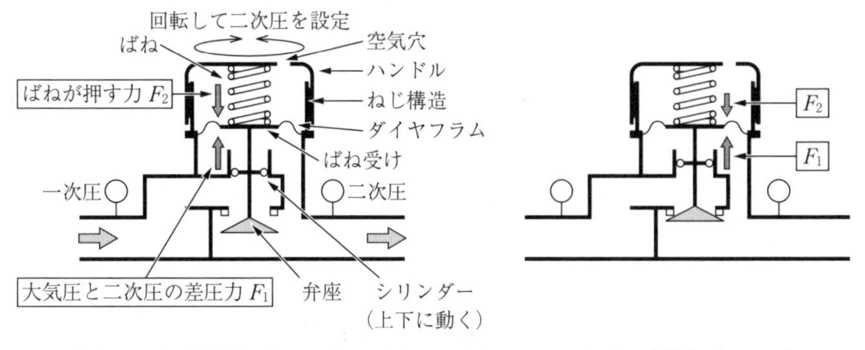

（a） 二次圧調整中（$F_1 = F_2$）　（b） 全閉中（$F_1 > F_2$）

図 2.3　減圧弁の構造模式図

開となる。ハンドルを左に回して緩めると，反対に二次圧は下降して最終的には全閉となる。

つぎに動作メカニズムを説明する。「大気圧と二次圧の差圧力 F_1」と「ばねが押す力 F_2」とが釣り合った場所で「シリンダー」および「弁座」の位置が決まる。ハンドルを右に回して締め込むと，「ばねが押す力 F_2」は大きくなって弁座が開き「大気圧と二次圧の差圧力 F_1」と釣り合った位置で停止するので二次圧は上昇する。さらにハンドルを大きく右に回して締め込むと，「ばねが押す力 F_2」はさらに大きくなり減圧弁は全開する。逆に左に回して緩めると，「ばねが押す力 F_2」は小さくなって弁座は閉じ「大気圧と二次圧の差圧力 F_1」と釣り合った位置で停止するので二次圧は下降する。さらにハンドルを大きく左に回して緩めると，「ばねが押す力 F_2」はさらに小さくなりバルブは全閉する。

ここで，一次圧と二次圧の差圧の力は「弁座のシール部」および「シリンダー面」に印加される。「弁座のシール部」および「シリンダー面」の両面積が同じになるように設計すると，一次圧と二次圧の差圧の力はそれぞれ「弁座のシール部」および「シリンダー面」にまったく逆方向に印加されるため相殺され，理想的な状態では差圧の力は発生しないことになる。このため無視することができる。

減圧弁は，その構造メカニズムからも理解できるとおり，ゲージ圧を一定に保つ機器である。図 2.3 の空気穴によって連通している大気の圧力とばねが押す力に対して，大気圧と二次圧の差圧力を設定している。決して絶対圧を一定化している機器ではない。このため減圧弁で一定化した二次圧は，絶対圧スケールでは大気の気圧変動に同期し，そのぶん，常時，ゆっくりと変動していることになる。

2.4　気体の流量制御

物質の流量を定義する場合，体積流量と質量流量の概念がある。体積流量の

単位は m^3/s であり，これは液体の流量を示す場合に多く使用される。一方，気体は同一体積であっても圧力によって物質量は大きく変化する。このため，プロセスにおける流量を定義する場合は質量流量 kg/s を採用することが多い。質量流量の SI 単位は kg/s であるが実務上，体積の概念を組み込んだほうが理解しやすいため，「気体分子」，「気体の温度」を特定して Pa·m^3/s を使用する。また汎用的には，前にも述べた atm·cc/min および atm·L/min を簡略化した sccm および slm を使用する。気体分子を特定した sccm，slm 表記は 0℃，1 atm 下の体積表記であって，科学的には「質量流量」に相当した単位である。

プロセスに使用する流量制御は，原料の物質量を制御することが重要であるため，通常は質量流量制御を行う。また，使用する質量流量制御器（MFC）の方式は熱検知式を採用することが多い。その理由は，精密制御が可能で応答速度が速い特徴を持っているからである。**図 2.4** に熱検知式の質量流量計の構造を示す。その構造は「流量センサー部」，「バイパス管」，「流量制御バルブ」および「制御のための信号処理系」から構成される。「バイパス管」から分岐した「流量センサー部」は細管の部分に発熱体と測温センサーを取り付けた構造である。この熱伝導を測定することによって質量流量を測定する。流量センサー部の詳細は後述する。

「流量センサー部」と「バイパス管」の下流では，両流路を合流させて「流

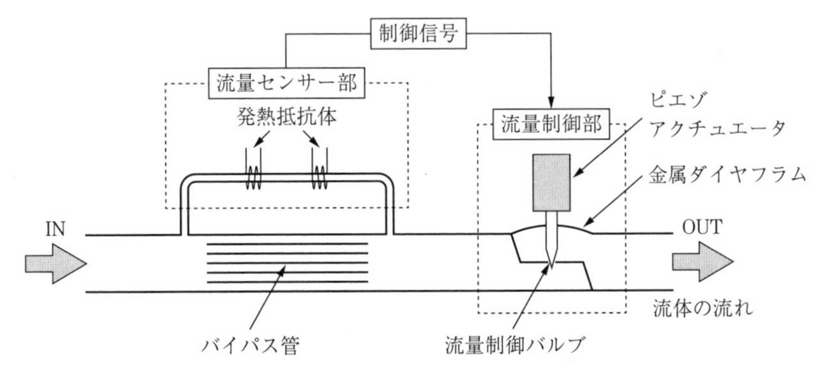

図 2.4 熱検知式質量流量計の構造

量制御部」へ導く。流量制御を行うニードルバルブの駆動はピエゾアクチュエータなどで制御する。最近では微細操作が可能なピエゾバルブの使用が多いが，ソレノイドバルブやサーマルバルブを使用することもある。流量センサー部で検知した信号は，「制御のための信号処理系」によって設定値と参照を行い，自動解析してピエゾアクチュエータの駆動信号を作る。このような熱検知式 MFC はセンサー部の構造，流量制御部の構造，制御信号処理の手法など各メーカーによって異なった工夫を組み込んで市販されている。

質量流量計センサー部の構造の一例を**図 2.5** に示した。センサー部 A および B に発熱抵抗体を使用して，細管の外周を巻く構造を作っている。発熱抵抗体は電流を流すと発熱するとともに，その抵抗値から温度を測定することができる。センサー部 A は 35 ～ 80℃に加熱する。センサー部 B も同様に設定する。例えば，同じ電流値をセンサー部 A および B に流すと，流体の流れがないときは $T_A = T_B$ であるが，流れが生じている場合は $T_A < T_B$ となる。また，センサー部 A および B の温度を一定に保つように制御した場合，流れがある場合はセンサー部 A を流す電流値よりセンサー部 B を流す電流値は小さくなる。このように，温度差または電流値差より流体の質量流量を検知することが

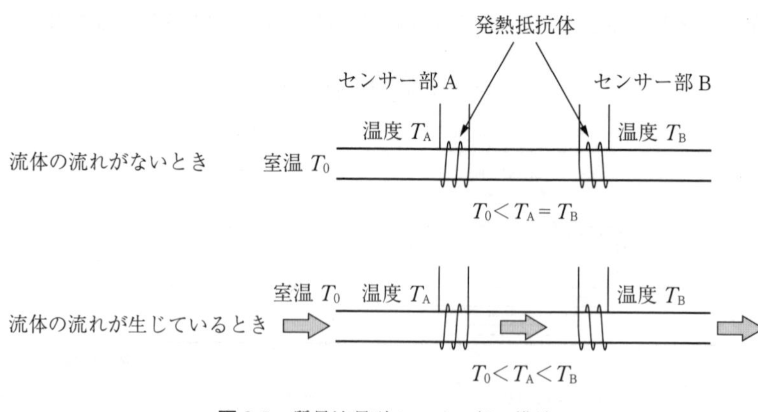

図 2.5　質量流量計センサー部の構造

できる。

センサー部Aの設定温度は，室温との差を大きく設定したほうが感度を上げることができるが，対象物の気体の熱安定性に配慮が必要である。熱CVD原料気体などは，低温で熱分解する化学物質であることが多く，ここの設定温度に配慮して低温化する工夫が必要である。このような配慮を行った製品は各メーカーから市販されている。

前述のように，MFCは気体の熱容量によって感度が異なってくる。同じMFCを異なった気体材料で使用する場合，コンバージョンファクターと呼ばれている感度係数補正を行う必要がある。ここは，各MFCの製造メーカー仕様を参照することが必要である。また，デジタルMFCでは，使用気体の種類を選択すると，ソフトウェア上で自動設定される機種も市販されている。

一方，古くから使用されている流量制御の方式に「ニードルバルブ＋浮き子式流量計」がある。この方式を採用した場合はつぎの注意が必要である。浮き子式流量計に組み込まれているテーパー管は気体の分子種および測定動作圧力が指示されているので，この指示の条件で使用しなくてはならない。大気圧0 MPaG（0.1 MPa）動作や0.1 MPaG（大気圧＋0.1 MPa）動作の場合などである。「ニードルバルブ＋浮き子式流量計」の制御は，一般的にマニュアル方式であり精密制御はできない。しかしながら，構造が簡単で安価に流量を設定することができるため，パージ系の流量制御などに使用する。また，停電時でも流量制御動作を行うことができるため，安全対策用機器としても重要である。

図2.6に浮き子式流量計の使用方法の模式図を示した。浮き子式流量計は，その名のとおり浮き子によって流量を測定するため，テーパー管を垂直に立てて使用する。また「下部ニードル式」と「上部ニードル式」の2種類の方式があり，使用方法が異なるので注意が必要である。

下部ニードル式は，その下流で大気放出する場合などに使用する。テーパー管内の圧力は大気圧である。一方，上部ニードル式は下流の圧力が定まらない（任意の圧力）場合に使用する。この場合はテーパー管の上流に減圧弁および圧力計の設置が必要となる。減圧弁にてテーパー管の指定圧力（しばしば0.1

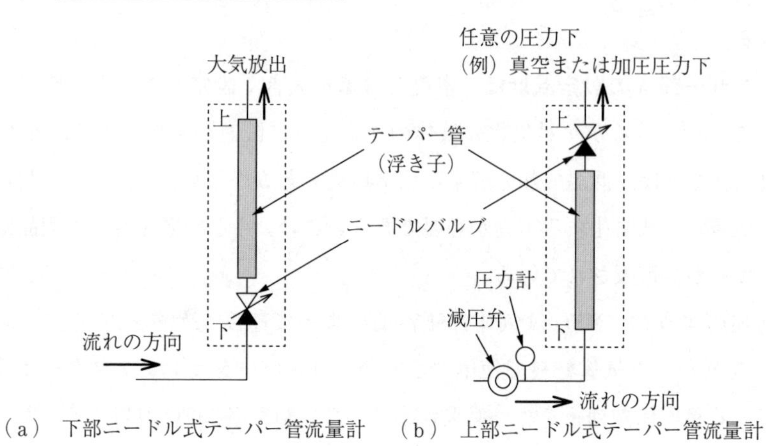

（a） 下部ニードル式テーパー管流量計　（b） 上部ニードル式テーパー管流量計

図 2.6　浮き子式流量計の使用方法

MPaG）に調整した気体をテーパー管へ導入する必要があるためである。このため，流量調整用のニードルバルブは上部に設置する。このように，テーパー管はその指定圧力下で浮き子動作が行われるように配管系統を設計しなくてはならない。

2.5　液体原料の気化供給系

昨今，有機金属化合物を使用したMOCVD（metal organic chemical vapor deposition）法の発達などの点から，常温常圧で液体または固体の化合物を気化してプロセス原料として使用する機会が増加している。本節では，このような液体原料の気化供給系に関して説明する。

原料気体のプロセス容器へ導入が必要な流量は，CVDなどの成膜プロセスの場合，成膜される表面積，成膜速度および原料の利用効率から計算できる。ここで液体または固体の原料の場合，必要な原料供給速度に相当した気化量がなかなか確保できない。このため必要とする気化量を得ることができる液体気化供給システムを検討し，適する構造を採用する必要がある。ここで用語を定義しておく。「気化速度」とは単位気液界面面積当りに気化する速度（分子数）

で単位は $m^{-2}s^{-1}$ である。「気化量」とはそのシステム全体で気化する速度（分子数）で単位は s^{-1} である。すなわち

$$\text{気化量}〔s^{-1}〕=\text{気化速度}〔m^{-2}s^{-1}〕\times\text{気液界面面積}〔m^2〕 \tag{2.1}$$

となる。

まず一般的に，真空下での液体原料の気化速度（蒸発速度）に関して解説する。液体原料の気化速度は，飽和蒸気圧から算出することが可能である。所定の圧力 P〔Pa〕下での表面への入射頻度 Γ〔$m^{-2}s^{-1}$〕は 1.6 節で説明した。「気体から液体の単位面積当りの表面に入射する分子の入射頻度 Γ〔$m^{-2}s^{-1}$〕」と「単位面積当りの液体表面から気体への分子の気化速度 V_V〔$m^{-2}s^{-1}$〕」が同じ値に釣り合う条件で飽和蒸気圧 P_s〔Pa〕は決定する。すなわち，気化速度 V_V〔$m^{-2}s^{-1}$〕は「飽和蒸気圧の圧力下での入射頻度 Γ〔$m^{-2}s^{-1}$〕」に等しい。このことから気化速度 V_V〔$m^{-2}s^{-1}$〕は次式で表すことができる。

$$V_V=\Gamma=\frac{P_s}{\sqrt{2\pi mkT}} \tag{2.2}$$

ここで，π は円周率，m は分子の質量〔kg〕，k はボルツマン定数 1.38×10^{-23} J/K，T は系の絶対温度〔K〕，P_s は温度 T での液体原料の飽和蒸気圧〔Pa〕である。式 (2.2) を用いると，系の絶対温度 T〔K〕下の液体原料の飽和蒸気圧 P_s〔Pa〕がわかれば，液体原料の気化速度 V_V〔$m^{-2}s^{-1}$〕を算出することができる。この値を算出できることは，後述するように液体原料供給系を設計するうえで非常に有益である。

液体原料気化供給システムは種々存在するが，代表的な構造の例をここで説明する。**図 2.7** にコンテナ気化方式の液体原料気化供給システムの模式図を示した。図（a）は室温気化方式，図（b）はバブラー方式の模式図である。

初めに図（a）の室温気化方式の説明から行う。この構造は NH_3 などの液化気体の供給系と本質的に同じ構造である。NH_3 などの液化気体は，購入時に充填されている容器内で充填液体を気化させ，気体の MFC によって流量制御してプロセス容器へ導入する。本方式も常温常圧で液体である液体原料は，購入時に充填されている「液体原料コンテナ」の中で気化し，気体の MFC によっ

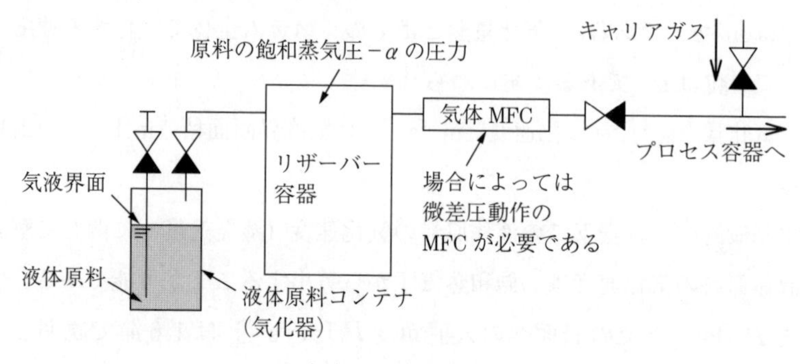

（a） 室温気化方式

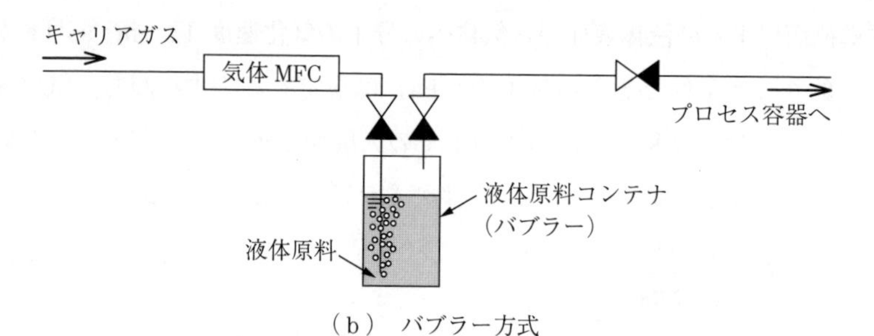

（b） バブラー方式

図 2.7　コンテナ気化方式の液体原料気化供給システム

て流量制御してプロセス容器へ導入する。本方式では，供給系配管内の圧力は原料の飽和蒸気圧以下である。気体の MFC で流量制御を行うが，この「飽和蒸気圧－α」の圧力で動作する MFC が必要である。本方式は簡略で精密な流量制御が可能であるが，原料の飽和蒸気圧に配慮した低微差圧動作の MFC を採用できるかが本方式を採用する限界となる。

液体原料コンテナ内では，必要な気化量に応じた気液界面の面積を確保することができないことがある。その場合，気化した原料を一時ここにためておくリザーバー容器で補填する。リザーバー容器はプロセスの実施中，微差圧動作の MFC の動作圧力範囲を確保するための工夫である。気体の MFC によって原料を流している場合，徐々にリザーバー容器内の圧力は低下するが，プロセスの終了まで微差圧動作の MFC の動作圧力範囲を確保する必要がある。リザーバー容器を大きくすると，この圧力低下を小さくすることが可能である。

プロセス休止中も液体原料コンテナ中で原料の気化が生じていて，リザーバー容器内の圧力は飽和蒸気圧近くまで回復する。もちろん，高飽和蒸気圧の原料の場合はリザーバー容器は必要ない。

つぎに図 2.7（b）のバブラー方式の説明を行う。この方式は，簡易的で原料の大きな流量を確保することが可能であるため古くから採用されてきた手法である。しかしながら，原料流量を精密に制御することができない欠点があるため，精密制御が必要なプロセスには採用できない。

気化量を確保するために液体原料コンテナの中でキャリアガスでバブリングし，気液界面の面積を増大させている。限界のある気化速度に対して，面積を増加することで気化量を確保する手法である。

図 2.8 にベーキングユニット方式の液体原料気化供給システムの模式図を示した。この方式は図 2.7 の室温気化方式とバブラー方式の利点を組み合わせた方式である。加熱炉を使用し，この中に気化器である液体原料タンクと，気化した原料の流量制御を行う気体の MFC を設置する。液体原料タンクは気液界面の面積を大きく確保するため平たい容器を採用している。また，図 2.7（a）のリザーバー容器の機能を兼ねるための空間も確保している。原料の飽和蒸気圧を高めた状態で動作させるためにシステム全体を加熱する。また，プロセス容器まで導入配管全体を加熱して原料の結露を防止する。

この方式の欠点は，プロセス実施時，液体原料タンク内で液体原料は常時加

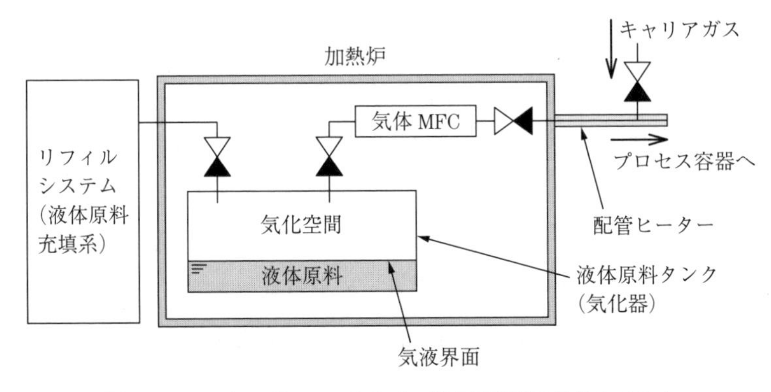

図 2.8　ベーキングユニット方式の液体原料気化供給システム

熱された状態に保持されていることである。このため液体原料を室温保管しているリフィルシステムから徐々に原料液体を液体原料タンク内へ補填することで長時間の加熱を避ける工夫をする。比較的熱安定性が高く，低い飽和蒸気圧の原料を使用する場合は，本方式は非常に有用である。

図 2.9 に液体流量制御方式の液体原料気化供給システムの模式図を示した。この方式は比較的熱安定性が悪く，低い飽和蒸気圧の液体原料に関して採用する方法である。流量制御を液体 MFC において実施する。この液体 MFC は気体の MFC と基本原理は同じであり，質量流量を制御することができる。また，原料は室温で保管され，使用する直前に気化器内で気化して使用する。このため，比較的熱安定性が悪く低飽和蒸気圧の原料の供給に適した手法である。

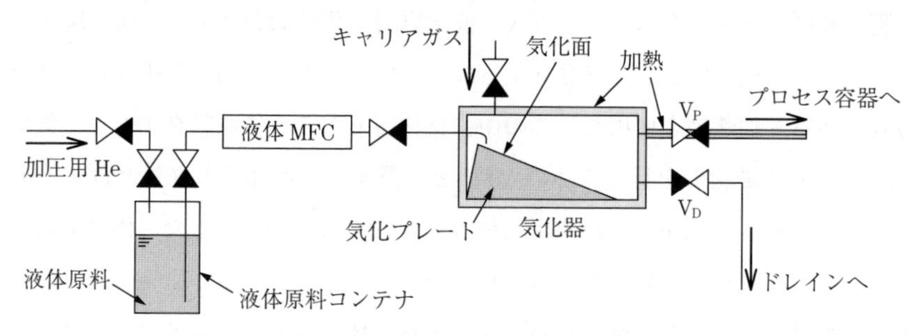

図 2.9　液体流量制御方式の液体原料気化供給システム

流量制御された原料は気化器内へ導入される。気化器はメーカーによってその構造は異なるが，一般的に液体原料は傾斜プレートによって自重で広がり，気液面積をすばやく大きくして気化量を確保するなどの工夫をしている。しかしながら，プロセス的な見地から応答速度は十分でないことが多い。このため，気化器動作の安定化時間を加味し，その時間は V_D を通してドレインへ導き，安定した気化量が得られてからプロセス容器へ導入するようにバルブ切替え操作（V_D を開から閉へ，V_P を閉から開へ）で対応する工夫を組み込むことが多い。このようにバルブ切替えで気化した原料気体をプロセス容器に導く方法は「ドレイン アンド ラン（drain and run）」と呼ばれている。

********* 3.

プロセスモニター

****

3.1 膜厚モニター

薄膜成長時に，膜厚をその場測定する装置が膜厚モニターである。光学薄膜のような透明膜の場合には，4 章に記述するように光の透過や反射強度を測定する光学式膜厚モニターが，膜厚だけでなく完成品としての光学薄膜の性能を含めてその場制御するツールとして産業的に用いられており，その詳細は 4 章において記述されている。電気抵抗など薄膜の特定の物性に着目すれば，物性をその場モニターし膜厚を推定する手段はいくつか考えられるが，本節では，金属膜のような不透明膜も含めた多様な薄膜材料に対応可能な，水晶振動子センサーを用いる汎用膜厚モニターについて解説する。

圧電結晶である水晶に電圧を印加すると，結晶内部に応力が発生する。交流電圧を印加すれば，その応力は周期的に変化する。所定の形状に切り出した水晶は，固有の共振周波数を持ち，この固有周波数と応力の周期変動が同期すれば，微弱な電圧でも効率良く結晶を振動させることができる。逆に，固有周波数と交流電圧の周波数がずれると，ほとんど振動しなくなる。つまり，切り出した水晶チップは，一定の周波数でのみ正確に発振する振動子として動作する。このような水晶発振器は，時計やパソコン，携帯電話などの電子機器の内部に高精度に時を刻むために組み込まれている。

水晶振動子の表面に薄膜が付着すると共振周波数が変化し，その変化量が付着した薄膜の質量に依存していることが，20 世紀の半ば頃に示された[1)]。この原理は，水晶振動子の共振周波数変化から ng オーダーの微小質量変化を測定に応用できることが明らかになり，quartz crystal microbalance（QCM：直訳すると石英結晶微小天秤）と呼ばれる技術として実用化された。**図 3.1** に，QCM センサーの写真を示す。水晶板の板厚方向に交流電圧を印加するために，水晶板の両面に金電極を蒸着してある。全面に金が蒸着されている側が，計測面（薄膜蒸着面）となる。

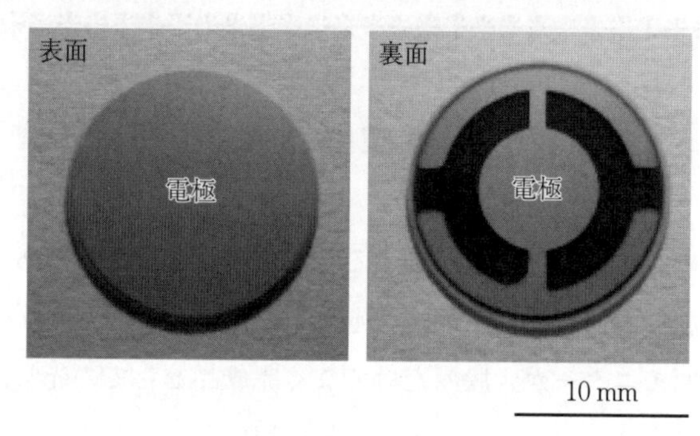

図 3.1　QCM センサー

このQCM センサーは，AT カットと呼ばれる，結晶軸に対しある特定の方向を向いた面に平行に切り出した板状の水晶で，その共振周波数はほぼ水晶板の厚みよって決まる。固有周波数変化の温度変化が室温付近では小さくなるため，安定した水晶発振子となる。AT カットセンサーは，表面と裏面で変形の向きが反対になる厚みすべり振動という振動モードで振動する（**図 3.2**）。

共振周波数の変化量 Δf と薄膜成長による質量変化 Δm との関係は，

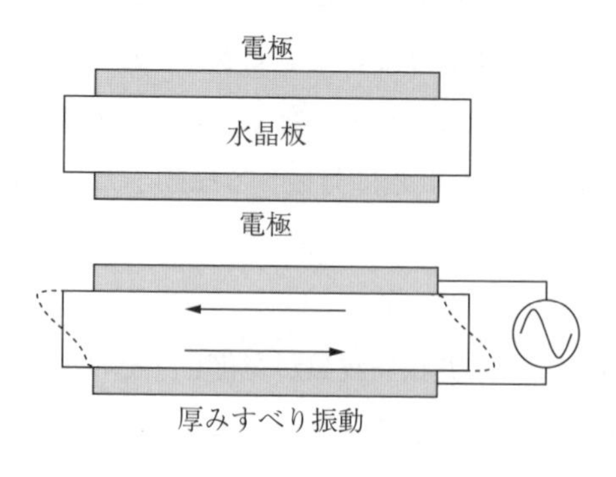

図 3.2　QCM センサーの構造と振動

Sauerbrey の式と呼ばれ

$$\Delta f = -\frac{2f_{QC}^{\ 2}}{\sqrt{\rho_{QC}\mu_{QC}}}\frac{\Delta m}{A} \tag{3.1}$$

で表される。ここで，f_{QC} は QCM の固有周波数，ρ_{QC} は水晶の密度（2.648×10^3 kg/m^3），μ_{QC} は水晶のせん断応力（2.947×10^{10} kgms），A はセンシング面積である。式 (3.1) からわかるように，薄膜がセンサーに付着すると，共振周波数は減少する。

真空蒸着装置に QCM 膜厚モニターを取り付けた様子を，**図 3.3** の写真に示す。図 3.1 の QCM センサーが，温度上昇を防ぐために水冷されたセンサーホルダー内におさめてある。本 QCM センサーの f_{QC} は 6 MHz である。QCM 膜厚モニターは，1 Hz 程度の周波数変化は十分に検出できる。この 1 Hz の周波数減少に相当する膜厚増加分 Δt は，薄膜の密度を D とすると，$\Delta m = DA\Delta t$ であるから

$$\begin{aligned} -1 &= -\frac{2f_{QC}^{\ 2}}{\sqrt{\rho_{QC}\mu_{QC}}}\frac{DA\Delta t}{A} \\ \therefore \Delta t &= \frac{\sqrt{\rho_{QC}\mu_{QC}}}{2f_{QC}^{\ 2}D} \end{aligned} \tag{3.2}$$

となる。アルミニウム（$D=2.7\times10^3$ kg/m^3）を蒸着した場合，約 0.045 nm と求まる。ただし，式 (3.1) は，水晶振動子への薄膜付着による QCM センサー全体としての板厚および密度変化は無視して導かれている。膜厚が厚くな

図 3.3　真空蒸着装置に設置した QCM 膜厚モニター

るとこの仮定は必ずしも当てはまらなくなるため，市販のQCM膜厚モニターでは，共振状態の水晶板と付着した薄膜からなる複合系の振動インピーダンスを厳密に計算する[2]ことで，より正確かつ広い膜厚範囲で適用可能な振動モデルを用いて膜厚測定を行っている。

最後に，QCM膜厚モニターを使用するうえで，いくつか把握しておくべき点を列記しておく。QCMで測定するのは，あくまでも質量変化である。質量変化を膜厚に換算するために必要な，密度などの各種パラメータは，装置メーカーから数値表が供給されている。目的とする蒸着物質がその中にない場合は，蒸着後に別手段で試料膜厚を測定しQCMモニターを較正する必要がある。また，求まる膜厚は質量膜厚[3]であることに留意する必要がある。薄膜の密度がバルク材料の密度と大きく異なる場合は，質量膜厚と形状膜厚の間の差が大きくなることを知っておく必要がある。実際に膜厚モニターとして使用する場合，図3.3のように，QCMセンサーは基板とは異なる場所に設置することが多い。できるだけ基板と同量の蒸着物質が流入する場所に設置したいが，やむを得ない場合も多い。その場合にも，実測値による較正を行うことが肝要である。

3.2 ガス分析

3.2.1 質量分析法および装置の概略

質量分析法（mass spectrometry：MS）とは，プラズマを含んだガス状の試料をイオン化後，生成されたイオンを質量電荷比m/zにより選別し，その検出量を測定する方法である。質量分析により得られた結果は，未知化合物の同定や分子の精密質量測定による元素組織決定，分子内の結合開裂（フラグメンテーション）による構造解析といった定性や試料に含まれる分子の定量に用いられる[4]。ここで，mは検出対象のイオン1個の質量を統一原子質量単位で除した量（無次元量）であり，zは検出対象のイオンの価数である[5]。このm/zを用いることで，同位体や多価イオンについても判別が可能となる。例えば，一価のアルゴンイオン Ar^+ の m/z 値は 39.948/1＝39.948，二価のアルゴンイオン Ar^{2+} の値は 39.948/2＝19.974 となる。このとき，一価の一酸化炭素イオン CO^+ の 28.010，一価の窒素分子イオン $N_2{}^+$ の 28.013，一価のケイ素イオン Si^+ の 28.086 と m/z の数値が近いイオン種を判別するためには高分解能の装置を用いる必要がある。

一般的に，質量分析装置は，試料導入部，イオン化部，質量分析部，検出部，コンピュータから構成される。**図 3.4** に質量分析装置の構成を示す。試料導入部に試料（プラズマを含んだガス（中性粒子）など）を導入し，イオン化部で中性粒子をイオン化する。その後，質量分析部で m/z の違いを利用してイオン種の分離を行い，検出部にて各 m/z のイオンの数をカウントし，コンピュータでマススペクトル（各 m/z におけるイオン検出量）に変換する。ここで，これら装置が個々に独立した構成になっているとは限らず，試料導入部とイオン化部が合体している場合もある。

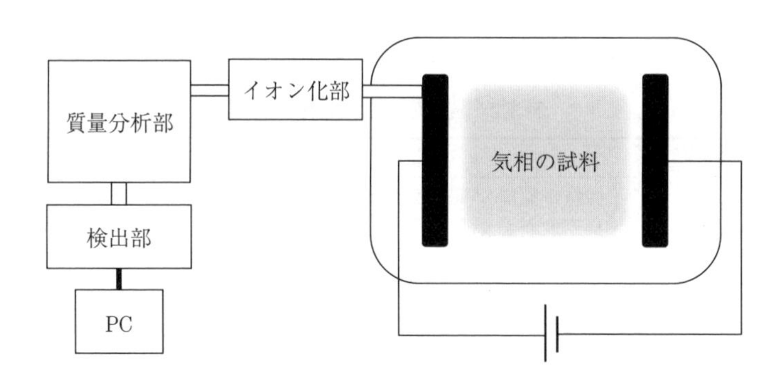

図 3.4　質量分析装置の構成

3.2.2　イオン化法と質量分析法の種類

質量分析法においては，導入した試料をイオン化する方法（イオン化法）や，イオンの分離方法（質量分析法）が本装置の性能を決めるうえで重要な役割を担う。そして，これらの方法にはいくつかの種類があり，それぞれの方法に長所および短所や，イオン化法と質量分析法の組合せの相性などが存在する。**表 3.1** にイオン化法の種類と原理，**表 3.2** に質量分析法の種類と特徴をそれぞれまとめる。以下に，一般的なイオン化法ならびに質量分析法である電子イオン化法ならびに四重極型質量分析法†について順に概説する。

表 3.1　イオン化法の種類と原理

イオン化法の種類	原　理
電子イオン化法	フィラメントに電圧を印加することにより発生した熱電子のエネルギーで試料をイオン化させる。その際にイオンエネルギーの違いによりイオン種を同定する。本方法はハードイオン化法に分類される。
化学イオン化法	メタンやアンモニアなどの試薬ガスが封入されたイオン化室内に試料を導入し，フィラメントによる熱電子でイオン化を行う。試薬ガスにより生成された反応イオンの移動反応を利用するため，ソフトイオン化法に分類される。
高速原子衝撃法	運動エネルギーを持った中性原子ビームを試料とマトリックスと呼ばれる低揮発性有機溶剤の混合溶剤に衝突させて，試料の気化およびイオン化を行う。本方法はハードイオン化法に分類される。
エレクトロスプレーイオン化法	試料を溶かした電気伝導性の溶液を細管に通し，その先端に測定対象とするイオンの対向電極電圧を印加する。これにより電荷電離を起こした試料を液滴として噴霧し，溶媒を蒸発させることでイオン化を行う。本方法はソフトイオン化法に分類される。

表 3.2　質量分析法の種類と特徴

質量分析法の種類	特　徴
四重極型（Q）	・操作が簡単で高速スキャンができる ・真空度が悪くても（10^{-3} Pa 程度）分析が可能 ・m/z が大きくなると感度が落ち，分解能は数百程度が限度
磁界偏向型（B）	・感度が m/z に依存せず，高い質量分解能 ・磁石を用いるため重く大きい ・磁場のスキャンスピードが遅い
イオントラップ型（IT）	・原理的にトラップ内のすべてのイオンが検出可能なので高感度 ・高分解能を得ることが困難 ・イオン量の閉じ込めに制限があるため，定量的な測定に不向き
飛行時間型（TOF）	・原理上測定できる質量に制限がなく，高質量のイオンの測定が可能 ・全質量範囲のイオンをすべて検出することが可能なため高感度 ・測定時間が非常に短い（ms 以下）
フーリエ変換イオンサイクロトロン共鳴型（ICR）	・きわめて高い分解能で，質量精度も高い ・イオンを壊さないで測定が可能 ・残留ガスとの衝突が起こらないように超高真空にする必要がある

†　四重極形質量分析法とも書く（JIS K 0123：2006）。

電子イオン化（electron ionization：EI）法は，フィラメントから放出された高エネルギーを有した熱電子を気相の試料に与えることでイオン化させる方法である。フィラメントの電圧を0Vから，ほとんどの原子や分子がイオン化のピークに達するとされる70Vまで徐々に上昇させ，その際のイオン化電圧の違いから正イオン種の同定を行う。この方法に加え，負イオンを観測する方法として，フィラメントから放出された熱電子を気相の試料に付与することで負イオン化させる電子捕獲（electron capture：EC）法がある。しかし，この方法は対象とする原子や分子の電気陰性度が関係するため，測定を行っても負イオン化されず観測できない場合があるので注意が必要である。

つぎに，四重極型質量分析法は，直流電圧と高周波電圧を印加した4本の棒状電極内にイオンを通過させ，安定に振動して検出器に到達した特定のイオンのみを検出しマススペクトルを得る方法である。**図3.5**に，四重極型電極間でのイオンの挙動の概念図を示す。四重極型電極間に形成された時間空間的に変化する電位（電界）の作用により，3種類の m/z の異なるイオン種A，B，Cが電極間を振動および旋回しながら検出部に向かって進行していく。しかし，それぞれのイオン種の質量が異なることによって旋回半径が異なるため，検出対象であるイオン種Aのみが通過し検出部へ到達する。このとき，四重極型電極間に印加する電圧は，イオン種Aのみを通過させるように設定されており，4本の棒状電極間の電位およびイオン種の挙動から特定のイオン種（m/z を有する）を検出する機構に特徴がある。

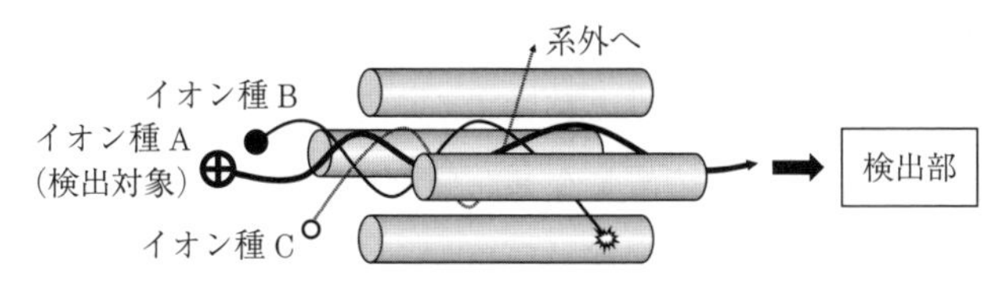

図3.5　四重極型電極間でのイオンの挙動（概念図）

3.2.3 四重極型質量分析法の特徴

四重極型質量分析法（quadrupole mass spectrometry：QMS）は，① 透過率が高い，② 軽量，非常にコンパクトで比較的低価格，③ 加速電圧が高い，④ 電圧掃引だけでスキャンできるので高速スキャンが可能などの数多くの利点を有するため，数ある質量分析法の中でも標準的に使用されている質量分析法である。以下に，このQMSの原理を述べる。

図3.6 に四重極型電極の構造を示す。本図から，4本の棒状電極における上下（電極A）と左右（電極B）からなる2対の電極間に，それぞれ $-(U+V\cos\omega t)$ および $+(U+V\cos\omega t)$ の符号の異なる電圧が印加されるとする。ここで，U は電極に印加する電圧の直流成分，V はその交流（高調波）成分，ω は角周波数を表す。

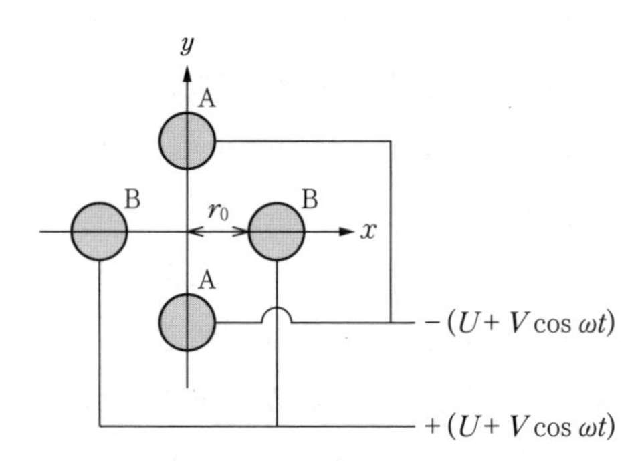

図3.6　四重極型電極の構造（xy平面上の断面図）

四重極型電極間を通過するイオンは，m/z に応じて x および y 方向に振動し z 方向（紙面の奥行方向）へと移動する。その際，得られる x および y 方向の運動方程式は，イオンの質量を m_i，電極間中央から電極までの距離を r_0 とすると

$$\frac{d^2x}{dt^2}+\frac{e}{m_i r_0^2}(U+V\cos\omega t)x=0 \tag{3.3}$$

$$\frac{d^2y}{dt^2}+\frac{e}{m_i r_0^2}(U+V\cos\omega t)y=0 \tag{3.4}$$

と求められる。このとき，検出対象のイオンが xy 平面内での振幅を抑えて z 軸に沿った運動を安定させ，イオンが棒状電極に衝突しないように四重極型電極を通過するためには，式 (3.3) および式 (3.4) を無次元化することで得られる，つぎの Mathieu 方程式を満足しなければならない。

$$\frac{d^2x}{d\tau^2}+(a+2q\cos 2\tau)x=0 \tag{3.5}$$

$$\frac{d^2y}{d\tau^2}+(a+2q\cos 2\tau)y=0 \tag{3.6}$$

ここで，パラメータ a と q および τ は次式で表される[6)]。

$$a=\frac{4eU}{m_i r_0^2\omega^2},\qquad q=\frac{2eV}{m_i r_0\omega^2},\qquad \tau=\frac{\omega t}{2} \tag{3.7}$$

このとき，a は時間不変な場，q は時間変化する場を表しており，a を縦軸，q を横軸としてプロットすることで，**図 3.7** に示す xy 平面上におけるイオンの安定性ダイヤグラムが得られる。この x と y の両方が安定領域内に存在する m/z を持つイオン（検出対象のイオン）は，四重極型電極間に発生する電界下を安定に通過でき検出部へ到達する。このとき，スキャンラインと呼ばれる $a/q=2U/V=$一定により定まる直線の値を安定領域の頂点である一点のみを通過するよう設定することで高い分解能を得ることができ，そのときの a と q

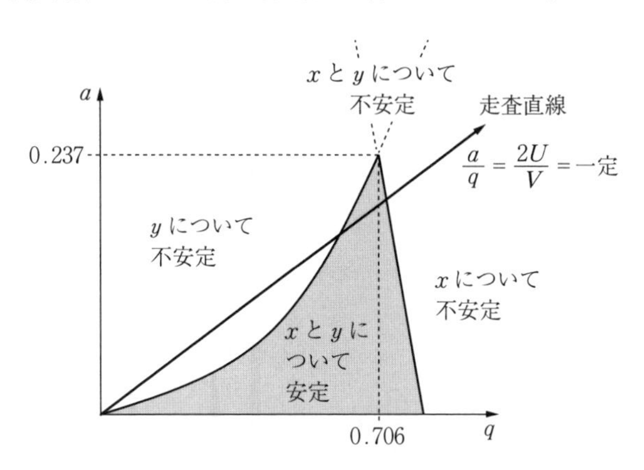

図 3.7 xy 平面上におけるイオンの安定ダイヤグラム

の値はそれぞれ 0.237 と 0.706 になる。

なお，QMS で測定可能な m/z 値の範囲に関しては，例えば，$q=0.706$，周波数を f とすると，次式で表される。

$$\frac{m}{z}=1.39\times10^{7}\frac{V}{r_0^2f^2} \tag{3.8}$$

ここで，質量の重いイオンを測定するためには，r_0 および f の値を小さくし，V を高くする必要があるが，実際には装置の原理的および技術的な問題から，m/z 値が 3000 以上のイオンの測定は困難な状況である[7]。

3.2.4　四重極型質量分析による測定結果の例

以下に，四重極型質量分析による測定例を示す。**図 3.8** は，容量性結合型 $N_2/O_2/Ar$ 混合プラズマからサンプルされた粒子を質量分析装置に導入しマススペクトルを測定したものである。本図から，それぞれのガス流量がほぼ同じ値であってもガスの質量が異なるため，流量とチャンバー内で滞在するガス種の比は一致しないことに注意しなければならない。このとき，原料ガスである N_2，O_2，Ar 由来の正イオンがおもに観測されるが，それ以外にも Ar^{2+} イオン，N^+ イオン，O^+ イオンも同時に観測されている。この N^+ および O^+ イオンが検

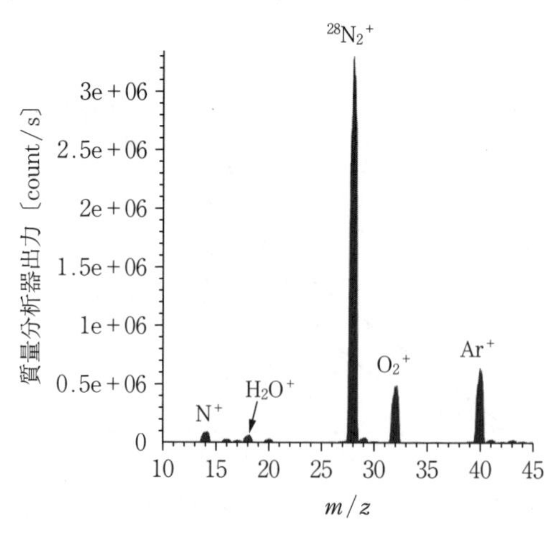

図 3.8　質量分析結果の例（1）

出されていることから，原料ガス N_2 および O_2 の解離によって生成された原子 N および O が試料（プラズマ）側に含まれていることがわかる。

ここで注目すべきは，m/z が 18 を示す H_2O イオンをはじめとした，チャンバーに付着した大気由来の水分が観測されることと，実験装置に用いる潤滑油

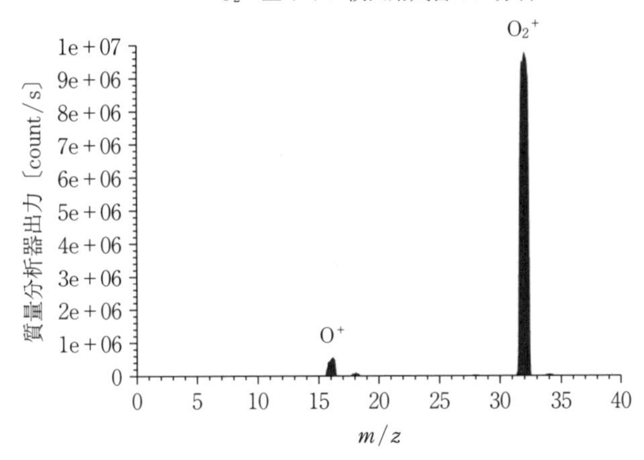

（a）　電子イオン化（EI）法

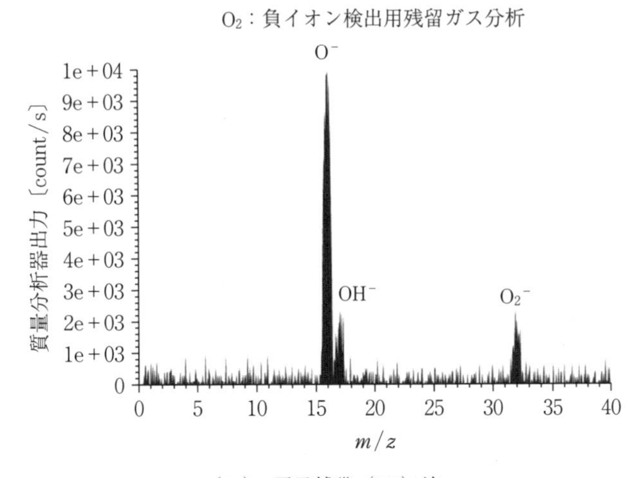

（b）　電子捕獲（EC）法

図 3.9　質量分析結果の例（2）

やグリースの揮発によって発生する m/z 値が 41 と 43 の炭化水素系ガス種が観測されることである[8]。その対策として，前者に関しては，実験前にプラズマ生成容器（チャンバー）内の排気を十分に行うことやチャンバーのベーキングを行うこと，後者に関しては，油を使わない別の種類のポンプを利用するなどが考えられるが，実際には装置にも油が使われているため，この影響の除去は困難である。

つぎに，QMS におけるイオン化法の違いによって測定されるイオン種が異なる例として，**図 3.9**（a）および図（b）に，異なるイオン化法で測定された容量性結合型 O_2 プラズマからサンプルされた粒子を質量分析装置に導入した際のマススペクトルの結果を示す。ここで，図（a）および（b）におけるイオン化法は，それぞれ電子イオン化（EI）法および電子捕獲（EC）法である。図（a）に示す EI 法による測定では，O_2^+ および O^+ イオンといった正イオンが観測され，得られる検出強度も高い。それに対し，図（b）に示す EC 法による測定では，O^- および OH^- イオン，O_2^- イオンといった各種負イオンが同時に観測される。このとき，O^- および OH^- イオンが検出されていることから，試料（プラズマ）側にこれらの負イオンが含まれていることがわかる。

3.3　プローブ計測

プラズマを用いた材料プロセスでは，プロセス装置をブラックボックスとして使うため，経験的にプロセスの最適化が進められることが多いが，電子密度はプラズマを特徴付ける重要なパラメータの一つであることから，しばしばモニタリングの対象となる。

ここでは，電子と放電ガスとの衝突の効果や磁場の効果を無視できる場合を対象とし，プラズマの電子密度を計測するのに良く用いられるラングミュアプローブに加えて，比較的最近開発されたプラズマ吸収プローブやカーリングプローブについて，概略を述べる。

3.3.1 ラングミュアプローブ

ラングミュアプローブ[9), 10)]は，1920年代に提案されたが，電子密度のほかに，電子温度，イオン密度やプラズマ電位などの多くのパラメータを比較的安価に計測できるため，いまなお幅広く用いられている。

図3.10に典型的なラングミュアプローブを示す。接地された金属製真空容器内にプラズマを生成し，その中にプローブを挿入する。先端にあるプローブ電極の表面積は容器の表面積に比べて十分小さくなっている。そしてプローブに電圧 V_p を印加し，そのときに回路に流れる電流 I_p を測定したとすると，**図**

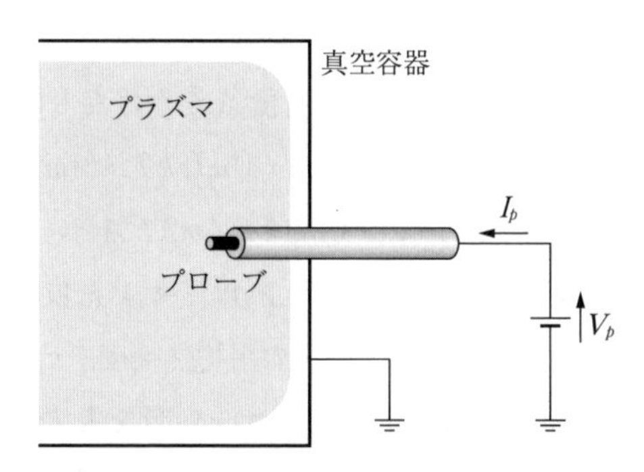

図3.10　プラズマに挿入したラングミュアプローブ

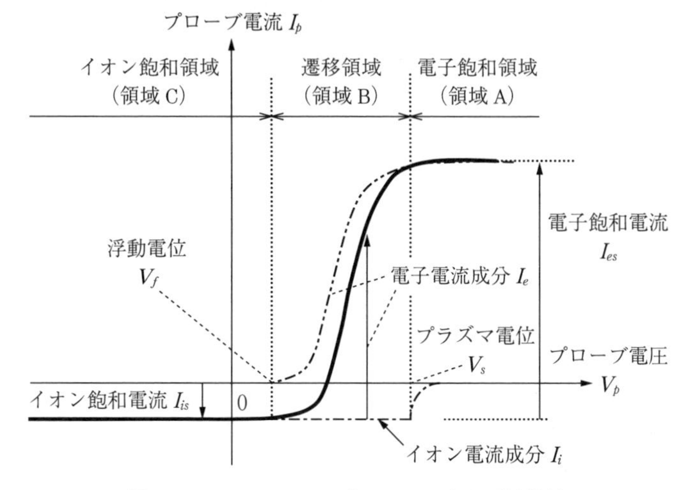

図3.11　ラングミュアプローブの電圧-電流特性

3.11 に示すような電圧-電流（V-I）特性が得られる。プローブ電流は電子電流成分とイオン電流成分の和となっており，電流変化の様子から V-I 特性は，電子飽和領域（領域 A），イオン飽和領域（領域 C），その中間の遷移領域（領域 B）の三つの領域に分けられる。領域 A と領域 B の変曲点での電位 V_s はプラズマ電位を表し，領域 B において $I=0$ となる電位 V_f を浮動電位またはフローティング電位と呼んでいる。領域 A では $V(V_p)>V_s$ なのでイオンは入射できず電子のみの電流 I_{es}（電子飽和電流）が，また領域 B では $V(V_p)\ll V_s$ なので電子は入射できずイオンのみの電流 I_{is}（イオン飽和電流）が流れる。したがって，I_{es} と I_{is} は，次式のように，おのおの電子飽和フラックス Γ_{es} とイオン飽和フラックス Γ_{is} に，プローブ表面積 A をかけたものとして与えられる。

$$I_{es}=e\Gamma_{es}A=e(1/4)n_e\langle v_e\rangle A=e(1/4)n_e(8kT_e/(\pi m_e))^{1/2}A \qquad (3.9)$$

$$I_{is}=e\Gamma_{is}A=e(0.6)n_iu_BA=e(0.6)n_i(kT_e/m_i)^{1/2}A \qquad (3.10)$$

ここで，e は電荷量，n_e は電子密度，n_i はイオン密度，T_e は電子温度，A はプローブ電極の表面積，$\langle v_e\rangle$ は電子の平均熱速度，u_B はボーム速度，k はボルツマン定数，m_e は電子質量，m_i はイオン質量を表す。

ここではイオンや電子が運動している際に，気体の原子や分子との衝突は無視できるものとしている。またボーム速度 u_B は，プラズマとプローブ表面の間にできる「シース」と呼ばれる領域に入射するときのイオン速度を表し，電子温度 T_e の平方根に比例する。そして電子飽和電流が得られる $V_p=V_s$ では，電子はプローブ電極に加速されないので，電子飽和フラックスとして等方的な熱運動のフラックスを用いている。またイオン飽和電流が得られる $V_p\ll V_s$ では，イオンはプローブ電極の法線方向に強く加速されるので，イオン飽和フラックスとしてビーム運動のフラックスを用いている。もし T_e を何らかの方法で求めることができれば，I_{es} は測定値なので式 (3.9) を使って n_e が得られる。

つぎに電子温度 T_e の求め方について述べる。温度が T_e の電子において，速度 v_e の大きさに関する分布関数 $f(v_e)$ はマクスウェル分布で与えられ，$f(v_e)=n_e(m_e/(2\pi kT_e))^{3/2}\exp(-m_ev_e^2/(2kT_e))$ となる[11)]。そのようなプラズマ中の電子は，プローブの電位が遷移領域（図3.10の領域B）にある場合，プローブ電圧 V_p がプラズマ電位 V_s より十分低く，シースに入射した電子の一部が追い返されるので，遷移領域での電子電流成分 I_e は，式(3.9)で表される電子飽和電流よりも小さくなり

$$\begin{aligned} I_e &= e\Gamma_{es}A \exp[e(V_p - V_s)/(kT_e)] \\ &= e(1/4)n_e(8kT_e/(\pi m_e))^{1/2}A \exp[e(V_p - V_s)/(kT_e)] \end{aligned} \tag{3.11}$$

で与えられる。したがって，遷移領域の電子電流成分 I_e は，電子温度 T_e とシース電圧（$V_p - V_s$）の比に対して指数関数的に変化し，式(3.11)の両辺で対数をとると

$$\ln I_e = (e/(kT_e))(V_p - V_s) + \ln(e\Gamma_{es}A) \tag{3.11$'$}$$

となるので，V_p に対する $\ln I_e$ の傾き（$e/(kT_e)$）から T_e を算出できる。

ではラングミュアプローブで得られる図3.10の V-I 特性から，遷移領域の電子電流成分 I_e はどのように得るのだろうか。一般的にプローブ電流 I_p は電子電流成分 I_e とイオン電流成分 I_i の和で与えられるので，電子電流成分は，$I_e = I_p - I_i$ で得られる。プローブ電流は実測されるものなので，遷移領域における電子電流を得るには，そこでのイオン電流成分を求めればよいが，それはイオン飽和領域（図3.10の領域C）のプローブ電流から類推できる。イオン飽和領域では，プローブが十分な負電位になっており，ほぼすべての電子が追い返されているので，プローブ電流はほぼイオン電流成分に等しい。またプラズマ電位に対してプローブ電圧のほうが低い領域，すなわちイオン飽和領域と遷移領域では，イオン電流はイオン飽和電流 I_{is} としてほぼ一定である。そのことを考慮すると，イオン飽和領域で得られる V-I 特性を遷移領域まで外挿することにより，遷移領域のイオン電流成分が得られ，そのイオン電流成分を基準としてプローブ電流との差分をとることによって，遷移領域の電子電流成分が算出される。

以上のことをまとめると，① プローブの電圧-電流特性から電子電流成分 I_e を抽出し，② プローブ電位 V_p に対する電子電流成分 I_e の変化を片対数グラフにプロットすることにより（**図3.12**参照），式(3.11)′から電子温度 T_e を算

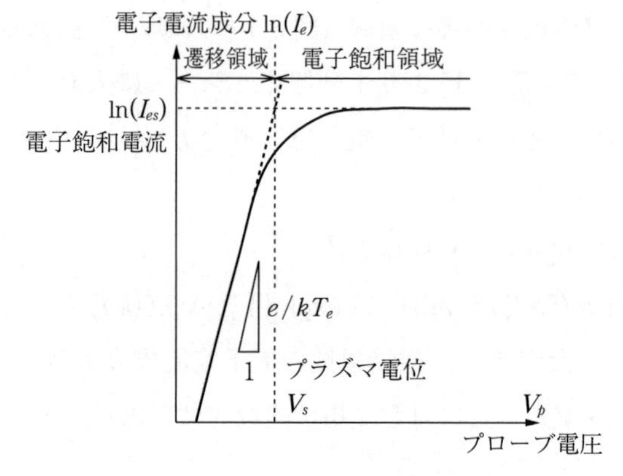

図 3.12　プローブ電流を対数軸にとった
プローブの電圧-電流特性

出する。③ プローブ電位 V_p に対する電子電流成分 I_e の飽和点から電子飽和電流 I_{es} を算出し，②で算出した電子温度とプローブの条件を式 (3.11) に代入することにより，電子密度 n_e を算出することができる。なお②の過程で求めた電子電流の飽和点におけるプローブ電位は，プラズマ電位 V_s を表している。

3.3.2　マイクロ波領域の共振を利用したプローブ

マイクロ波領域の共振を用いた電子密度の測定法として，プラズマ吸収プローブ（表面波プローブともいう）[12] やカーリングプローブなどがある。そのようなプローブは

・プローブに絶縁膜が付いても測定可能

・小型で操作が簡単で高精度

・プローブ表面が誘電体で覆われているので金属汚染がない

・低密度（$\sim 10^{14}\,\mathrm{m}^{-3}$）から高密度（$\sim 10^{19}\,\mathrm{m}^{-3}$）まで測定可能

・高空間分解能（空間分解能：1 cm 程度以下，時間分解能：1 μs 以下）

というような特徴を有し，絶縁膜が堆積してラングミュアプローブでの正しい測定が困難なプラズマにも適用できることから，さまざまな材料プロセス用プラズマでの計測ツールとして急速に普及し，商品化も行われている[13), 14)]。

マイクロ波の周波数を f，電子プラズマ周波数を f_p すると，プローブと接する測定対象のプラズマの比誘電率 ε_p は

$$\varepsilon_p = 1 - \left(\frac{f_p}{f}\right)^2 \tag{3.12}$$

で与えられ，電子の電荷量を e，電子密度を n_e，真空の誘電率を ε_0，電子の質量を m_e とすれば，電子プラズマ周波数は

$$f_p = \sqrt{\frac{e^2 n_e}{\varepsilon_0 m_e}} \Big/ 2\pi \tag{3.13}$$

である。このようにプラズマの誘電率は電子密度によって変化することを利用して，表面波プローブやカーリングプローブで得られるプローブの共振周波数からプラズマの誘電率，ひいては電子密度を算出できる。なお通常のプロセス用プラズマにおいて共振周波数はマイクロ波領域となるので，プローブ上に堆積した薄い絶縁膜の影響をあまり受けることなく，電子密度を求められる。

このようなプローブでは，共振周波数を実験で得るにはネットワークアナライザを用いることが多い。ネットワークアナライザはマイクロ波発振器，方向性結合器，スペクトルアナライザから構成され，マイクロ波発振器の周波数とスペクトルアナライザの観測周波数はつねに同期している。同一線路上を伝搬するマイクロ波を周波数掃引をしながらマイクロ波パワーをマイクロ波発振器から被測定対象に入射させ，被測定対象から反射してきたマイクロ波パワーを測定することで，被測定対象における反射係数の周波数スペクトルとして表示する。その際，方向性結合器を用いることで，マイクロ波発振器からのマイクロ波パワーはスペクトルアナライザに直接入射することはなく，被測定対象から伝搬してきた反射マイクロ波パワーのみをスペクトルアナライザで測定できる。また被測定対象としてのプローブにマイクロ波パワーが入射した場合，プローブに設けられたアンテナで波動が励起されるが，マイクロ波の周波数が電子密度で決まるある条件を満足すると，プローブで強い定在波が共鳴的に発生し，マイクロ波のパワーの一部がその波を介してプラズマに吸収される。するとアンテナからネットワークアナライザに反射して戻ってくるパワーが減少す

るので，反射係数の大きさが減少するそのときの周波数（吸収周波数と呼ぶ）から，共振周波数が実測できる。

〔1〕 **プラズマ吸収プローブ（表面波プローブ）**　　プラズマ吸収プローブ[15), 16)]の構造の一例を**図3.13**に示す。頭部を封じた細長い誘電体チューブ（材質はパイレックス，石英，セラミックなど）をプラズマ容器内に入れる。チューブ内は大気圧であり，その中に外から同軸ケーブルを挿入し，ケーブル先端の中心導体をアンテナとして使用する。このアンテナにはネットワークアナライザからのマイクロ波電力が供給され，ある特定の周波数にてプローブの共振が生じると，プローブ先端の半球状誘電体の表面とプラズマとの境界部分で表面波の定在波が発生する。

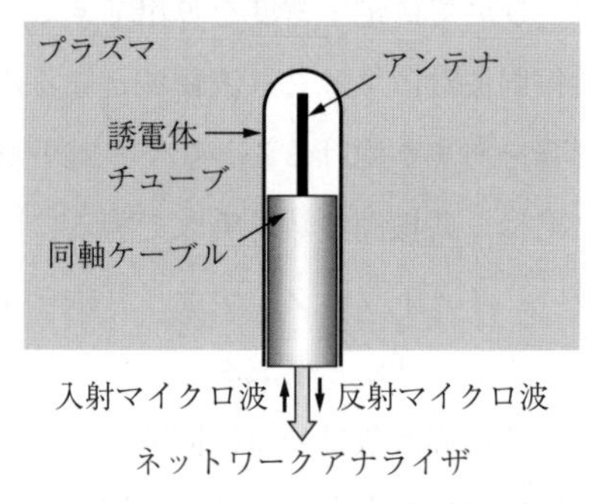

図3.13　プラズマ吸収（表面波）プローブ

誘電体チューブに挿入されたアンテナ付き同軸ケーブルの位置を変化させたときの吸収スペクトルの例を**図3.14**に示す。同図内に示したプローブ頭部の長さdを変化させたとき，いずれの吸収スペクトルにおいても，異なる周方向のモードに対応した複数の吸収ピークが観測され，長さdが小さくなるにつれて吸収周波数f_{abs}が低くなる。そして$d \to 0$の極限で，ある一つの周波数に近づくように見え，その周波数は，誘電体チューブの比誘電率をε_dとすれば，式（3.14）で与えられる表面波共鳴周波数f_{sw}と一致する。

$$f_{sw} = \frac{f_p}{\sqrt{1+\varepsilon_d}} \tag{3.14}$$

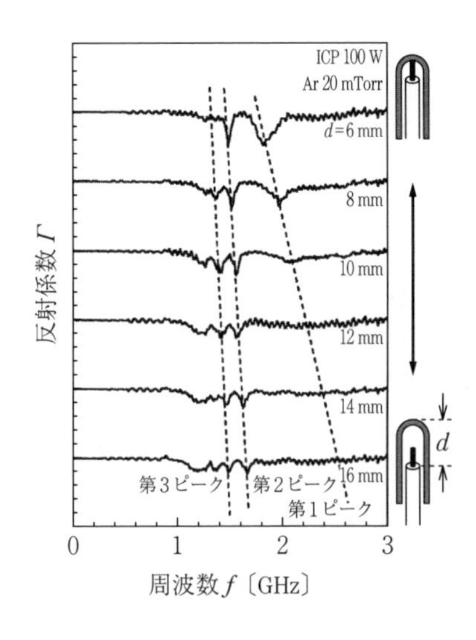

図 3.14　吸収スペクトルの一例（d を変化させたときのスペクトル変化）

したがって，d を変化させながら $d \to 0$ での f_{sw} を実測すれば，電子プラズマ周波数 f_p，ひいては電子密度 n_e を算出できる。また d を変化できない場合でも，着目しているピークの吸収周波数は表面波共鳴周波数と比例関係にあるので $f_{abs} = \eta f_{sw}$（η：定数）となり，比例定数 η を較正しておくことで電子密度を求めることができる。

〔2〕 **カーリングプローブ**　　カーリングプローブ[17)〜20)] はプローブ頭部にスパイラル状のスロットアンテナを有し，そのスロットアンテナで生じるマイクロ波領域の共振を利用する最近開発されたプローブである。

図 3.15 にプローブ頭部の構造を示す。直径 1 cm 程度の金属製円筒容器において，上蓋の金属平板にスパイラルスロットを加工し，金属平板の中心部にあるスロット端に，スロット幅に比べて十分に大きな直径の空孔を設ける。そして下蓋から挿入して空孔中央に設けたロッド状金属導体に，ネットワークアナライザから供給されるマイクロ波パワーを印加すると，ある特定の周波数でスロットアンテナは共振する。

スロットアンテナで共振が生じるときのマイクロ波周波数について考えてみる。上蓋中央のスロット端部は，スロット幅に比べて十分に大きな直径の空孔

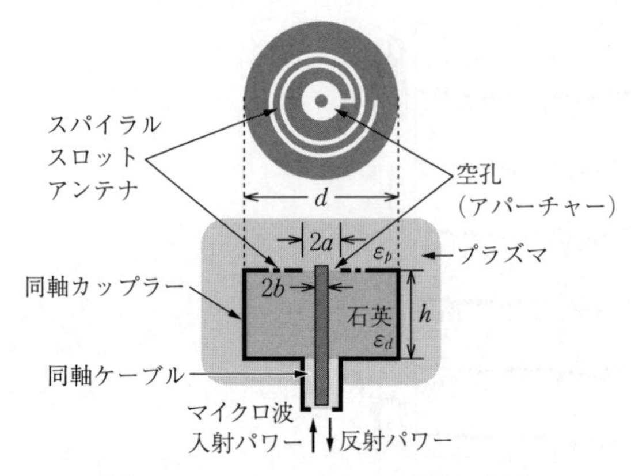

図 3.15　カーリングプローブ頭部の構造

を設けているのでインピーダンスが大きく，開放端とみなすことができる。一方プローブ外周付近のスロット端部ではそのような空孔はないため，インピーダンスは小さく短絡端とみなすことができる。またマイクロ波はスパイラルスロットに沿って伝搬するので，カーリングプローブにおけるスロットアンテナの長さを L とすると，開放端と短絡端を組み合わせた長さ L の直線状伝搬線路とみなすことができる。そのような伝搬線路では線路長が 1/4 波長と等しくなるときに基本モードで共振し，そのときの共振周波数 f は，光の速さを c，アンテナ周辺の誘電率を ε_* とすると

$$f = \frac{c/\sqrt{\varepsilon_*}}{4L} \tag{3.15}$$

で与えられる。プラズマを生成する前の真空状態のときには $\varepsilon_* = \varepsilon_0$ で，そのときの共振周波数 f_0 は $f_0 = \left(c/\sqrt{\varepsilon_0}\right)/4L$ となる。一方，プラズマを生成した場合，スロット周囲にプラズマが一様に存在していると仮定すると ε_* は $\varepsilon_0\varepsilon_p$ となり，式 (3.14) より真空時の ε_0 よりも小さくなるので，次式のようにプラズマ生成時の共振周波数 f_1 は f_0 よりも高くなる。

$$f_1 = \sqrt{f_p^2 + f_0^2} \tag{3.16}$$

これらの式を用い，各周波数の単位が GHz のときに電子密度 n_e〔cm^{-3}〕は

$$n_e = \frac{f_1^2 - f_0^2}{0.806} \times 10^{10} \tag{3.17}$$

となるが，プローブが図 3.14 のような構造を有している場合，式 (3.17) は

$$n_e = \alpha(1+\varepsilon_d)\frac{f_1^2 - f_0^2}{0.806} \times 10^{10} \tag{3.18}$$

となる。このときの f_0 は $f_0 = \beta(c/4L)\sqrt{2/(1+\varepsilon_d)}$ で，ε_d は石英の比誘電率，α および β はプローブの形状によって決まる定数である。これはスロットアンテナ周辺の媒質の半分が石英であること，空孔が設けられたスロットの端部が完全には開放端とみなせないこと，スロットアンテナが直線状でないことなどの影響が考慮されたものである。実際にスロット長さ（L）が 35 mm，プローブ直径（d）が 11 mm のときの共振周波数をシミュレーションで調べ，式 (3.18) と比較すると，$\alpha = 0.675$ および $\beta = 0.34$ が得られている。なお実際のプロセス装置に適用する際には，金属汚染の防止の観点からスロットアンテナを石英製薄板で覆ったり，同軸カップラー等にコーティング処理を施すことが多く，その都度，α と β を求める必要がある。

図 3.16 は電子密度を $0.1-8\times10^{11}$ cm^{-3} で変化させた際に，シミュレーションで得た共振スペクトルを示している。前述の共振周波数に相当する HF 共振

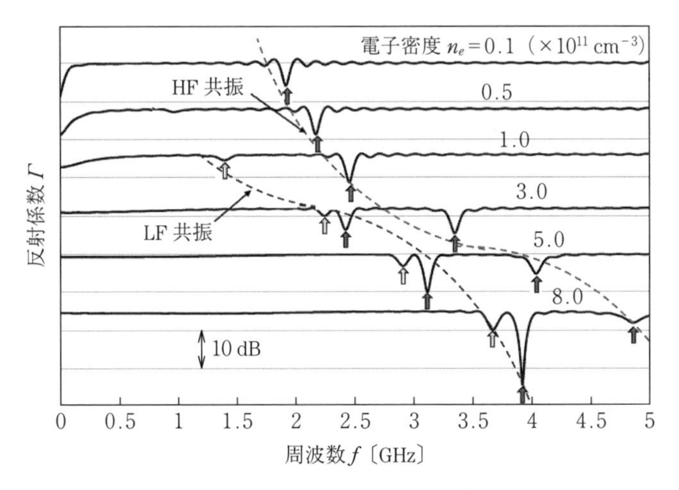

図 3.16 カーリングプローブにおける共振スペクトル

のピークと，空孔内の石英表面で生じる表面波共鳴に相当するLF共振のピークの2種類が観測されており，いずれも電子密度とともに高周波側にシフトしていることがわかる。

3.4　プラズマ発光分光法によるプロセス診断

3.4.1　プラズマ発光分光法の概要

ドライプロセスで用いられるプラズマに，グロー（glow）放電，アーク（arc）放電，コロナ（corona）放電など，光の状態に由来する名が付けられていることからわかるように，光って見えることはプラズマの最大の特徴の一つである。プラズマからの光は，高エネルギーの電子などとの相互作用によって励起されたガス種が，下の準位に脱励起する際，差分のエネルギーを光の形で放出することによって生じる。準位間のエネルギー差は，ガス種によって決まっているため，光のエネルギー（波長）を観測することによって，発光ガス種を同定することができる。発光が確認されたガス種は，当然，プラズマ中の存在が保証されるため，プラズマ反応過程の考察において貴重な情報源となる。また，発光ピークの強度や広がりから，プラズマパラメータとして重要な電子温度と電子密度に関する情報を得たり，導入ガス種が解離して生じたラジカル種の空間密度を推定することもできるなど，プロセスプラズマのモニタリングや診断において，非常に強力なツールの一つである。プラズマ発光分光法は，基本的にプラズマ発光を受動的に取り込むだけであり，プラズマをまったく乱さないことが最大の有利点である。プローブ法や質量分析法では，プローブ，ガス取得ヘッドなどをプラズマ中に導入することが原理的に必須であるため，どうしてもプラズマに何らかの擾（じょう）乱をもたらすことと対照的である。一方で，光らないガス種に関する情報は得られないことや，スペクトルの解釈が難しいといった不利点がある。

本節では，プラズマ発光スペクトルを計測するための典型的な装置類とその調整方法について述べ，つぎに得られたスペクトルから情報を抽出する，代表的な手法の原理と注意点を紹介する。プラズマ発光分光法について，またプラズマ中の原子・分子過程について詳細に学ぶためには，専門書を参考にされたい[21)～26)]。

3.4.2　プラズマ発光分光に必要な装置

プラズマからの光をスペクトルデータとして取り込むためには，① 導波路，② 分光器，③ 光検出器が必要である。なおここでは，可視光領域を含む近紫外から近赤外までの波長領域における，ごく汎用的なプラズマ発光分光計測を対象とする。

① 導波路は，プラズマ本体から②の分光器まで，光を導く役割を果たす設備である。一般的に，プラズマ容器に窓を設置し，その窓から石英製光ファイバーを用いて導波する手法がとられている。**図 3.17** に，プラズマ発光分光システムの概念図を示す。

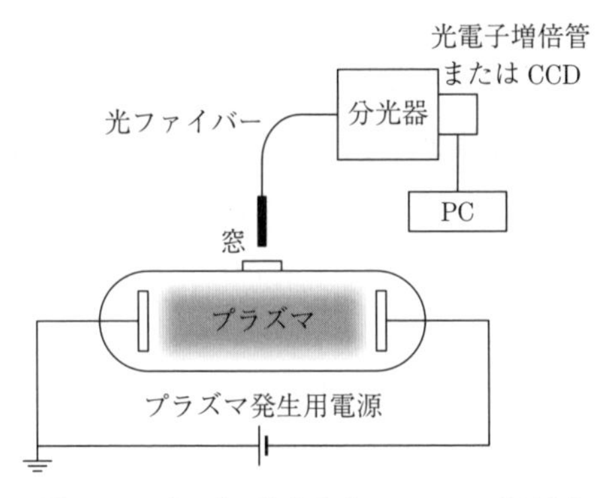

図 3.17　プラズマ発光分光システムの概念図

窓用材料（窓材）には比較的安価で手に入りやすく，200 nm ～ 2 µm の波長範囲において，平坦で高い光透過率を有する合成石英が最適である。光学ガラスとして汎用される BK-7 などの硼珪酸（ほうけい）ガラスは，合成石英より安価ではあるが，380 nm あたりから光吸収が始まるため，OH ラジカル（306 nm 付近）など近紫外領域の発光バンドが計測できない。**表 3.3** に，真空容器用に市販さ

表 3.3　各種窓用材料における透過率80％以上を示す波長範囲

材　料	波長範囲〔nm〕
BK-7	350 ～ 2100
合成石英	180 ～ 2200
CaF_2	170 ～ 6700
MgF_2	150 ～ 6700
サファイア	330 ～ 3000

れている窓材における，透過率80％以上を示す波長範囲を示す。

また，プラズマCVDやスパッタリングなどの膜堆積プロセス，またドライエッチングプロセスにおいては，窓の内側には膜堆積が発生し，全体的な光透過率の低下と特定波長における吸収が起こり，当然，発光スペクトル計測に支障をきたす。窓材そのものを交換するとランニングコストがかさむので，最低限，スペクトル測定時以外は膜堆積を防止するシャッターなどを設備したい。ポリエチレンフィルムなどの透明樹脂フィルムを使い捨ての防着板として用いるのもよい。ただし，PETフィルムは400 nmあたりから吸収が始まるので注意を要する。

光ファイバーにはさまざまな種類のものが市販されている。波長領域，長さ，コネクター種類あたりに注意して準備すればよい。分光計測で用いる光ファイバーは，光通信ケーブルなどで利用されるものと比較して，コア径が大きいため取り回しの自由度が低い。無理に曲げようとすると破損する。光ファイバーの端面は，素手で触ってしまう機会も多く汚れやすい。端面の汚れは数dBの光損失につながるので，できるだけ汚れを防ぎ，つねに清浄を保つべきである。

② 分光器は，導入した光を空間的に波長分散させる機器である。Czerny-Turner式の，2枚の凹面鏡と1枚の回折格子（グレーティング）から構成される分光器が，最も一般的に用いられている。入射スリットを通って入射した光を，1枚目の凹面鏡で平面光とし，回折格子で平面光を波長分散させ，2枚目の凹面鏡で出射スリットに結像させる。出射スリット位置に到達する光の波長は，基本的に回折格子の回転によって変更できる仕組みである。Czerny-Turner式分光器の概略図を**図 3.18**に示す。

分光器の重要な性能として，明るさと波長分解能がある。分光器の明るさは，焦点距離f，回折格子の有効幅Lによって表される口径比

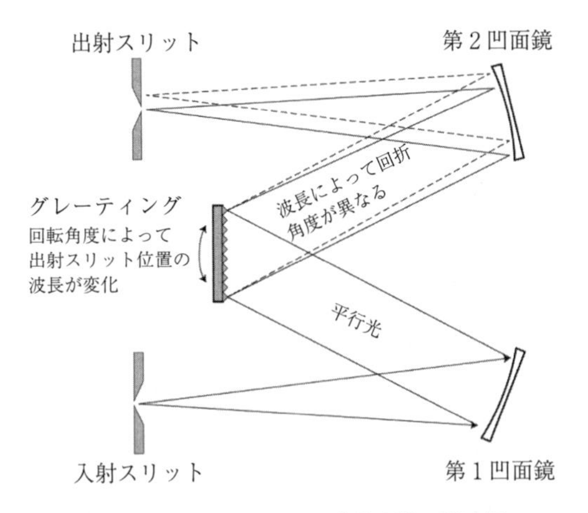

図 3.18　Czerny-Turner 式分光器の概略図

$$F=\frac{f}{L} \tag{3.19}$$

で定義される。F 値が小さいほど明るい分光器である。波長分解能は，回折角 θ，1 mm 当りの刻線数 N，回折次数 m，焦点距離 f によって

$$D=\frac{\cos\theta}{Nmf} \tag{3.20}$$

のように表される逆線分散 D を用いて表現される。D に出射スリット幅をかけることで，波長分解能 $\Delta\lambda$ が求まる。すなわち，D 値が小さいほど分解能の高い分光器である。前述の数式から明らかなように，分光器における明るさと分解能は，焦点距離においてトレードオフの関係にある。また，回折格子の刻線数が大きくなると，測定できる波長範囲が狭くなる。したがって，計測に必要な明るさ，分解能，波長範囲に合わせて，各装置パラメータを選択する必要がある。

一昔前，分光器といえば，焦点距離数 100 mm，筐体の大きさ数十 cm 程のものがデフォルトで，値段も 100 万円のオーダーであった。最近，手のひらサイズの非常にコンパクトな，数十万円で購入できる超小型分光器が市販されるようになった。波長分解能こそ，構造的に従来の分光器には及ばないが，プロ

セスプラズマのモニタリングや簡易な分析の用途であれば，十分に対応可能である。これからプラズマ発光分光分析を始める，または製造ラインに複数台でモニタリングを行う，あるいは実験スペース上の制約が厳しいなど，さまざまな場面で大変重宝する機器である。

③ 光検出器としては，光電子増倍管が古くから用いられている。これは，真空排気された管内に，光電陰極，多段の二次電子増倍電極，および陽極が配置されたデバイスで，光電陰極に光子が入射すると，光電効果によって電子がたたき出され，その電子が二次電子増倍電極に加速され，衝突時に多くの二次電子を放出，さらにそれらの二次電子が次段の二次電子増倍電極に加速・衝突していき，最終的に1個の光電子が何桁も大きな数に増倍されて，陽極において電気信号として検出される。非常に微弱な光も検出できる高感度，光量に対する電気信号の線形性，また高い時間分解能が特徴として挙げられる。光電子増倍管を光検出器として用いる場合，分光器の出射スリット位置に取り付け，回折格子の回転角に応じた波長の出射光に対する光強度が測定される。すなわち，スペクトルデータを計測するためには，波長をスキャンしながら逐次的に光強度を記録していかなければならない。そのため，1本のスペクトルを得るのに，相応の測定時間を要する。

最近は，光電子増倍管に代わり，デジタルカメラなどで利用されているのものと同じ原理の電荷結合素子（CCD）検出器が使用されるようになってきた。CCD 検出器の場合，回折格子で波長分散した光を，CCD 検出面がそのまま受光する。波長分散方向に配列した CCD 検出器の各ピクセルの位置が波長に対応し，各ピクセルから出される電気信号が，各波長における光強度として記録される。したがって，CCD 検出器を用いれば波長スキャンする必要がなく，1本のスペクトルを瞬時に得ることができる。なお，波長とピクセルの関係は，ユーザーがつねに較正しなければならない。He プラズマや Ar プラズマなど，発光ピーク位置が確実にわかっているプラズマの発光スペクトルをもとに波長較正を行う。通常，CCD 検出器からのデータを取り込むソフトウェアに波長較正用の設定があり，測定したスペクトルに対し，複数の発光ピークのピクセル位置と波長を合わせる較正表を作成する。原理的に，ピクセル位置と波長とは線形の関係にないので，できるだけ多くの発光ピークを，測定範囲全体に万遍なく選択するのが適切である。

光電子増倍管とCCD検出器を比較すると，感度自体はほぼ同等であるが，CCD検出器には微弱信号を桁で増幅する機能はなく，計測時間に比例した強度が得られるのみである。SN比はCCD検出器のほうが高い。また，素子としての時間応答特性は，現在のところCCD検出器は光電子増倍管に及ばないようである。しかし，スペクトル全体を一度に得られるメリットは非常に大きい。スペクトルの時間変化や場所依存性を追う場合，光電子増倍管では，ある一つの発光ピークに対応する波長に固定して，その変化を追うだけしかできないが，CCD検出器ならスペクトル全体の変化を記録していくことができる。前述の超小型分光器には，あらかじめCCD検出器が設置されており，パソコンにUSB接続するだけで電源供給，制御，データ取得ができるようになっていて大変便利である。

導波路，分光器，光検出器の組合せによって，システム全体として光強度検出感度の波長依存性が決まる。発光強度の厳密性を要求する場合には，標準光源を用いた感度較正を行う必要がある。一般に分光学の分野では，可視光領域に対してはタングステンリボンランプやキセノンランプが，近紫外領域に対しては重水素ランプが標準光源用として市販されている。ただしこれらの標準光源は，数十万円程度の費用がかかる。相対強度として強度較正ができればよい場合には，強度スペクトルが既知であるものなら原理的に（準）標準光源として利用できる。例えば蛍光灯，白熱電球，LED電球などには，製造メーカーから発光強度スペクトルが公開されているものがある。晴天時の太陽光も強度スペクトルが容易に入手できる。いずれの光源を用いるにしても，入射スリット（あるいは光ファイバーの開口径）の範囲で，十分に均一な光強度でないといけない。タングステンフィラメントなど，発光部分の面積が狭かったり，角度依存性が大きかったりする場合には，光源からの光を直接測定するのではなく，光学的に白色の反射板によって拡散させた光を標準とすることもよく行われる。硫酸バリウムや酸化マグネシウムの粉末が，理想的な白色物質として利用できる。

3.4.3　プラズマ発光分光によるプロセスモニタリング例

〔1〕 **窒素ラジカル源のモニタリング**　窒素ラジカル源は，プラズマ中でのN_2の解離を利用し，原子状N供給を目的とするデバイスである[27)]。金属蒸気流束と原子状N流束の同時照射によって，金属窒化物薄膜を堆積させるなどのために利用されている。窒素ラジカル源は，誘導結合型プラズマガンのような構造になっている。系内の圧力やN_2流量が急に変化したりすると，プラズマ生成モードが変化し，効率的な原子状N生成ができなくなる。この現象を発光分光分析によって調査したところ，**図3.19**に示すように，ラジカル源が正常に動作している場合と異常放電状態とで，発光スペクトルに大きな違いが表れた。正常放電時には，短波長側に「Second Positive System」，長波長側に「First Positive System」と呼ばれるN_2分子からの発光バンド強度が低く，原子状Nからの鋭い発光（746.8 nm，744.2 nm，742.4 nm）が非常に強い。

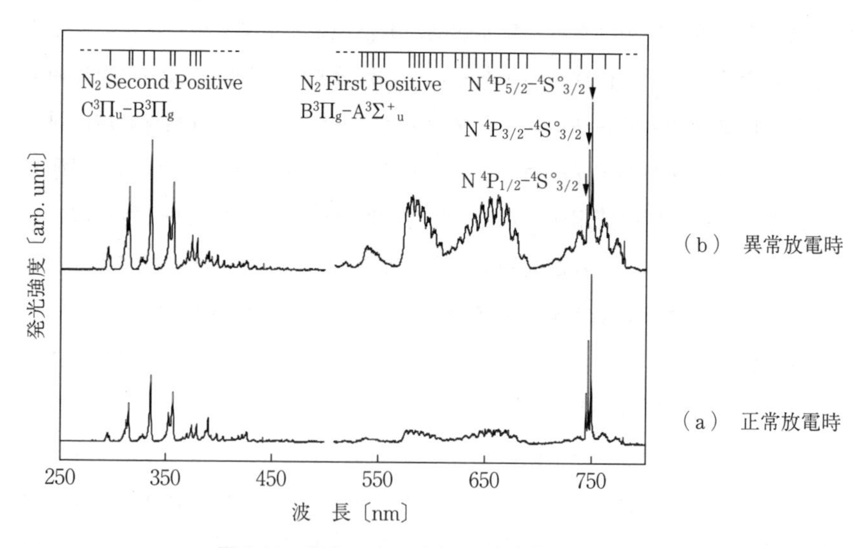

図3.19　窒素ラジカル源からの発光スペクトル

なお，図中に示す分光記号については3.4.4項〔1〕に後述する。一方で異常放電時には，原子状Nからの発光が大きく低下し，N_2分子からの発光が支配的になる。発光スペクトルをモニターすることによって，窒素ラジカル源が正常に動作しているかどうか，チェックすることができるわけである。

〔2〕 **真空装置のリークチェック** 図3.20は，トリメチルメトキシシラン（TMMOS）という有機シリコン分子を原料としたプラズマCVD法により，有機基含有シリカ（SiO：CH）薄膜を堆積するプロセスにおいて，プラズマ発光スペクトルを測定した例である。図（a）のスペクトルでは，原料分子がプラズマ中で解離・再結合を起こして生成したCOからの「Third Positive System」と呼ばれる一連の発光バンドが支配的で，わずかにOHからの発光バンド（306 nm）が見られる。一方，図（b）のスペクトルには，原料を新たに入れ替えた後の発光スペクトルを示しており，図（a）とはまったく異なるスペクトルとなっている。解析の結果，N_2分子からのSecond Positive System発光が新たに重なるとともに，OHからの発光強度も大きくなっていることがわかった。すなわち，原料ボトル入れ替え時に，どこかしら大気リーク箇所を

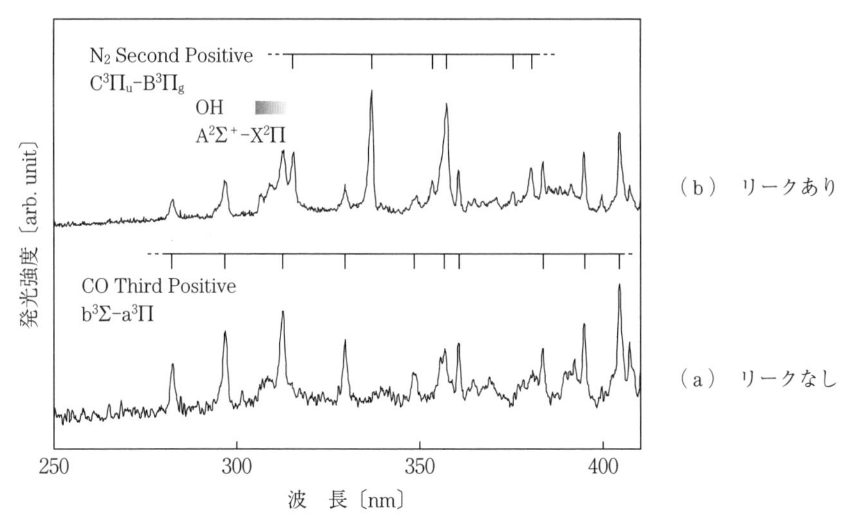

図3.20 TMMOSプラズマにおける大気リークの影響

形成してしまい，大気中の N_2 がプラズマ中で発光するとともに，O_2 が供給されたためプラズマ中に生成する OH 密度が増加し，発光強度も増大したものと考えられる。この例のように，N_2 は非常に強く発光するので，微量でもリークの確認を容易に行うことができる。

〔3〕 **窒化炭素（C_3N_4）多結晶の生成条件**　C_3N_4 は，ダイヤモンドよりも硬いかもしれないと理論的に予測された，夢の材料である。これまで多くの研究者が，反応性スパッタリング，アークイオンプレーティング，プラズマ CVD などのプラズマプロセスにより，C_3N_4 結晶相の合成を目指してきたが，なかなか実現されなかった。多くの研究論文で，N 含有量が化学両論組成よりはるかに低いアモルファス相の堆積が報告された中で，坂本らは，CH_4-N_2 混合ガスを原料としたマイクロ波励起プラズマ CVD 法により α 型結晶相の C_3N_4 合成に成功した[28)]。その際，プラズマ発光分光によって，堆積する薄膜が結晶相かアモルファス相かを判定できるとしている。**図 3.21** に，異なるプラズマ条件で成膜中の発光スペクトルを示す。短波長側に検出される，CN ラジカルからの「Violet System」と呼ばれる発光バンドおよび N_2 の Second Positive

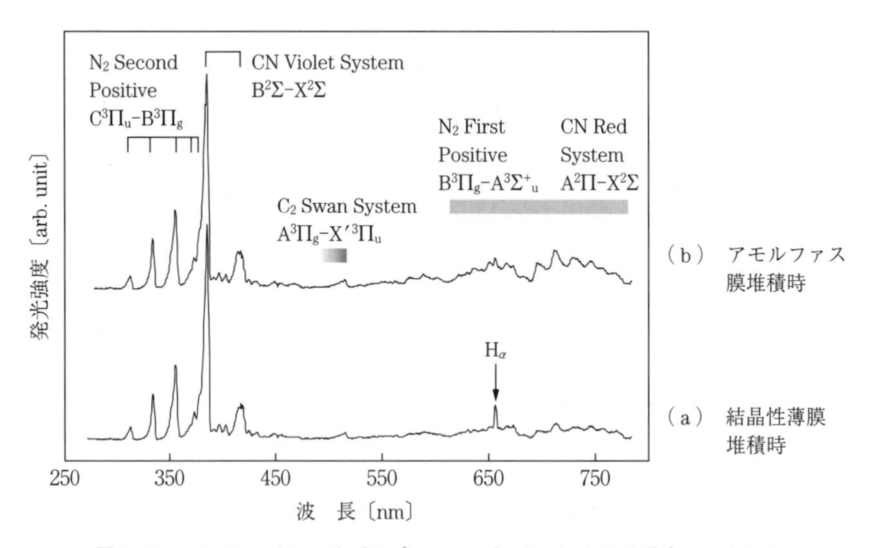

図 3.21　CH_4-H_2 マイクロ波プラズマ CVD プロセスにおける発光スペクトル

System バンドの様子は，どちらのプラズマ条件でもあまり違いは見られない。一方，656.3 nm に鋭く生じている原子状 H からの「H_α」と呼ばれる発光ラインには両者に明確な差が生じている。強く明瞭に検出される場合には結晶相に，弱い場合にはアモルファス相になるという相関性が示された。発光スペクトルと堆積膜特性が相関することは，結晶性 C_3N_4 薄膜堆積条件の確立に大いに役立つだけでなく，反応過程を明らかにするうえで重要な情報を与えてくれるだろう。

〔4〕 **反応性スパッタリングによる窒化スズ薄膜堆積**　筆者は長年，N_2 をスパッタガスとした反応性マグネトロンスパッタリング法による窒化スズ薄膜合成を研究してきた。その中で，結晶性の高い窒化スズ薄膜を堆積するためには，堆積中の膜表面へ適度なイオン衝撃が必要であることがわかってきた。**図 3.22** に，異なるスパッタガス圧力で成膜中に，ターゲット近傍および基板近傍における発光を測定したスペクトルを示す。スズ原子はこの波長領域内ではほとんど光らないが，N_2 分子の Second Positive System および First Positive System，また，N_2^+ イオンの「First Negative System」と呼ばれる発光バンド

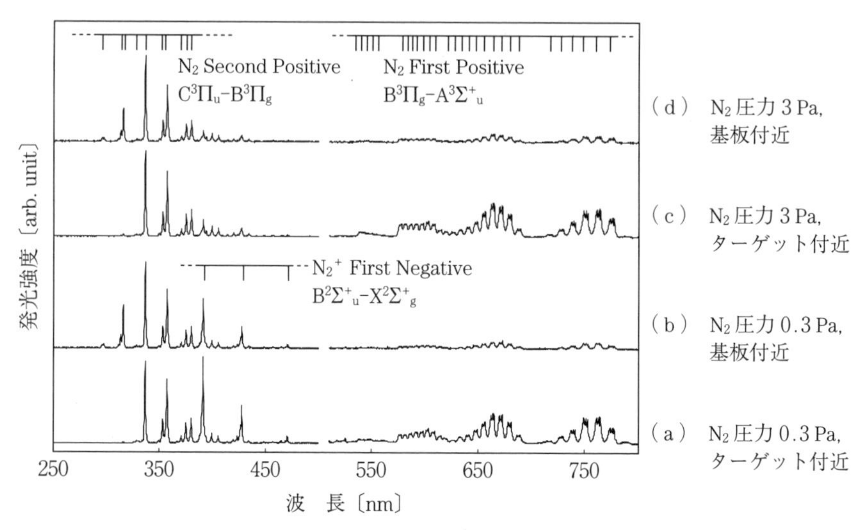

図 3.22　反応性スパッタリング法による窒化スズ薄膜堆積プロセスにおける発光スペクトル

が明瞭に観測される。N_2 分子の Second Positive System の発光状況は，圧力，場所ともにほとんど変化がない。一方，First Positive System の発光バンドは，ターゲット近傍で高く，基板近傍で低くなる空間分布を示している。また，N_2^+ イオンからの発光は圧力条件に大きく依存し，高圧側で顕著に弱くなっている。実際，圧力が高いとアモルファス相，低いとスピネル型結晶相の窒化スズが成膜され，基板近傍におけるイオンの存在が，結晶相窒化スズ堆積に重要であることが示唆される。

モニタリングからは少しずれるが，同じ N_2 プラズマではあるにも関わらず，図 3.21 の高周波マグネトロンプラズマからの発光スペクトルは，図 3.18 に示した誘導結合型プラズマからの発光スペクトルとまったく異なる様相を表している。スパッタリングで用いているマグネトロンプラズマでは，N_2^+ イオンからの発光強度が高く，N 原子からの発光はほとんど観測されないのに対し，ラジカル源で用いている容量結合型プラズマでは，逆にイオン発光強度は非常に低く，原子発光強度が高い。イオンを必要とするスパッタリングと，原子を必要とするラジカル源で，それぞれ適切なプラズマを利用していることが明確に表れている。

3.4.4 プラズマ発光スペクトルの解釈

〔1〕 **発光ピークの同定**　　プラズマからの発光は，プラズマ中に存在するさまざまな発光種が，励起状態からそれより下のエネルギー準位へ遷移する過程で放出する光の重ね合わせである。原子からの発光は，エネルギー準位間が離れているため，離散的な鋭いラインスペクトルとして観測される。一方，分子のエネルギー準位は，電子状態ならびに原子間の振動・回転の状態で決まるが，回転状態の違いによるエネルギー差が小さいため，分子からの発光はラインスペクトルが密集したバンド構造をなす。波長分解能の低い分光器を用いた場合，個々のラインスペクトルが分離できないため，ブロードな発光バンドとして観測される。原子・分子ともに，そのエネルギー準位は不変であるから，得られたラインスペクトルまたはバンドスペクトルの波長から，発光種を同定

することができる。

しかし前述したように，プラズマ内では非常に多様なガス種が生成し得る。したがって，一つの発光バンドに対して，該当し得るガス種が複数存在することはそれほど珍しいことではない。そこで，発光種を誤りなく同定するためにつぎの点に注意すべきである。まず第一に，発光が必ずシステム（系列）で存在するということである。同じ系列に属する他の発光ライン/バンドを文献どおりに確認できれば，その同定は正しいといえる。第二に，スペクトルの形状である。前述のように，原子発光の場合は非常に鋭いラインスペクトルとなり，分子の場合は多くの場合バンド状となる。さらにそのバンド状発光スペクトルの形が，短波長側へテールをひいたり長波長側へテールをひいたり，または複数のバンドヘッドが存在したりと，分子によって特徴的であることが多い。このように，発光スペクトルの形状もまた，発光種の同定に重要な情報となる。なお，励起状態から自然放射によって発光できるガス種は，原子，二原子分子とごく一部の三原子分子である。それ以外の多原子分子は一般に光らない。これは，励起状態が反結合軌道状態となり，そのまま解離してしまうからである。

原子発光の波長については，アメリカ国立標準技術研究所（NIST）が無料で Web 上に公開しているので，誰でも自由にデータを入手可能である[29]。そこには，観測される波長だけでなく，遷移前後の電子状態およびエネルギー，さらに遷移確率も掲載されており，スペクトル解析を行う者にとって非常に有用である。分子発光の波長については，Pearce と Gaydon の著書が非常に有名である[30]。長らく絶版で手に入らなかったが，最近，復刻版が出版されている。非常に多くの分子に対する発光バンド波長と強度，それぞれの振動・回転準位が掲載されており，プラズマ発光分光計測を行う者にとって必携である。また，原子および分子に対する電子衝突励起断面積などの数値データが，核融合科学研究所の Web 上にデータベース化されている[31]。こちらも無料でアクセスできる。その他，プラズマ物理関連のデータベースアドレスをリストアップしたページもある[32]。

ここで，分光学の分野で使用される記号について説明しておこう[23), 33)]。原子の状態は，全軌道角運動量 L，全電子の合成スピン角運動量 S，全角運動量 J で表され，一般に

$$^{2S+1}L_J \tag{3.21}$$

のように記述される。なお，L については，$L=0$ から順に S，P，D，F とアルファベットを当てる習わしになっている。スピン角運動量の S（式 (3.21) の斜体文字）と $L=1$ を表す S（ブロック体）とを混同しないよう注意されたい。また，原子は原子核を中心に点対称性を有しており，波動関数が奇関数の場合は右肩に○をつける。例えば H_2 や有機物など H を含むプラズマでよく観測される H_α の発光ラインは，H 原子に属する電子一つが M 殻に励起し，L 殻に遷移する際に発生する光である。励起状態で M 殻に存在する電子の状態には，$^2S_{1/2}$，$^2P^\circ{}_{1/2}$，$^2P^\circ{}_{3/2}$，$^2D_{3/2}$，$^2D_{5/2}$ の 5 種類があり，また遷移後の L 殻に存在する電子の状態には，$^2S_{1/2}$，$^2P^\circ{}_{1/2}$，$^2P^\circ{}_{3/2}$ の 3 種類が存在することになる。

分子の状態については，全電子の合成軌道角運動量を Λ で表し，$\Lambda=0$，1，2，3 に対して，それぞれ Σ，Π，Δ，Φ と書く。電子の全スピン角運動量 S および全角運動量 J の分子軸成分をそれぞれ Σ，Ω として，原子の場合の式 (3.19) と同様に

$$^{2\Sigma+1}\Lambda_\Omega \tag{3.22}$$

のように記述される。この場合も $\Lambda=0$ を表す Σ は，S の分子軸成分を表す Σ とは別物であることに注意されたい。二原子分子では原子間結合軸を含む平面で面対称性がある。原子の場合の○と同様，この対称面に対して波動関数が偶関数の場合に＋，奇関数の場合に－を Λ の右肩に付ける。さらに，C_2 や N_2 など等核分子においては，もう一つ対称中心ができるので，その対称中心に対して波動関数が偶関数の場合に g，奇関数の場合に u を Λ の右下に付ける。最後に，基底状態の電子状態には X，基底状態と同じスピン多重度を持つ励起状態には，エネルギーが低い順に A，B，C，…を，異なるスピン多重度を持つ励起状態には a，b，c，…を先頭に付ける。例えば，前項の図 3.21 に示した

N_2 プラズマにおける Second Positive System は，$C^3\Pi_u$ から $B^3\Pi_g$ への遷移の結果生じた発光である。上準位（$C^3\Pi_u$）の振動状態（ν'）と下準位（$B^3\Pi_g$）の振動状態（ν''）の組合せによって，複数のピークが現れる。最も強い 337.1 nm のピークは $(\nu', \nu'') = (0, 0)$，その長波長側に 2 本重なって見えるピークは，353.7 nm のピークが $(\nu', \nu'') = (1, 2)$，357.7 nm のピークが $(\nu', \nu'') = (0, 1)$ に対応する。また，N_2 Second Positive System に属する発光バンドは，すべて短波長側にテールをひく形になっている。文献 30) ではこれを「Degraded to shorter wavelength」のように表現している。分解能の高い分光器を用いれば，このテール部分が実は回転励起状態の異なる鋭いピークの集合であることがわかる。

〔2〕 **電子温度の推定**　ドライプロセスで利用されるプラズマは，一般に低圧非平衡プラズマで，電子密度が低く電子温度が高い「電離進行プラズマ」に類別される。プラズマ中のガス種の励起状態占有密度は，基底状態からの電子衝突励起による生成項と，励起状態から自然発光によって下準位へ緩和する消滅項が釣り合って定常状態になっていると近似できる（これをコロナ平衡近似という）と仮定すると，同一ガス種からの二つの異なる発光ピークの強度比から，電子温度を概算することができる。

ガス種 M の基底状態（M_1）から励起準位 $p(M_p)$ への電子（e^-）による衝突励起は

$$M_1 + e^-(E) \rightarrow M_p + e^-(E') \tag{3.23}$$

と表せる。ここで，E，E' はそれぞれ衝突前，衝突後の電子の運動エネルギーを示す。一方，自然発光による励起準位 $q(M_q)$ への自然発光緩和は

$$M_p \rightarrow M_q + h\nu \tag{3.24}$$

と表せる。ここで，$h\nu$ は放出された光子のエネルギーを示す。式 (3.24) の反応による励起準位 p の状態占有密度 n_p の生成項は，基底状態 M_1 の密度 n_1 と電子密度 n_e に比例し，その反応速度係数を $k_{1\rightarrow p}$ とすれば，$k_{1\rightarrow p}\,n_1 n_e$ と表される。また式 (3.24) の反応による n_p の消滅項は，n_p そのものに比例し，その遷移確率を $A_{p\rightarrow q}$ とすれば，$A_{p\rightarrow q}\,n_p$ と表される。定常状態であるから

$$\frac{dn_p}{dt}=k_{1\to p}n_1n_e-\sum_{i<p}A_{p\to i}n_p=0 \tag{3.25}$$

が成り立つ。p 準位から q 準位への遷移に伴う発光強度 $I_{p\to q}$ は，その発光振動数を $\nu_{p\to q}$ として

$$I_{p\to q}=ah\nu_{p\to q}A_{p\to q}n_p \tag{3.26}$$

で表されるから，式 (3.26) から n_p を代入して

$$I_{p\to q}=ah\nu_{p\to q}\frac{A_{p\to q}}{\sum_{i<p}A_{p\to i}}k_{1\to p}n_1n_e=ah\nu_{p\to q}S_{p\to q}k_{1\to p}n_1n_e \tag{3.27}$$

となる。ここで a は計測系によって決まる定数，$\nu_{p\to q}$ は光の振動数である。なお $S_{p\to q}$ は，準位 p から緩和する全過程のうち，準位 q へ遷移する確率の割合を示し，準位 p，q に応じて決まる定数である。式 (3.25) から，二つの異なる励起準位 p_1，p_2 から同じ下準位 q に緩和する際に発生する光の強度比 $I_{p1\to q}/I_{p2\to q}$ は，定数 a，基底状態密度 n_1，電子密度 n_e が相殺され，つぎのように表せる。

$$\frac{I_{p1\to q}}{I_{p2\to q}}=\frac{\nu_{p1\to q}}{\nu_{p2\to q}}\cdot\frac{S_{p1\to q}}{S_{p2\to q}}\cdot\frac{k_{1\to p1}}{k_{1\to p2}} \tag{3.28}$$

振動数の代わりに波長 λ で表せば

$$\frac{I_{p1\to q}}{I_{p2\to q}}=\frac{\lambda_{p2\to q}}{\lambda_{p1\to q}}\cdot\frac{S_{p1\to q}}{S_{p2\to q}}\cdot\frac{k_{1\to p1}}{k_{1\to p2}} \tag{3.28$'$}$$

となる。もし準位 q，p_1，p_2 の間に他の準位がなく，$p_1\to q$ および $p_2\to q$ の遷移しか許容されないという仮定を置けば，式 (3.28) の光強度比は単純に反応速度係数比 $k_{1\to p1}/k_{1\to p2}$ で与えられる。反応速度係数 k は，電子衝突励起断面積 $\sigma(\nu_e)$ とプラズマ中の電子速度分布 $f(\nu_e)$ から

$$k=\int_{\infty}^{\infty}\sigma(\nu_e)\nu_e f(\nu_e)d\nu_e \tag{3.29}$$

のように算出することができ，これは電子温度 T_e に強く依存するため，反応速度係数比もまた T_e の関数となる。したがって，あらかじめ反応速度係数比と T_e の関係をプロットしておけば，計測された発光強度比を反応速度係数比

に読み替え，T_e を求めることができる。問題は，$\sigma(\nu_e)$ のデータはさまざまな文献から比較的得られやすいとしても，$f(\nu_e)$ の入手が困難なため，k の値がそう簡単には得られないことにある。また，現実のプラズマにおいては，p_1，p_2 よりさらに上の励起準位への励起あるいは逆の緩和反応によって，そもそも式 (3.21) の定常状態式が成り立たないため，本手法によって導出される電子温度の正確性はあまり高くない。もちろん，相対的な電子温度の変化については，光強度比によってモニタリングすることは可能である。

コロナ平衡近似の代わりに，熱プラズマでよく成り立つ局所熱平衡近似を仮定すると，電子を含めてプラズマ中のガス種の温度はすべて T で等しく，各準位の占有密度はボルツマン分布則で近似できるので，占有密度比 n_{p1}/n_{p2} は，次式で与えられる。

$$\frac{n_{p1}}{n_{p2}}=\frac{g_{p1}}{g_{p2}}\exp\left(-\frac{E_{p1}-E_{p2}}{kT}\right) \tag{3.30}$$

ここで，g_i，E_i はそれぞれ準位 i の多重度およびポテンシャルエネルギー，k はボルツマン定数である。二つの異なる励起準位 p_1，p_2 から同じ下準位 q に緩和する際に発生する光の強度比 $I_{p1\to q}/I_{p2\to q}$ は，式 (3.27) と式 (3.30) からつぎのように表せる。

$$\frac{I_{p1\to q}}{I_{p2\to q}}=\frac{ah\nu_{p1\to q}A_{p1\to q}n_{p1}}{ah\nu_{p2\to q}A_{p2\to q}n_{p2}}=\frac{\nu_{p1\to q}}{\nu_{p2\to q}}\cdot\frac{A_{p1\to q}}{A_{p2\to q}}\cdot\frac{g_{p1}}{g_{p2}}\exp\left(-\frac{E_{p1}-E_{p2}}{kT}\right) \tag{3.31}$$

これより

$$T=\frac{E_{p1}-E_{p2}}{k\ln\left(\dfrac{\nu_{p1\to q}}{\nu_{p2\to q}}\cdot\dfrac{A_{p1\to q}}{A_{p2\to q}}\cdot\dfrac{g_{p1}}{g_{p2}}\cdot\dfrac{I_{p2\to q}}{I_{p1\to q}}\right)}=\frac{E_{p1}-E_{p2}}{k\ln\left(\dfrac{\lambda_{p2\to q}}{\lambda_{p1\to q}}\cdot\dfrac{A_{p1\to q}}{A_{p2\to q}}\cdot\dfrac{g_{p1}}{g_{p2}}\cdot\dfrac{I_{p2\to q}}{I_{p1\to q}}\right)} \tag{3.32}$$

が導かれる。すなわち，発光の波長と強度の比を観測し，文献から遷移確率，多重度およびポテンシャルエネルギーを求めれば，温度 T が導出できる。例として，有機シリコン化合物の TMMOS およびトリメチルエトキシシラン

(TMEOS) を原料として用いたプラズマ CVD における発光スペクトル（**図 3.23**）から，Balmer 系列の H 原子発光（H_α，H_β，H_γ）の発光強度を計測し，各プラズマの電子温度を求めてみよう。

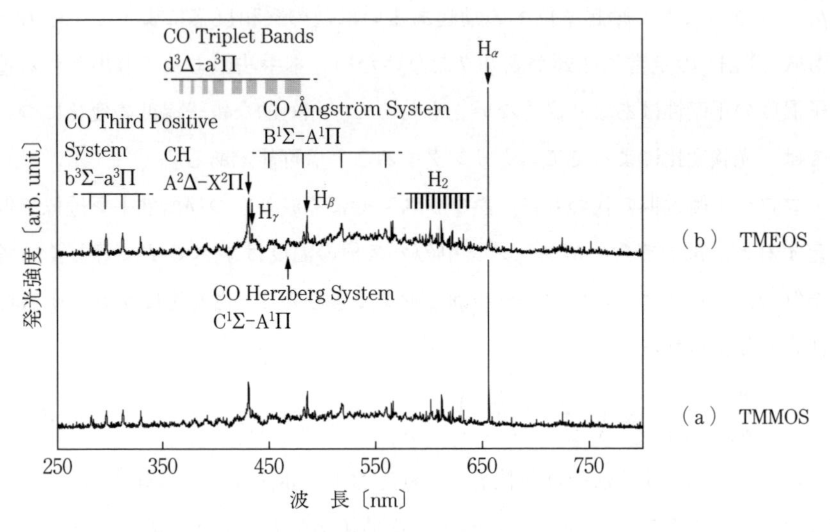

図 3.23　有機シリコン化合物プラズマからの発光スペクトル

表 3.4 に，この計算に用いた各パラメータを示す。式 (3.27) に基づいて電子温度の算出を行ったところ，どちらの有機シリコン化合物プラズマにおいても，電子温度は約 7000 K 程度となった。なお，H_α/H_β 比から求めた温度が H_α/H_γ 比を用いた場合より若干高いのは，H_β の発光ラインに CO の Ångström System（$B^1\Sigma$–$A^1\Pi$）および Triplet Bands（$d^3\Delta$–$a^3\Pi$）の発光バンドが重なり，

表 3.4　TMMOS，TMEOS プラズマにおける電子温度計算のためのパラメータ

	λ〔nm〕	A〔s^{-1}〕	E〔eV〕	g	I〔arb.unit〕
H_α	656.3	4.41×10^7	12.09	18	TMMOS：9381
					TMEOS：9213
H_β	486.1	8.42×10^6	12.75	32	TMMOS：1531
					TMEOS：1555
H_γ	434.0	2.53×10^6	13.05	50	TMMOS：456
					TMEOS：450

H_β 強度が高めに評価されてしまったためと考えられる。

〔3〕 **電子密度の推定**　電子密度の計測にはプローブ法を用いることが多いが，絶縁性薄膜の堆積プロセスでは，プローブ表面にも絶縁膜が堆積するため利用できない。またプローブによるプラズマの擾乱を避けたい，あるいは小さなプラズマなどではプローブを挿入する空間的余裕がないなど，意外にプローブ法を利用できない場面は多い。そこで，発光スペクトルから電子密度を推定する方法を紹介する。

プラズマ中の電子やイオンは電荷を持つ粒子であるから，発光源となるガス種の近傍を電子やイオンが運動すると電場が変化するため，発光ラインの波長がシフトしたり，縮退していた準位がとけてピークが分裂する Stark 効果が現れる。電子密度が高いほど Stark 効果が大きくなり，計測される発光ピークの幅が広がる。そこで，原子からの鋭い発光ラインの半値幅から電子密度を推定することが可能となる。最も多く引用されている Griem の文献によれば，電子密度 n_e は H_β 発光ラインの半値幅 $\Delta\lambda$ から，次式で与えられる[34]。

$$n_e = 8.02 \times 10^{18} \times \left(\frac{\Delta\lambda}{\alpha}\right)^{1.5} \left[\mathrm{m}^{-3}\right] \tag{3.33}$$

ここで α は電子温度 T_e によって変化するパラメータで，同じ文献に表で示されている。この手法は，発光ピークの絶対強度が必要なく計測波長範囲が狭いため，計測系の絶対強度補正を行う必要がない点で，計測の容易性が大きな特徴である。ただし，もともと鋭い原子発光の半値幅を正確に計測するためには，それなりの分解能の分光器を用いる必要がある。理論計算の精度の向上や実験結果の蓄積に伴い，発光ピーク幅から電子密度を求める方法は洗練され，H 原子や He 原子以外のさまざまな原子発光ラインに対する Stark 広がりパラメータが発表されるとともに，より広い範囲のプラズマ条件に適用可能な近似式に関する論文が，現在も発表されている[35)～38)]。

〔2〕で，コロナ平衡近似モデルと局所熱平衡近似モデルを紹介した。コロナ平衡近似では，電子衝突による基底状態からの励起と自然放射による緩和がバランスしているとし，局所熱平衡近似では，プラズマが熱平衡状態にある。

すなわち励起と脱励起が衝突によって支配されるとしている。両者はともに両極端の近似モデルであり，現実のプロセスプラズマは，その中間的な状態である。これをできるだけ正しく再現するために，衝突・放射（輻射）モデルを用いた解析手法がある[39), 40)]。衝突・放射モデルは，プラズマ中で実現している平衡状態を，電子衝突による励起・脱励起，イオン化と再結合，自然放射，再励起などさまざまな素過程を考慮に入れるモデルである。それぞれの素過程に対する励起断面積や遷移確率などの物理データがあれば，発光スペクトルから得られる各準位からの発光強度と，別に求めた電子密度・温度を用いて連立方程式を解くことによって，基底状態，複数の励起状態，イオン化状態などの占有密度を求めることができる。あるいは逆に，別の手法で各状態の占有密度がわかれば，電子密度・温度を解析できる。実際のプラズマに応用した例が数多く報告されているので，参考にされたい[41)～43)]。

〔4〕 **ラジカル密度の推定**　近年，吸収分光法によるラジカルの絶対密度計測手法が確立されてきたが，市販されているラジカルセンサー装置は，発光分光装置に比較すると高額である。ここでは，発光スペクトルからラジカル密度を推定するアクチノメトリー法を紹介する。

プラズマ中に，そのプロセスを乱さない程度に少量の希ガスをトレーサーガスとして導入し，計測対象となるラジカル種からの発光と希ガスからの発光の強度比を計測すると，ラジカル種の空間密度に関する情報が得られる。いま，導入したトレーサーガスの空間密度を n_T とすると，トレーサーガスの準位 r から準位 s への遷移に伴う発光強度 $I_{r\to s}$ は，式(3.26)と同様につぎのように表せる。

$$I_{r\to s} = a'h\nu_{r\to s} S_{r\to s} k_{1\to r} n_T n_e \tag{3.34}$$

したがって，ラジカル種の準位 p から準位 q への遷移に伴う発光強度 $I_{p\to q}$ との比は

$$\frac{I_{p\to q}}{I_{r\to s}} = \frac{a\nu_{p\to q} S_{p\to q} k_{1\to p} n_1}{a'\nu_{r\to s} S_{r\to s} k_{1\to r} n_T} \tag{3.35}$$

のように表せる。したがって，基底状態のラジカル種の空間密度 n_1 は

$$n_1 = \frac{I_{p \to q}}{I_{r \to s}} \cdot \frac{a'}{a} \cdot \frac{\nu_{r \to s}}{\nu_{p \to q}} \cdot \frac{S_{r \to s}}{S_{p \to q}} \cdot \frac{k_{1 \to r}}{k_{1 \to p}} \cdot n_T = \frac{I_{p \to q}}{I_{r \to s}} \cdot \frac{a'}{a} \cdot \frac{\lambda_{p \to q}}{\lambda_{r \to s}} \cdot \frac{S_{r \to s}}{S_{p \to q}} \cdot \frac{k_{1 \to r}}{k_{1 \to p}} \cdot n_T \tag{3.36}$$

となる。ここで，化学的に不活性な希ガスはイオン化過程以外で消滅することはなく，プロセスプラズマにおけるイオン化率は一般に低いことを考えれば，希ガスの空間密度 n_T は導入した時点と変わらず一定とみなせる。各ガス種に対する反応速度係数 k および遷移確率の割合 S は，文献からデータを入手して計算可能であり，また計測系の較正によって，計測波長範囲に依存する係数 a の比を明らかにしておけば，発光強度比からラジカル密度が算出できる。もし文献データが入手できない，あるいは計測系の較正ができていない状態であったとしても，相対的なラジカル密度の変化を追うことは可能である。

アクチノメトリー法は，式 (3.25) と式 (3.32) の成立が条件であるため，基底状態からの励起以外の発光種生成ルートが無視できない場合には適用が難しい。例えば，N_2 プラズマにおける N 原子は，N_2 分子の解離によって生成するが，N_2 の結合解離エネルギーが 9.4 eV と比較的高いため[44]，解離後の N 原子が励起状態として存在する割合は低く，解離性発光が起きにくい。一方 H_2 プラズマでは，H_2 の結合解離エネルギーが 4.3 eV と低いため，H 原子からの発光には解離性発光の成分が大きく，式 (3.25) が成立しない。したがって，N_2 プラズマではアクチノメトリー法が非常に有効であるが，H_2 プラズマでは結果の妥当性を問われるだろう。N_2 からの N 原子の解離以外にも，O_2 からの O 原子や Cl_2 からの Cl 原子の解離割合に関する研究[45), 46)]，微結晶シリコンやダイヤモンド堆積プロセスに応用した研究[47), 48)]，また SiO_2 エッチングプロセスに応用した研究[49] など，アクチノメトリー法は非常に広い分野にわたって利用されている。

第Ⅱ編　ドライプロセスの応用

******** 4.

光　学　薄　膜

****

4.1　真空蒸着と光学薄膜

1857年にファラデー（1791〜1867年）が真空蒸着による薄膜形成を試みた。しかし，その実用化は真空技術の進歩を待たなければならなかった。1930年代に，油を作動液とした拡散ポンプが完成すると真空蒸着は実用技術となった。

レンズを用いた光学機器は古くから用いられていた。例えば，望遠鏡は17世紀初頭に発明されている。ガリレイ（1564〜1642年）は自作の望遠鏡で天体観察をしている。光学機器にはレンズやプリズムなどの光学部品が組み合わされている。光学部品はガラスなどの透明な材料でできているが，光が物体を通過する際，屈折率の異なる境界でその一部が反射する。屈折率n_0の雰囲気に置かれた屈折率nの物体に光が当たったとき，境界での反射率R_0は$R_0=\{(n_0-n)/(n_0+n)\}^2$となる。ごく一般的なガラスの屈折率は1.5程度であるが，光が当たったとき，空気（屈折率1）とガラスの屈折率の境界で約4%の光が反射し，残りの約96%の光がガラスの中に入る。ガラスから再び光が空気へ出るときにも，また約4%が反射し，残りの光が出ていく。この反射率はわずかな値のような気がするが，15枚のガラスを光が通過する場合には，屈折率の境界を30回通過する。通過する光の量は，入射光量を1とすると，0.96の

30 乗で 0.294 となる。すなわち 30%弱の光しか透過しないことになる。透過光が 30%に減少することも問題であるが，それ以上に問題なのは，約 70%の光があちこちで反射していることである。これらの光は，像のコントラストを低下させるフレア現象や，ないものがあるように見えるゴースト現象を発生させる。実際の光学機器はさまざまな屈折率のレンズなどを組み合わせて構成する。屈折率の高いガラスでは反射率はより高くなる。そのため，レンズ表面の反射を減らすことが望まれていた。

1887 年にイギリスのレイリー（1842 ～ 1919 年）は，古いガラスが新しく磨かれたガラスより表面の反射率が小さいことを発見し報告した。1896 年に，同じくイギリスのテイラー（1862 ～ 1943 年）は，古いガラスのほうが新しく磨かれたガラスよりも透過率が高いことを報告した。この現象は，大気中の水分にガラスの成分が溶け出すことにより，古くなると，表面にガラスよりも屈折率の低い薄い層ができるためであった。この薄い層をヤケと呼ぶが，実は反射防止膜として機能する。その後，レンズの表面に，酸処理による化学的な方法でヤケを作り，反射防止膜とすることが行われたが，再現性や効果が十分ではなかった。真空蒸着が実用化されると，この反射防止膜の作製に利用されることになる。初期には氷晶石（Na_3AlF_6）の膜が用いられたが，やわらかく，引っかきに弱いため，後に，硬さのあるフッ化マグネシウム（MgF_2）が用いられるようになった。この反射防止膜を施すと約 4%だった反射率を約 1.3%に低減できる。すなわち，反射防止膜を用いると，空気との境界を 1 回通過するとき，約 98.7%の光が通過することになる。先ほどと同様に 15 枚のガラスを光が通過する場合，0.987 の 30 乗を計算すると，0.675 となる。67.5%の光が透過することになり，2 倍以上明るくなる。また，反射光の合計は 32.5%で，反射防止を施さない場合に比較し 1/2 以下になり，フレアやゴーストの低減も顕著である。現在では，多層膜による反射防止膜が用いられるが，これによれば反射率をほぼ 0 にすることができる。仮に 0.2%とすると，15 枚のガラスを通過しても約 94%の光が透過することになる。多層膜を利用すると，反射防止膜に限らずさまざまな特性の光学薄膜を作ることができるので，広い用途に利用されるようになった。

4.2　光学薄膜の原理

光は電磁波で，電界と磁界の振動が光速で伝搬する現象である。電磁波の中で，人間が見ることのできる波長は，個人差があるが，下限が 360 ～ 400 nm，上限が 760 ～ 830 nm である。この間の電磁波を可視光といい，この前後の波長帯を光として扱う。可視光は波長による色をもって認識される。短波長側の波長 400 nm の光は紫色に見え，これより短い波長の光を紫外光という。長波長側の波長 760 nm の光は赤色に見え，これより長い波長を赤外線という。

さて，**図 4.1**（a）のようにガラスのような透明な基板に透明な薄膜が付いている場合を考えてみる。光は屈折率の変わり目（境界）で一部が反射し，残りが透過する。このとき，通ってきた雰囲気より屈折率の高い物質での反射では位相が 180° 変わり，屈折率の低い物質での反射では位相は変わらない。図（a）で，入射光 I は薄膜の表面で一部が反射し R_1 となり，残りの光は透過して薄膜の中に入る。ガラス基板に入った光は薄膜と基板の境界でも一部が反射して戻り，そのまた一部の光は空気に出て R_2 となる。このような反射と透過の現象は，光量は減少するが無限に繰り返して起こる。ここでは，光量の大き

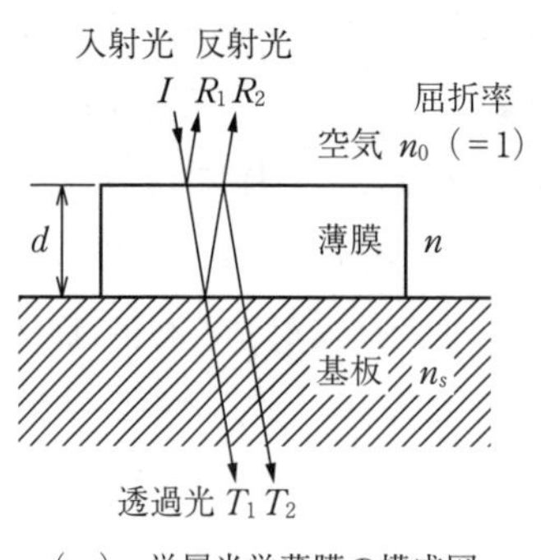

（a） 単層光学薄膜の構成図

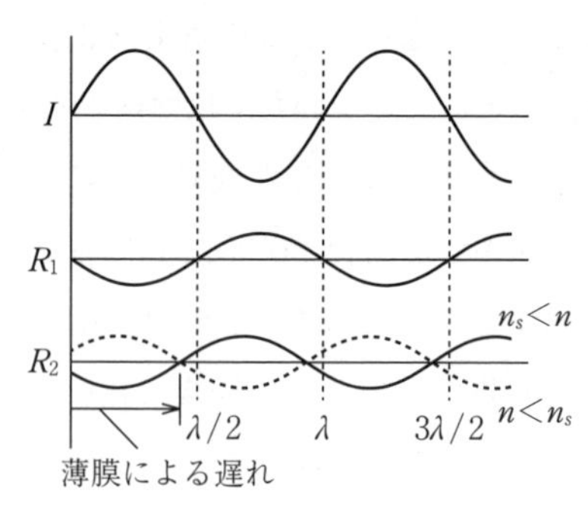

（b） 光の位相

図 4.1　光学薄膜の基本原理

い R_1 と R_2 についてのみ考える。I を図（b）に示すような波長であるとすると，反射光 R_1 は空気（屈折率1）からの入射で，薄膜の屈折率は1よりも必ず大きいので，位相は180°反転する。R_2 の光は，薄膜を通り基板で一度反射している。薄膜と基板の境界での反射は，その屈折率の大小関係で位相が180°異なる。しかも，薄膜の厚さの距離を往復している。基板より薄膜の屈折率が高いときは図（b）の R_2 の実線のように R_1 と R_2 の位相は同相に近くなり，薄膜表面での反射光は強めあう。基板より薄膜の屈折率が低い場合は図（b）の R_2 の破線のように位相は逆相に近くなり，薄膜表面での反射光は弱めあう。その効果は，薄膜による波の遅れが，波長の1/2のときに最大となる。つまり，光が膜面に垂直に入射する場合には膜厚が波長の1/4のときである。破線の場合（$n<n_s$）が反射防止膜である。このように光の干渉現象を利用して，光学的特性を制御するのが光学薄膜で，基本的に光の吸収のない（少ない）誘電体材料を用いる。

屈折率1.52の基板に屈折率の異なる薄膜を作製したときの膜厚と反射率の変化を**図4.2**に示す。横軸の光学的膜厚とは，屈折率（n）と形状膜厚（d）の積（nd）で，光学薄膜で膜厚を表す場合，これを用いるのが一般的である。このように，基板の屈折率より薄膜の屈折率が小さい場合は反射が減少し，薄膜の屈折率のほうが大きい場合は反射が増加する。そして，光学的膜厚が波長

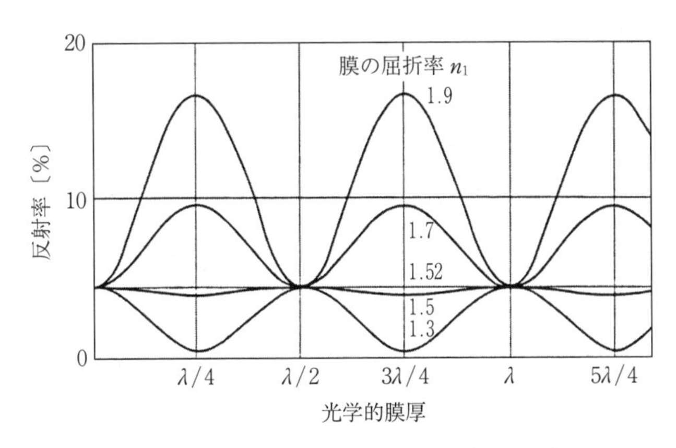

図4.2 単層光学薄膜の膜厚依存性

の1/4ごとに極値をとる。

光学薄膜に関する理論はマクスウェルの電磁波に関する方程式から導き出すことができ，多層膜に関する理論や設計法は1950年代にはすでに確立され，専門書も多数出版[1)～3)]されている。計算は煩雑ではあるが，現在では，専門書を参照しパソコンを用いれば比較的容易にできる。また，光学薄膜設計に関するソフトウェアもいくつか販売されていて，これを利用すると複雑な薄膜設計も簡単にできる。ただし，理論どおりに薄膜を作製する技術開発は容易ではなかった。まず薄膜材料の問題がある。使用目的にあった膜強度を持つ材料は限られている。そして，理論どおりに膜の屈折率を再現性良く作製することも難しかった。結局，多層反射防止膜は，1964年に東京でオリンピックが開催されたときにカラーでテレビ放送を行うため，テレビカメラの色再現性を向上

表 4.1　主要な光学薄膜材料

物　質	透明域〔nm〕	屈折率（波長）	特　徴
Al_2O_3	230～2000	1.58～1.60（550 nm）	引っかきに強い 水・酸に侵されない
CaF_2	150～12000	1.23～1.26（550 nm）	吸湿性がある
Ge	1700～100000	4.2（2000 nm） 4.0（15000 nm）	引っかきに強い
MgF_2	210～10000	1.38（550 nm）	非常に硬い
Na_3AlF_6	<200～14000	1.35（550 nm）	やわらかく，引っかきに弱い
Si	1100～10000	3.5（2000 nm）	引っかきに強い
SiO	550～8000	1.55～1.90（550 nm）	引っかきに強い 堆積条件により屈折率が変わる
SiO_2	160～8000	1.46（550 nm）	きわめて丈夫 アルカリにわずかに侵される
Ta_2O_5	350～10000	2.1（550 nm）	きわめて丈夫で安定
TiO_2	350～12000	2.2～2.7（550 nm）	きわめて丈夫 ルチルとアナターゼがあり，堆積条件により屈折率が変わる
ZnS	380～25000	2.35（550 nm） 2.0（10000 nm）	引っかきに対して丈夫でない 多少吸湿性がある
ZrO_2	340～	2.1（550 nm） 2.0（2000 nm）	引っかきに強い 不均質になりやすい

させることが必須となり，その技術革新の一環として日本で実現された。そのときのブレークスルーは電子銃蒸発源の利用で，これにより使用できる薄膜材料が大幅に増したことであった。

現在，良く利用される光学薄膜材料を**表 4.1** に示す。また，反射膜を作製する場合には，銀やアルミニウムなどの反射率の高い金属膜と，誘電体による増反射膜を併用する場合もある。

4.3 光学薄膜の種類

4.3.1 反射防止膜

前に述べたように光が物体を通過するときに，光はその表面で必ず反射する。したがって，光を利用する場合には必ず反射防止膜（antireflection coating：AR コート）が必要である。眼鏡やカメラなどのレンズをはじめ光を用いる多くの分野で用いられる。**図 4.3** に光学ガラス BK7 への反射防止膜の例を示す。現在では，ほとんどの用途に多層膜が用いられる。

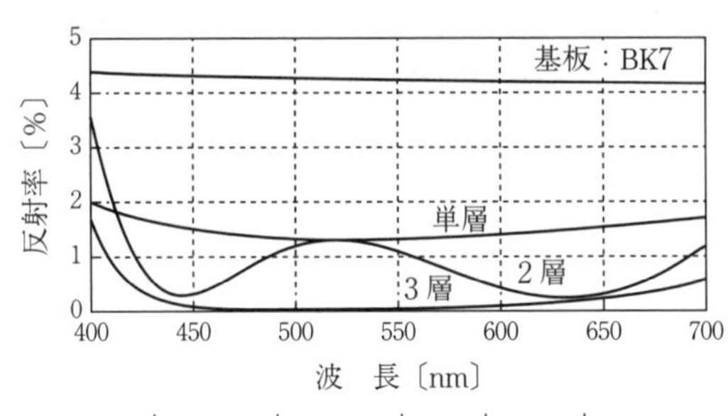

紫｜青｜緑｜黄｜橙｜赤（波長に対する光の色）

膜の構成（いずれも $\lambda = 520$ nm）

単層：BK7 / MgF_2(λ/4)

2 層：BK7 / ZrO_2(λ/2) / MgF_2(λ/4)

3 層：BK7 / Al_2O_3(λ/4) / ZrO_2(λ/2) / MgF_2(λ/4)

図 4.3　反射防止膜の例

4.3.2 反　射　膜

反射膜（high reflectance coating：HR コート）には，金属膜の反射を利用したものと，透明な誘電体膜を積層したものがある。銀やアルミニウムの反射を利用するものは構造が簡単で，通常のミラーや記録媒体の光ディスクなどに用いられている。レーザー用のミラーなどは膜に光の吸収があると発熱により膜が損傷するので，吸収の少ない誘電体のみで構成したミラーが用いられる。

4.3.3 フィルター，ミラー

特定の波長の光を透過させて取り出す光学部品をフィルター（filter）という。透明な誘電体の薄膜を利用したフィルターは，光はどこにも吸収されないので，透過しない光は反射する。したがって，透過しない波長域のミラー（mirror）ということもできる。

ある波長帯のみ透過するものを帯域フィルター（bandpass filter）という。用途によって，さまざまな特性のものがある。可視光のみを透過させるフィルターをコールドフィルター（cold filter）といい，熱線となる赤外線を透過しないので，光源の前に置くと照射したものが熱せられない。手術室や生鮮食品のディスプレイ用に用いられる。逆の特性を持ったものをコールドミラー（cold mirror）といい，これを光源の反射板に用い，両者を組み合わせて利用すると効果が高い。光を色により分ける特性を持つものをダイクロイックフィルター（dichroic filter）あるいはダイクロイックミラー（dichroic mirror）という。光を三原色（赤，緑，青）に分離するのに利用される。光をある波長で分けるものをエッジフィルター（edge filter）といい，ある波長より長波長側を透過させたり，反射させたりする。

一例として，**図 4.4** に赤色の光を反射し，赤色を除いた光を取り出すフィルターの分光特性を示す。これは TiO_2 と SiO_2 の繰り返し 14 層の積層膜で，各層は赤色の 750 nm の 1/4 波長の膜厚を基本とし，一部の層の膜厚を調整することによりリップルの発生を抑えている。赤色の波長域のみ反射させているので，赤反射ダイクロイックミラーという。

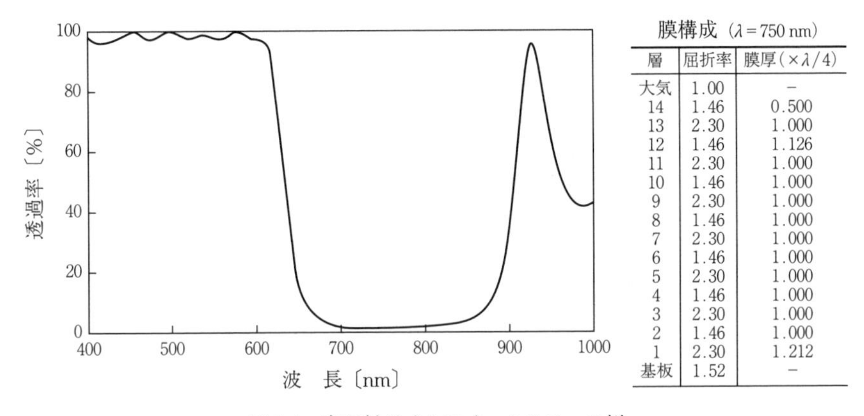

膜構成（$\lambda = 750$ nm）

層	屈折率	膜厚（$\times\lambda/4$）
大気	1.00	–
14	1.46	0.500
13	2.30	1.000
12	1.46	1.126
11	2.30	1.000
10	1.46	1.000
9	2.30	1.000
8	1.46	1.000
7	2.30	1.000
6	1.46	1.000
5	2.30	1.000
4	1.46	1.000
3	2.30	1.000
2	1.46	1.000
1	2.30	1.212
基板	1.52	–

図 4.4　赤反射ダイクロイックミラーの例

フィルターは屈折率の異なる材料を繰り返し積層した構造であるが，特定の狭い波長域の光のみ透過させる狭帯域フィルターでは積層数は大変多くなり，数百層に及ぶ場合もある。

4.4　光学薄膜の作製技術

4.4.1　真　空　蒸　着

前に述べたように，真空蒸着で最初に実用化されたのが反射防止膜であった。現在も光学薄膜は，そのほとんどが真空蒸着で作成されている。現在，産業用として利用されている装置は，真空容器の大きさが各辺 1 m 程度の立方形か，直径 1 m 程度の円柱形が一般的である。多層膜を作製する場合，蒸発源には電子銃が必須である。単層反射防止膜のみ作製する場合や，アルミニウムや銀の反射膜を作製する場合には，抵抗加熱蒸発源が用いられる場合がある。光学薄膜用真空蒸着装置の真空チャンバー内の構成を**図 4.5** に示す。

基板はドーム状のホルダーに載せて，公転させながら薄膜堆積するのが一般的である。例えば，眼鏡用レンズの反射防止膜の場合は，レンズの大きさが直径約 70 ～ 80 mm 程度の円形なので，一度に 100 枚程度の処理ができる。層数の多いフィルターの場合は，膜厚に高精度が要求されるので，処理量は限定さ

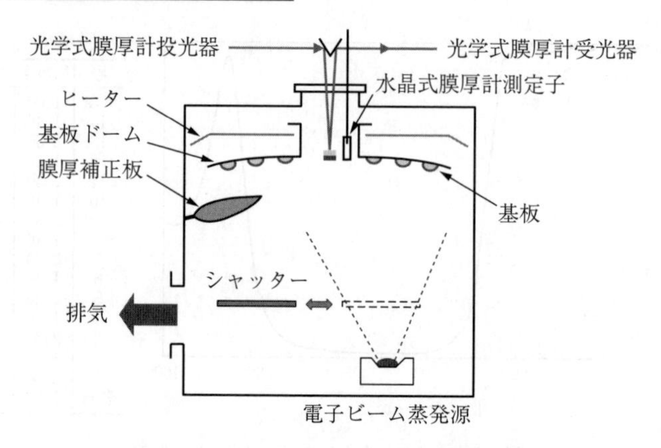

図 4.5　基本的な光学薄膜用真空蒸着装置

れる。

光学薄膜は，多くの薄膜の用途の中でも膜厚精度において大変厳しいものである。例えば，眼鏡レンズの反射防止膜では，レンズの反射を見ると，大半のものは，緑色の反射色が見られる。これは，可視光のできるだけ広い範囲で反射防止効果を持たせるためと，ファッション性を加味して，多層反射防止膜の特性を可視光の中間である緑色の反射がやや高くなるように設計しているためである。この反射色は膜厚に 2%の誤差があると，色の違いがわかってしまう。眼鏡の左右のレンズの色が異なるのはおかしいので，膜厚の管理は重要である。一度に多くのレンズを処理する場合は，基板ホルダーの全面で膜厚が均一でなければならない。それを調整するには，蒸発源と基板の間に膜厚補正板と呼ぶ遮蔽板を置き，基板ホルダーを公転することにより全面で膜厚が均一になるように，あらかじめ形状を調整しておく。

光学薄膜は，光学的膜厚を監視波長の 1/4 単位で正確に管理しないと設計どおりの特性が出ない。そのために光学式膜厚計の使用が必須である。光学式膜厚計の原理は，図 4.2 のように，透明な基板に屈折率の異なる材料の膜が形成されると，光学的膜厚の変化により反射光量（および透過光量）が変化することを利用している。真空チャンバー内にモニター基板を置き，これに光を照射し，反射光あるいは透過光の光量変化を観測すると，観測波長の 1/4 波長ごとに極値をとるので，この極値を検出して膜厚を決める。そのため，観測波長は任意に設定できるようになっている。また，多層膜を作製する場合には，モニター基板も多数設置しておく必要がある。光学式膜厚計は，その原理上，薄膜堆積中に，そのときの薄膜堆積速度を知ることは困難である。薄膜堆積速度が変わると，膜質に影響があるので，薄膜堆積速度の管理も重要である。その目的で水晶式膜厚計を併用する場合が多い。

4.4.2　光学薄膜の特徴と作製技術の発展

初期の光学薄膜作製は，室温の基板に氷晶石を真空蒸着で堆積した反射防止膜であった。膜は簡単に剝がれるので，膜面に触れることができなかった。その後，レンズを加熱して薄膜堆積すると膜が丈夫であることがわかった。特にフッ化マグネシウムを300℃程度に加熱したレンズに付けると，大変丈夫で，レンズ面を拭くことができるようになった。多層光学薄膜は，表4.1に示したような，高屈折率材料と低屈折率材料の積層膜で構成するが，高屈折率材料としては TiO_2，Ta_2O_5，ZrO_2 などが，低屈折率材料としては SiO_2 が一般的である。眼鏡レンズはレンズがガラスからプラスチック（CR-39など）に変わった。プラスチックレンズは加熱できる温度が限られる。加熱できる上限の80℃程度には加熱するが，膜の密度が十分でなく，付着強度も低い。眼鏡レンズの使用環境は過酷で，膜の耐久性は重要である。その改善のために良い効果を上げたのがイオンビームアシスト蒸着だった。真空蒸着中に数百eV程度のガスイオンを基板面に照射することにより，その運動エネルギーで膜を緻（ち）密にする効果がある。ガスイオンを照射するため基板や膜面でチャージアップが発生する。これを防止する目的で同時に同数の電子も照射する。光学薄膜は結晶粒界があると光の散乱が生じる。これを防ぐためには緻密な非晶質膜が望ましい。イオンビームアシスト蒸着は，照射イオンの運動エネルギーで結晶化を阻止しながら薄膜堆積するので，この点からも適している。現在では，この方法が光学薄膜作製の一般的な方法になっている。

スパッタリングでの光学薄膜作製も古くから研究されてきた。しかし，材料が誘電体なので，薄膜堆積速度の遅さと，チャージアップによるプロセスの不安定さにより，産業的に利用できるレベルになかった。しかし，1990 年代に行われ始めた反応性スパッタリングの一方法は真空蒸着に劣らない薄膜堆積速度が得られ，最近，光学薄膜にも利用され始めた。その方法は，金属ターゲットからマグネトロンスパッタリングでごく薄い金属膜を堆積し，別に設けられた反応エリアで化合物薄膜にする。これを 1 分間に 100 回程度繰り返して誘電体薄膜を堆積する方法である。基板を回転ドラム外側にセットし，ドラムの外側にスパッタリングエリアと反応性エリアを別々に設けて，ドラムを 100 rpm 程度で回転するのが一般的な装置構成である。

******** 5.

トライボロジー薄膜

****

5.1 機械部品への応用に適したトライボコーティング

5.1.1 摩擦のメカニズム

機械部品のトライボロジー特性の向上は摩擦損失の低減と長寿命化の観点から重要な課題となっている。特に，表面に優れたトライボロジー特性を付与させるための，固体潤滑膜を代表とするトライボコーティングの開発が重要視されている[1)]。

まず基本的な摩擦力について説明する。接触している二つの固体が相対的にすべりやころがり運動するとき，その接触面でこれらの運動を妨げる方向の力が生じる。この力が摩擦力である。**図5.1**に二つの硬質な固体材料がすべり接触する際の摩擦メカニズムの概念を示す。接触界面にはコーティング膜や潤滑油などの潤滑層が存在しているが，それが切れて固体接触を伴う境界潤滑（接

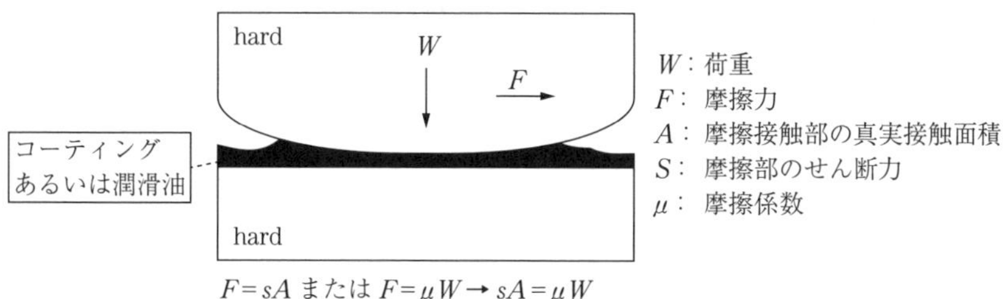

図5.1 摩擦のメカニズム

触面圧が高くなってくると，潤滑油などによる流体潤滑領域からはずれて固体どうしの接触が始まる潤滑形態のこと）となる場合も想定している。図中に示したように，摩擦係数 μ は $\mu=s/H$（s：摩擦部のせん断力，H：硬さ）と定性的に表現できる。すなわち，その摩擦系を構成する材料特性の観点からは，摩擦接触部をせん断するために要する力（摩擦せん断力）が小さいほど，そして，接触する固体の硬さが大きいほど摩擦係数は小さくなることが理解できる。このことから，せん断力の小さい材料からなる膜が摩擦界面に存在しており，そしてこの膜の硬さが大きい場合の摩擦接触であると，係数が小さい摩擦系を構成できることがわかる。また，摩擦寿命の観点からは，その摩擦系を構成する材料の硬度が大きいほど，摩擦接触に伴う破壊の進展（摩擦に起因する摩耗：摩耗については5.1.3項で後述する）が抑えられることも容易に考えられる。ただし，ある摩擦系の場合には，摩擦により化学反応が生じる場合もあり，そういったときには摩擦系を構成する材料の硬度のみでは，摩耗を論じることができないこともある。

本節では，まずトライボコーティングとして機能する摩擦せん断力の小さい固体潤滑膜について説明する。つぎに，低摩擦と高耐摩耗性を兼ね備えた硬質膜について述べる。最後に，これから期待されるであろう，膜の微細構造を適宜に制御することによって特性を向上させるナノコンポジット系トライボコーティングについて触れる。

5.1.2　固体潤滑トライボコーティングの機能と特徴

固体潤滑材はその名が示すように潤滑性を持った固体で，潤滑材として利用可能な物質の総称である[2)]。滑石や黒鉛あるいは二硫化モリブデンなど自然に産出する鉱石（ほとんどが層状構造化合物）の手触りが滑らかであることから注目され，その後，工業の発展とともにこれらの固体潤滑剤の持つ特殊な性能，すなわち優れた耐荷重性，耐熱性，耐放射線性，真空中での潤滑性などが明らかにされ，工業的に広く活用されるようになった。この優れた特徴を持つ固体潤滑剤の利用方法としては，固体潤滑剤の微粒子を油やグリースなどに添加する方法があるが，固体潤滑剤の特徴を最も良く発揮させる方法の一つに固体潤滑膜による潤滑方法がある。

固体潤滑膜の機能として重視されるのは，もちろん低い摩擦係数である。材種によっていくぶん異なるが，代表的な固体潤滑剤である二硫化モリブデン，二硫化タングステン，グラファイトなど層状結晶構造の物質の皮膜は，摩擦係数が0.05を下回る特性を示す。また，実用的には，摩擦係数も重要であるが，期待する摩擦性能をどれだけ持続できるかという摩擦寿命が問題視される。これは固体潤滑膜が文字どおり薄膜であるための宿命でもある。したがって固体潤滑膜の寿命の予測は実用化するうえで重要である。油などは流動性があり，その均質性は固体潤滑膜とは比べものにならないほど良く，そのうえ緩衝作用，冷却作用なども期待できる。均質性は主としてコーティング技術に関係するものであり，同じ固体潤滑膜をコーティングした場合，均一な皮膜と不均一な皮膜とでは，寿命に大きく関わる。不均一な皮膜では寿命も極端に短く，ばらつきも大きく信頼性がきわめて劣る。また，皮膜の膜厚も寿命に影響する。もちろん，皮膜が使用される雰囲気や温度などによっても寿命は大きく左右される。そのため，応用分野の環境を十分に考慮した材料が要求されることとなる。固体潤滑膜の特徴をまとめ，**表5.1**に示す。

つぎに，固体潤滑膜の応用について触れる[3)]。固体潤滑膜は，当初は特殊な

表5.1 固体潤滑膜の特徴

長　所
・乾燥状態で潤滑性がある。 ・通常の油やグリースでは耐えられないような高面圧に耐えることができる。 ・耐熱性があり，数百℃の高温で使用できる。 ・高真空中で使用可能である。 ・耐放射線を持った皮膜がある。
短　所
・固体の皮膜であり油潤滑のように補給できないため摩擦寿命に限りがある。 ・皮膜の種類によって防錆について配慮を必要とするものがある。 ・油潤滑のように機器の冷却作用がない。 ・母材表面に皮膜を形成させるためには設備・装置・技術が必要である。 ・組立てが終わっている部品に皮膜を付けることが困難である。

使用目的の航空，宇宙，軍需用として開発されたが，現在では一般産業分野にも広範囲にしかも多量に使用されるようになり，潤滑関連分野において重要な座を占めるようになってきた。代表的な二硫化モリブデンの場合，スパッタ被覆や塗布によりコーティングされ，人工衛星の機構部品などに代表される宇宙・航空関連機器をはじめ，半導体や液晶パネル製造装置での真空中の駆動装置用ころがり軸受などの真空関連機器に使用されている。近年は油潤滑に代わり各種機器の摺（しゅう）動部に多用するようになってきた。本書において5.1.4項でも取り上げているDLC（diamond-like carbon）膜も固体潤滑膜として認知されている。この膜は優れた潤滑性に加え，高硬度でもあることから，次項で述べる硬質トライボコーティングでもある。この膜については，トライボロジーの分野では，代表的なハードディスクの保護膜としての活用に加え，工具やドリル，機械部品，バーコードスキャナ，内燃機ピストン・シリンダーなどに応用されている。このDLC膜はほかにもガスバリア性や，耐食性，防汚性，低凝着性など多くの特性を有するため，プラスチック，金属をはじめ，さまざまな材料にコーティングされ，多くの分野で応用されている[4]。

5.1.3　硬質トライボコーティングの機能と特徴

実用的にはTiやCrなどからなる硬質な金属系合金膜がトライボコーティングとして広く応用展開されていることから，まずこれらの膜を紹介する。耐摩耗性を考えるうえで最も支配的な摩耗形態はアブレッシブ摩耗である。この摩耗は表面の突起どうしの接触による脱落，あるいは掘り起こし作用などによるものと考えられ，摩耗量Vは一般に次式に従うことが知られている[5]。

$$V = K \cdot \omega \cdot s / H \tag{5.1}$$

ここで，K：比例定数，ω：垂直荷重，s：摩擦距離，H：硬さである。式(5.1)からアブレッシブ摩耗を抑えるためには，硬さを増加させることが有効であることが容易に理解される。さらに切削工具の被覆層への利用を考慮すると，被覆層には被削材との摩擦発熱が生じるため，膜の耐熱性も重要なファクターとなる。そこで，トライボコーティングとして実用化されている硬質膜について，その特性をまとめ**表 5.2**[6] に示す。

ここで，硬質トライボコーティングを整理するため，これまでに実用化されている，あるいは開発が進められている硬質トライボコーティング材料を，構成元素の原子番号（化合物の場合は原子番号の大きい元素）を軸として，耐摩耗性を示す指標である硬さについてまとめ，その結果[7] を**図 5.2** に示す。図からダイヤモンドを最大として，原子番号が大きくなるに従い硬さが減少することがわかる。実用化している硬質トライボコーティングの代表は，前述したよ

表 5.2 実用化されている各種硬質膜の特性[6]

膜 種	合成方法	結晶構造	硬 さ〔GPa〕	ヤング率〔GPa〕	熱膨張率〔10^{-6}/℃〕	熱伝導率〔W/(m·K)〕	耐熱性〔℃〕	おもな用途
TiC	CVD，イオンプレーティング	立方晶岩塩型	35 ～ 40	450	7.4	17 ～ 25	400	切削工具全般
TiN	CVD，イオンプレーティング	立方晶岩塩型	22 ～ 25	330	9.2 ～ 10.2	29	550	切削工具全般
TiAlN	イオンプレーティング，スパッタリング	立方晶岩塩型 (Al<0.6) 六方晶ウルツ型 (Al>0.6)	25 ～ 30	400	9.5 ～ 10.5	15	900	ドライ切削工具全般
CrN	イオンプレーティング，スパッタリング	立方晶岩塩型	10 ～ 20	250	8.7 ～ 9.7	10 ～ 13	700	切削工具全般，機械部品
h-BN/c-BN	イオンプレーティング，スパッタリング，CVD	六方晶グラファイト型/立方晶閃亜鉛鉱型	10/40 ～ 60	5 ～ 19/800 ～ 900	N.A./2 ～ 4	1/700	800	固体潤滑材など
C：ダイヤモンド	CVD	ダイヤモンド構造	100	1050	0.8	2000	500	非金属切削工具
Al_2O_3	CVD，スパッタリング	六方晶コランダム型	25 ～ 30	400	5.3	40	1300	インサート

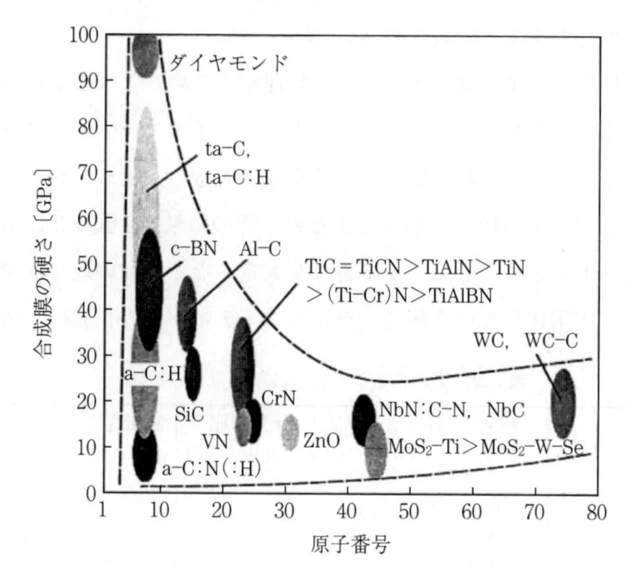

図 5.2　各種トライボコーティングの原子番号と硬さ[7]（図中のそれぞれの物質の縦方向の広がりは，組成・組織や混入不純物の差異による硬さの分布を意味し，横方向の広がりは意味を持たない。化合物の場合は原子量の大きい原子で代表している）

うに，TiやCrといった金属の合金膜であるが，硬さは最大で35 GPa程度である。これに対し，原子番号が5～7の軽元素（B，C，N）によって構成される材料には，ダイヤモンドを筆頭に，立方晶窒化ホウ素（c-BN）やDLC（これには硬さが大きいta-C（ta-C：H）から比較的やわらかいa-C：Hなどを含む），さらにグラファイトや六方晶窒化ホウ素（h-BN）などが含まれる。これらの材料群ではおおよそ5～100 GPaの間の幅広い硬さの分布がある。そこでこれら軽元素で構成される材料を適宜使い分けることにより，まだ実利用例は少ないものの，各種のトライボロジー用途に応じて任意の硬さを有する摩擦材料の選択が可能となってくる。すなわち，B-C-Nの相図を考えると，前述したように超硬質材の代表であるダイヤモンドやc-BNが含まれ，さらにこれらにはグラファイトやh-BNといった固体潤滑性を持つ同素体もあり，これらをうまく組み合わせれば，近年応用展開が進んでいるDLC膜よりも優れたトライボコーティングが合成できる可能性がある。また，BC_2N に代表されるヘテロダイヤモンドなども新しい材料として注目されている[8]ことから，ここからは，特徴的な特性を有する材料群であるB-C-N系に視点を当て，イオンやプラズマを利用した各種の気相合成法により非平衡状態下で作製される，これら元素で構成されるトライボコーティングについて，その特性を明らかにした研究成果を紹介する。

〔1〕 **C-N　系**　C-N系膜の合成に関しては11.3節に詳しくまとめられているので，ここではC-N系膜が有する特徴的な摩擦特性について紹介する。

22 at.%の窒素を含む膜を $Ar-N_2$ 系雰囲気中の反応性スパッタリングにより磁気ディスク上に形成し，そのディスクの保護膜としての特性を調査した報告[9]では，この膜はアモルファスであるが22～28 GPaもの高い硬度を持ち，従来のスパッタDLC膜に比べCSS（contact-start and stop）特性（磁気ディスク-ヘッド間の摩擦特性評価の一種）に優れること，ならびにピンオンディスク摩擦試験によって3～4倍の摩擦耐久性を示すことが報告されている。また，イオンビーム法で形成したC-N系膜が窒素雰囲気中で摩擦係数が0.01程度の極低摩擦を示すとの報告もある[10]。これらのようにC-N系膜が特徴的であるがゆえに将来有望なトライボロジー特性を持つことが次第に明らかにされつつあり，適正な成膜法・条件を種々選定して窒素などの元素を含有させることができれば，膜硬度や耐摩耗性を改善することが可能になると考えられる。

〔2〕 **B-N系（c-BNを中心として）**　c-BNはダイヤモンドにつぐ高硬度を有し，熱伝導性，化学的安性にも優れ，また広いバンドギャップを持つ化合物半導体としての利用も可能であることから，薄膜として形成させるc-BN膜の低圧気相合成法に関する研究が行われている[11]。摺動部材などへの適用という観点からみたc-BN膜のトライボロジー特性の特徴は，膜硬度が約50 GPa程度と高いことから良好な耐摩耗性を有することである。さらに高い硬度と膜表面の低反応性に起因して多くの材料に対して低摩擦でもあり，トライボロジー的観点から魅力的な材料である。活性化反応性蒸着法によって形成された

c-BN 膜について特徴的な摩擦特性が示された[12]。それはリングオンディスク試験において相手材にステンレスを用いた場合，大気中ではその摩擦係数は 0.35 程度であったのに対し，真空中 673 K の摩擦環境下では摩擦初期には大気中と同程度の摩擦係数であったが，その後急激に摩擦係数が減少し極低摩擦を示すというものである。その理由などの詳細は明らかにされていないが興味深い結果である。また，磁界励起型イオンプレーティングによって形成した c-BN 膜が大気中で単結晶ダイヤモンド圧子に対して摩擦係数が 0.02 程度の極低摩擦を示すという報告もある[13]。この場合，摩耗もほとんど観察されなかった。これはたがいに高強度材であるため，せん断が両材料の摩擦接触部において行われ，せん断しやすい表面吸着層が低摩擦の原因であると推定されている。

〔3〕 **B-C　系**　B-C 系の結晶組成としては B_4C が知られている。実用的には粉末として入手でき，その焼結体の硬度は Hk＝3000 ～ 4500 程度と，ダイヤモンド（Hk＝8000 ～ 10000）や c-BN（Hk＝4000 ～ 6000）のつぎに位置する超硬質材料の一つである。高温安定性にも優れ魅力的な材料である。B_4C の合成は比較的早くから成功しており，すでに数十年以上の歴史がある。B，BN などの炭化や B_2O_3 の炭素還元によって合成される[14]。身近な用途として，セラミックスなどの硬質材ラッピング用の砥粒としてや，耐熱性が高いため焼結体にしての耐摩耗ノズル，半導体製造装置用のライナーチューブやプロセスチューブなどの治具類に使われている。高温ファンの羽根や熱交換器などにも用いられている。このように広く実用化されてはいるものの，これをコーティングとして合成する研究やこの膜のトライボロジー特性に関する報告は，筆者の知る限り数少ない。

〔4〕 **B-C-N 系**　5.1.3 項の冒頭で述べたように三元系 B-C-N 材料には超硬質材であるダイヤモンドや c-BN などのほか，活発に研究開発が行われている DLC も含み，前述した各元素の組合せによる材料群があることから，B-C-N を任意に組み合わせた機能化トライボコーティングが期待されている。

磁気ディスクの保護膜として C-N 系膜が良好な特性を持つことを 5.1.3 項

〔1〕で述べたが，同じ保護膜としてB-C-N系極薄層の効果を調べた報告[15)]がある。h-BNとグラファイト複合ターゲットを用いた反応性スパッタリングにより厚さ1～3 nmのB-C-N薄層を形成し，同じ装置を用いて別に形成したC-N薄層との特性比較を原子間力顕微鏡（atomic force microscopy：AFM）を用いて行った。Bを添加することにより，この程度の非常に薄い膜であるにも関わらず，ナノ硬さおよびマイクロ摩耗特性が改善されることを明らかにしている。最近になって，B-C-N系組成を持つ層をうまく組み合わせ，より実用的な観点から厚膜化を狙った画期的な開発が行われている。h-BNとB_4Cターゲットと$Ar-N_2$系ガスを用いた反応性スパッタリングによって，基板側からB_4C/BCN/c-BN積層膜を形成した研究[16)]である。これまで報告例がない厚さ4 μm程度のc-BNトップ層を有する厚膜が形成できたとしている。なお，この積層膜の硬さは42～54 GPaもあったとのことである。さらに別なグループから，同様なターゲットを用い$Ar-N_2-C_2H_2$系ガスを用いた反応性スパッタリングにより，基板側からB-C層，さらにB-C-N系傾斜組成層を挟みc-BNトップ層を有する膜を合成している[17)]。この膜の硬さは55～60 GPaもあり，アルミナを相手材として用いた摩耗試験から比摩耗量が10^{-9} mm^3/Nm以下という非常に優れた耐摩耗性があることも示している。さらにこのグループではこの膜を切削インサートチップに適用して実機調査も行っている。すでに実績のあるTiAlNコート品と比較した結果，工具フランク摩耗・工具寿命ともに実用化が期待できる被覆の効果があることを明らかにしている。

5.1.4 ナノコンポジット系トライボコーティングの機能と特徴

物質の構造をナノレベルで制御することにより，物質の機能・特性を飛躍的に向上させ，さらに大幅な省エネルギー化，顕著な環境負荷低減を実現し得るなど，広範囲な産業技術分野に革新的な発展をもたらし得ると期待されているキーテクノロジーである「ナノテクノロジー」を材料プロセス分野で確立させることが今後の技術的基盤の構築に必要とされている。そこで，この項では固体潤滑膜の代表としてDLC膜を取り上げ，このナノテクノロジー材料プロセス開発に焦点を当て，ナノレベルの材料構造を任意に制御するDLC系ナノコンポジット膜の技術開発を中心に紹介する。

ここでいうナノコンポジット膜とは，一つはnmオーダーの微粒結晶（あるいはクラスター）からなるナノ粒子を膜中に分散させた構造を持つ膜である。微少な粒子をランダムに分散させることによって，単層膜では得られない機械的特性の向上が図られる。特にマトリックスである硬質炭素（DLC）系膜中に分散させた構造を持つ膜は，トライボロジー接触を受けた場合に摩擦係数の低減や摩擦耐久性の向上に寄与することが期待される。二つ目として，nmオーダーの積層周期を持たせた超格子構造を有するナノ積層構造膜がある。このような構造をとると積層方向の弾性率が飛躍的に増大する現象があることから注目を集めている。2種類以上の材料をnmオーダーで周期的に積層させると積層構造物の弾性定数や硬さなどの機械的特性が変化し，単体の材料特性以上の性能が得られるという超格子構造材料[18]に着目した開発である。

〔1〕 **ナノ粒子分散構造膜**　　ナノ粒子分散構造膜は，例えばマトリックス相がアモルファスであっても，その中に分散したナノ粒子が破壊に起因する転位の進展を阻止する効果があり，良く知られている粒子分散化合金などと同様に，硬さなど機械的特性の向上が期待される。マトリックスとしてDLCを用いたナノ粒子分散構造膜に関していくつかの報告がある。グラファイトのレーザーアブレーションとTiのスパッタリングとの組合せで10 nm程度の大きさを持つTiC粒子が分散した構造の膜が合成された[19]。この膜はマトリックスである単層DLCに比べ高硬度，低摩擦そして靭（じん）性も改善されている。Wのスパッタリングとの組合せの研究もある[20]。この場合は2～3 nm程度の粒径のWCナノ粒子が分散した構造の膜が合成されている。

C_{60}などのナノ粒子をDLCマトリックスに分散させた構造を持つ膜の合成をしたユニークな研究がある[21]。C_{60}は凝集しやすいため，これを溶媒に分散させたコロイド溶液をプラズマCVDの原料としている。この研究では，溶媒としてトルエン＋ヘキサメチルジシラン（HMDS）を用いており，このコロイド溶液を直接CVD原料とすることから，Si含有DLCがC_{60}分散構造膜のマトリックスとなる。用いた原料コロイド溶液中のC_{60}が凝集することなく分散したまま容器へ導入され膜化するために，この溶液を容器導入前にエアロゾル化させていることが特徴的な開発である。合成したC_{60}分散DLC膜は，溶媒のみで合成したC_{60}を分散させていないDLC膜に比べ，30～60%もの摩擦係数低減の効果が認められている。さらに，DLC膜の機能性向上を目的として，例えばDLC膜の硬質構造炭素ネットワークに，Si-O系ナノクラスターを分散した構造を持つ，DLN（diamond-like nano-composite）膜と称されている研究[22]も行われている。

〔2〕 **ナノ積層構造膜**　ナノ積層構造膜は異なる組成を持つ層を交互にnmオーダーで積層化させた構造の膜で，各層の厚さをコントロールすることによって機械的特性（硬さなど）をドラスティックに向上させ得る効果を持っている。この現象は，一般的には，積層することによる各異相界面近傍に生じる格子ひずみが転位の進展を阻害することに起因する膜弾性率の上昇効果（supermodulus effect[23]）によるものと理解されている。適当な層厚さ（多くの報告では4～10 nm程度）において最大の硬さを示す。これより厚さが大きい場合も，逆に小さい場合も硬さは減少する。このような現象があることが初めて報告されたのはTiN/VN系での研究成果であった[24]。硬さが15～25 GPa程度である金属窒化物系材料であっても，nmオーダーで積層化することによって50 GPa程度の高硬度を示すことが明らかになり，その後，TiN/NbN系[25]やTiN/AlN系[26]など金属窒化物系材料の組合せで同様な効果が報告されている。弾性率の向上という効果が得られるうえに，膜中に残留する応力を上手に制御することも可能となる。例えば，引張りと圧縮応力を示す材料系の組合せでは，積層化後には見掛け上応力がキャンセルされる場合も想定される。

靭性の優れる材料系の層との組合せでは，積層化により膜靭性の改善も期待できる。DLC系のナノ積層構造膜に関しては，前述の金属化合物系に比べその数は少ないもののいくつかの報告がある。スパッタリングとプラズマCVDを組み合わせ，WC層とC層を交互に積層させたWC/C膜は，単層のDLC膜に比べ高靭性を有することから機械摺動部材を中心に実用化され，多くの適用実績がある。この膜の特徴はDLC膜の課題である内部応力をWC層の効果で低く抑えることができ，その結果として膜耐久性の向上が得られたことである。すなわちDLC層とDLCより靭性が優れた材料の層とをナノレベルで積層化させることで，硬さをある程度維持したまま膜全体の靭性を向上させ，あわせて膜内部応力も低減させることができることになる。グラファイトとBNの半円分割ターゲットを用いたRFスパッタリング†によってC/BNナノ積層膜を形成した研究がある[27]。積層周期を2，4，8，10 nmと変化させて形成したC/BN膜の硬さが，層厚さ4 nmの場合に最大の値を示すことを明らかにしている。そして，この積層周期の場合には耐摩耗性も非常に優れていることも示した。

5.2　薄膜のナノトライボロジー

5.2.1　薄 膜 と 評 価

薄膜のトライボロジーに関する分野は，薄膜のトライボロジー特性の研究から薄膜のトライボロジー分野への応用など多岐にわたっており，その応用面の多くは保護膜としての応用である。保護膜はその名のとおり，何らかの保護する対象の上に形成されるわけであり，保護すべき対象は，デバイス，部品，機器等の主要部を担っている。一方，薄膜形成・評価の立場（特に研究・開発の立場）では，薄膜を形成する対象を，「下地」や「下地材」，「基板」などと称するが，これらが，デバイス，部品，機器等の主要部を指すことはいうまでもなく，保護膜応用に向けての薄膜形成・評価は，まず，「下地」，「基板」ありきである。

また，保護膜応用における薄膜の厚さはnmオーダーからμmオーダーまでとさまざまである。これらの中で，最も薄い薄膜のトライボロジー応用はハードディスクドライブ（HDD）における磁気ヘッド，磁気記録媒体のカーボン

† radio frequency sputtering，rfスパッタリングとも書く。

保護膜で，その厚さは数 nm に達し，さらなる薄層化が望まれている。HDD の 1990 年代以降の急激な記録密度の向上は，巨大磁気抵抗ヘッドの開発と導入，磁気ヘッド浮上隙間の低減，磁気ヘッド位置決め精度の向上，スピンドルモータの非周期的軸ぶれの低減などとともに，カーボン保護膜の薄層化が大きく貢献してきた。

本節では，初めに極薄保護膜の典型例といえる磁気ヘッド保護膜を例として，保護膜として必要な要件について概略を述べ，つぎに，ナノトライボロジーの評価面を中心として，走査型トンネル顕微鏡（scanning tunneling microscopy：STM）の発明[28]に端を発した走査型プローブ顕微鏡（scanning probe microscopy：SPM）ファミリーのナノトライボロジー評価への応用，特に，原子間力顕微鏡（atomic force microscopy：AFM）[29]による極薄膜の機械的特性の評価法を述べる。また，SPM ファミリーの一つである摩擦力顕微鏡（friction force microscopy：FFM）による表面の摩擦特性評価についても触れたい。これらについての概要は文献 30）～32）を参照されたい。

5.2.2 極薄膜のトライボロジー応用

〔1〕 トライボロジー応用に求められる薄膜の要件 薄膜のトライボロジー応用を考えるとき，まず，「薄膜は付いている」ことはユーザーサイドからすれば当たり前であろう。しかし，薄膜形成・評価の立場からすれば，薄膜の密着性（付着性ともいう）は当たり前ではなく，密着性を確保する薄膜形成技術と，密着性がどの程度かを明らかにする評価技術の確立は大きな課題となっている。この密着性の点も含めると，薄膜に求められる要件は，① ガスバリア性，② 耐摩耗性，③ 密着性，④ 低摩擦特性，⑤ 潤滑剤保持性などが挙げられる。トライボロジー応用といいながら，最初にガスバリア性を掲げたが，ガスバリア性は磁気ヘッド部材の酸化防止のために最も重要な要件であり，これを満たさなければ，残りの項目は意味をなさない。このガスバリア性はトライボロジーとは直接的には関係しないように見えるが実はそうではない。一般に，薄膜の孔密度は膜厚が薄くなると急増するため，薄膜のガスバリ

ア性を維持しつつ薄層化を達成するためには，薄膜がより稠（ちゅう）密の状態で堆積していること，言い換えれば薄膜の密度が高いことが要求される。磁気ヘッド・磁気記録媒体保護膜として用いられているカーボン薄膜において，稠密であることと耐摩耗性が優れていることは連動しており，カーボン保護膜開発の流れは，薄層化してもガスバリア性，耐摩耗性を低下させない。すなわち，より高密度かつ耐摩耗性が優れたカーボン薄膜を形成できる手法の開発の変遷でもあった。また，HDD の磁気ヘッド・磁気記録媒体間の摩擦力低減のため，記録媒体保護膜上には潤滑剤が塗布され，潤滑剤が保持されていることが求められる。潤滑剤の保持性は潤滑剤の特性にも依存する。さらに，前述の低摩擦特性は潤滑剤の併用との関係があり，無添加カーボン薄膜および水素に代表される各種の元素を添加したカーボン薄膜は全般的に低摩擦特性を示すため，薄膜単独での低摩擦特性はガスバリア性ほど絶対的な要求条件ではないといえる。

前述のように整理していくと，HDD 用のカーボン保護膜は下地に対して密着性を確保すること，および耐摩耗性が高いこと（ガスバリア性と連動）が開発の主要課題といえる。これらの２種の要件は，極薄のカーボン保護膜に限らず，トライボロジー応用のための薄膜に共通して必要な要件といえよう。

薄膜の密着性確保については，成膜技術として，おおまかには，① 保護膜と下地の間に密着層（中間層ともいう）を形成すること，② エッチング，加熱等による下地表面の清浄化の手法が挙げられる。密着層の典型例としては，HDD 用のカーボン保護膜に対しては，Al_2O_3-TiC セラミックスのスライダー材に対して，シリコン薄膜が密着層として用いられてきた。また，金属添加カーボン薄膜が金型用カーボン保護膜の密着層として使われている例もある。密着層に関しては，下地と保護膜の間の密着性を確保するために，双方に密着する材料を見出す必要があり，密着層を含めた保護膜の研究・開発には密着性の評価手法が重要になる。

〔２〕 トライボロジー応用に求められる薄膜の評価　〔１〕で述べたように，保護膜の研究・開発においては，保護膜が密着性および耐摩耗性を示すこ

とが重要であり，また，同時に保護膜の厚さが極端に薄い場合は，それの評価に適するような評価法の開発も必要になる。保護膜に関して材料面の開発，評価法の開発は相互に関連するとはいえ，基本的には，新材料の開発は既知の手法による材料評価，新評価手法の開発は既知材料による評価手法の妥当性の評価がまずは独立に行われ，これらの積み重ねで，材料面，評価面が進展して行くことはいうまでない。

本項では，トライボロジー応用に求められる薄膜の中で，特に極薄膜の評価について，AFMによる密着性と耐摩耗性の評価方法について述べることとしたい。以降，評価手法の記述では，測定例は特性が既知の材料を対象としたものになる。また，SPMによるトライボロジー評価に関連して，AFMと同時測定が可能なFFMによる表面の摩擦特性評価についても，既知材料を対象にした基本的な測定例について触れたい。

5.2.3 走査型プローブ顕微鏡（SPM）のナノトライボロジー評価への応用

〔1〕 原子間力顕微鏡（AFM）による極薄膜の耐摩耗性と密着性の評価

（1） AFMによる極薄膜のスクラッチによる耐摩耗性の評価　一般に，材料の硬さを評価する手法は押込み，反発，スクラッチ（引っかき）に分類されるが，AFMを用いて，薄膜・表面の機械的特性を評価する場合，AFMのナノスケールの加工機能を応用して，**図5.3**に示すようにAFM探針（押込み硬さ試験の圧子にあたる）の押込み（インデンテーション），もしくはAFM探針によるスクラッチなどの方法が可能である。

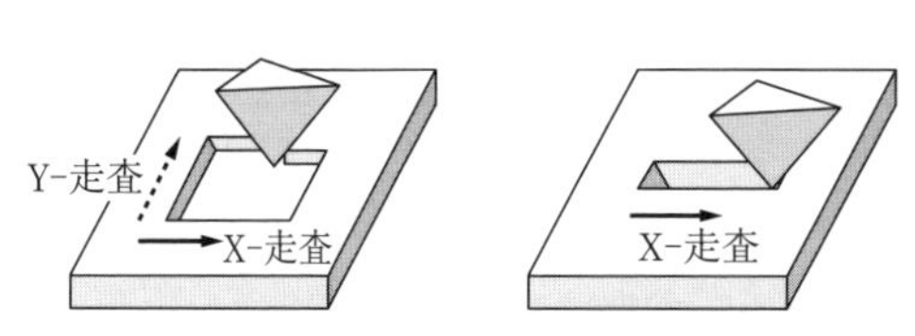

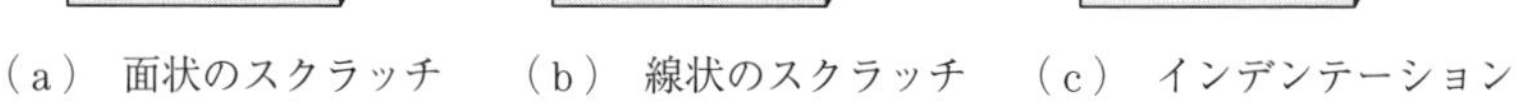
（a） 面状のスクラッチ　（b） 線状のスクラッチ　（c） インデンテーション

図5.3 スクラッチとインデンテーションの模式図

また，スクラッチ方法には，図に示すように，面状または線状のスクラッチ方法がある。これら2種のスクラッチ方法では，スクラッチ回数を一定にしてスクラッチ荷重を変化させる，あるいは逆に，スクラッチ荷重を一定にしてスクラッチ回数を変化させ，スクラッチされた領域の体積または深さを評価の指標とする。なお，AFM探針によるスクラッチは，探針先端と試料表面間の摩擦・摩耗現象の面もあれば，特に高荷重条件では切削的な面もあり得る。ここでは用語の厳密な使い分けをせず，耐摩耗性評価との呼び方で統一しておきたい。これら2種のスクラッチ方法によって，異なる試料間のスクラッチ領域の体積または深さを比較することにより，ナノスケールにおける薄膜や材料表面層の耐摩耗性の相対的評価が可能である。

金子らは，AFMと先鋭なダイヤモンド探針を用いたナノスケールのスクラッチによって表面層の耐摩耗性を評価する手法（以下，ナノウェア試験法と呼ぶ）を開拓した[33)]。以後，ナノウェア試験法はさまざまな材料表面の耐摩耗性評価[34)]，あるいは極薄膜の耐摩耗性と密着性の評価[35),36)]などに用いられてきた。この評価方法では，ダイヤモンド探針を用いて高荷重条件で試料表面をスクラッチし，つぎに走査範囲を拡大して低荷重条件で，高荷重条件でスクラッチされた領域の形状観察を行う。そして，その平均摩耗深さから試料表面の耐摩耗性を評価する。この手順の模式図を**図5.4**に示す。

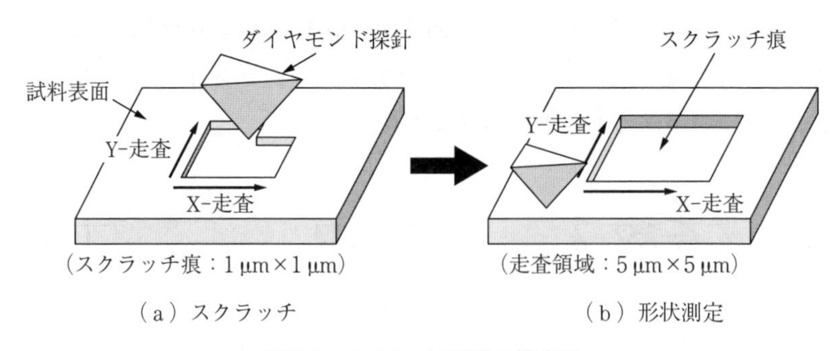

（a）スクラッチ　　（b）形状測定

図5.4　ナノウェア試験の模式図

（2） AFMナノウェア試験による薄膜の耐摩耗性・密着性の評価方法

1） AFMナノウェア試験における荷重と摩耗深さの関係　　薄膜の機械的

特性を評価するうえでつねに問題になることは，膜のスクラッチあるいはインデンテーションなどを行う場合，表面から膜厚の何分の1ぐらいの深さまでならば，基板との密着性，基板の機械的特性の影響を受けずに膜固有の機械的特性を評価できるかという点である。これは，膜の表面からある深さまでスクラッチ，インデンテーションでは膜固有の機械的特性が測定結果に現れ，その深さを超えたところのスクラッチ，インデンテーションでは膜の密着性や基板の影響が測定結果に現れるということを暗に前提とした問いかけである。これから，極薄膜の機械的特性の評価方法の検討は，極薄膜の場合でも，膜の表面からある深さまでは膜固有の機械的特性が現れ，その深さを超えたところでは密着性や基板の影響が現れるとの考え方を確認し，さらにはその深さが「膜厚の何分の1」のところに具体的数値を与えることにほかならない。筆者らは，これまでカーボン膜など種々の試料のAFMナノウェア試験を行ってきた結果，AFMナノウェア試験における荷重と摩耗深さの関係は，大まかには**図5.5**の模式図に示すようなパターンに分類されることがわかってきた。

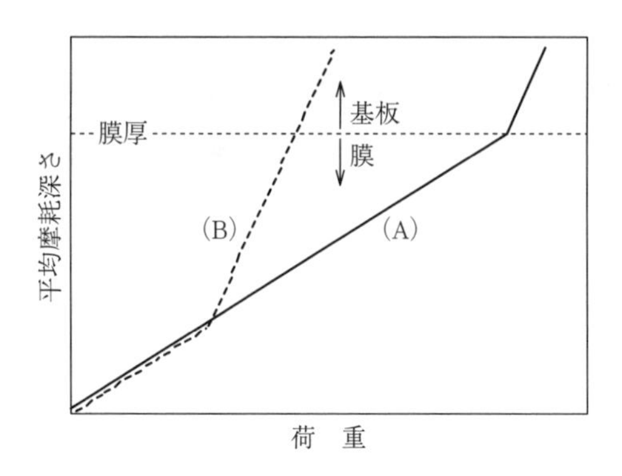

図5.5　ナノウェア試験における荷重と摩耗深さのパターンの模式図

すなわち，図の（A）のように，試験時の荷重とともに摩耗深さが増大し，摩耗が下地膜または基板に達するパターン，または，（B）のように，摩耗深さが膜厚のおよそ1/10から1/2の間に達すると，急速に摩耗深さが増大して摩耗が下地膜または基板に達するパターンの2種である。図の（B）のパターンで，摩耗深さが急増するところは膜が剥離，すなわち密着性が悪いことを意味しており，さらに摩耗深さが急増する手前の低荷重側の摩耗特性は膜固有のスクラッチ硬さ，耐摩耗性を表しているといえる。つぎに，膜構成がほぼ同一で密着性が異なる2種の試料を作成し，この考え方を検証した実験結果について述べる。

2） 評価方法の検証実験　　評価方法の検証実験[35), 36)]では，つぎの密着性良否が明らかなカーボン薄膜試料を用いた。

・試料A：高周波スパッタ法によりシリコン基板上にTi膜，CoCr膜とカーボン膜を連続成膜。膜構成はC（10 nm厚）/CoCr（75 nm厚）/Ti（30 nm厚）。

・試料B：膜構成は試料Aと同様であるが，CoCr膜形成後に大気中でCoCr表面を自然酸化させ，この後にカーボン膜を形成。自然酸化膜の存在のため，試料Bのカーボン膜の密着性が試料Aに比べて劣ることはすでに知られている。

図5.6にAFMナノウェア試験におけるカーボン薄膜の荷重と摩耗深さの関係を示す（**図5.7**に対応する摩耗痕のAFM像を示す）。荷重80 μNまでの摩耗深さは試料A（○のプロット）と試料B（●のプロット）で同等であるが，

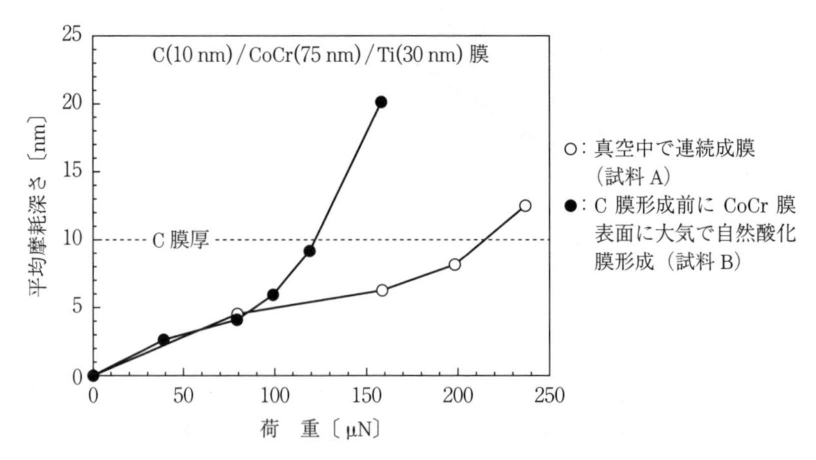

図5.6　膜構成が同一で密着性が異なる試料の荷重と摩耗深さの関係

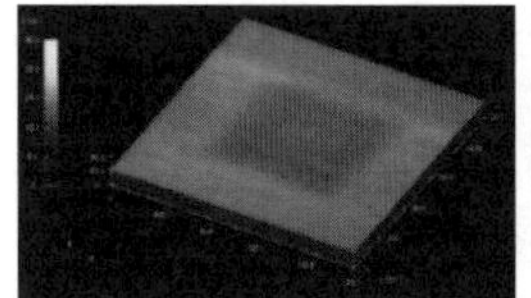

荷重：80 µN
スクラッチ：2 回

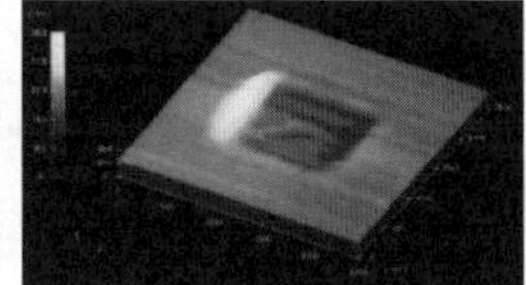

荷重：200 µN
スクラッチ：2 回

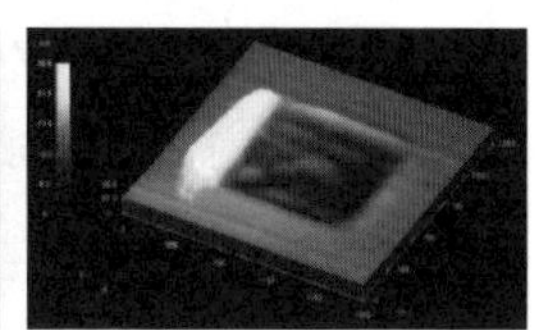

荷重：240 µN
スクラッチ：2 回

（a）真空中で連続成膜の場合（試料 A）

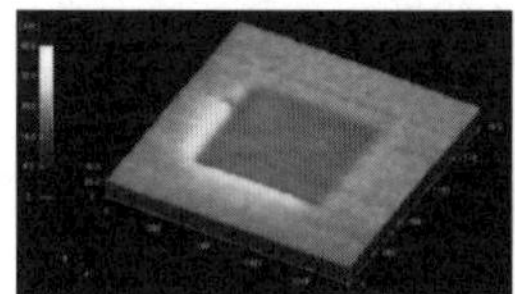

荷重：80 µN
スクラッチ：2 回

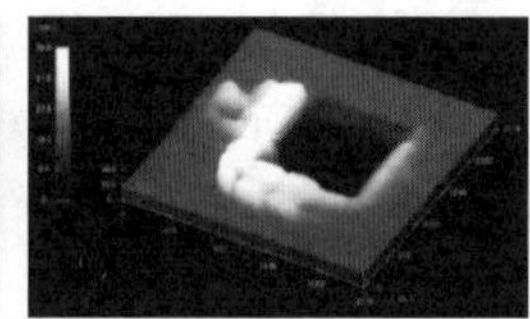

荷重：160 µN
スクラッチ：2 回

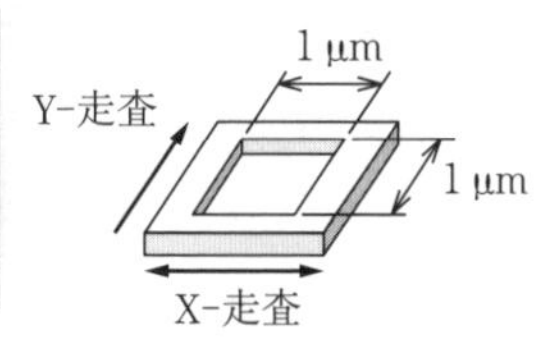

（b） C 膜形成前に CoCr 膜表面に大気で自然酸化膜を形成した場合（試料 B）

図 5.7 膜構成が同一で密着性が異なる試料の摩耗痕の AFM 像（図 5.6 に対応）

それ以上の荷重で両試料の摩耗深さに差が現れてくる。試料 B の摩耗深さは荷重とともに急速に増大するのに対し，試料 A の摩耗深さの増大の割合は緩やかである。また，試料 B で摩耗深さが膜厚を超えたところで急に大きくなっているのは，CoCr 膜の耐摩耗性がカーボン膜より劣るためである。試料 A の密着性は試料 B より良いため，図 5.6 に示す試料 A，B の摩耗特性のパターンは，カーボン膜と CoCr 膜の密着性の差を示すといえる。荷重 80 µN においては，試料 A と試料 B の摩耗深さはカーボン膜の膜厚以下である。荷重 200 µN おいては，試料 A と試料 B の耐摩耗性の差異が明確に現れており，試料 A の摩耗深さは膜厚を少し下回ったところであるのに対し，試料 B の摩耗深さはカーボン膜厚を上回って CoCr 層に達している。また，試料 A でも荷重 240 µN になると，摩耗深さはカーボン膜厚を上回って CoCr 層に達することがわかる。試料 A の密着性は試料 B より良いため，これらの結果は荷重と摩耗深さの関係より，密着性の違いおよび膜固有の耐摩耗性が評価可能という考えを支持している。これより，AFM ナノウェア試験における荷重と摩耗深さの関係で，低荷重領域のグラフの傾きは耐摩耗性の良否を示し，そして，高荷重領域で摩耗深さが急激に増加するところの荷重（これを「臨界荷重」と呼ぶ）が密着性の良否を示すと考えることができる。

なお，ここまではAFMナノウェア試験において荷重と摩耗深さの関係を述べたが，スクラッチ回数と摩耗深さの関係においても，耐摩耗性・密着性の評価で同様な考え方をとることができる。すなわち，同一荷重条件でスクラッチ回数の少ない領域は膜固有の耐摩耗性を，スクラッチ回数の多い領域で摩耗深さが急激に増加する「臨界スクラッチ回数」は膜の密着性を示すといえる。また，前項で述べた，薄膜の耐摩耗性で膜密着性や基板の影響が現れるのは「膜厚の何分の１から」の問いに対して，筆者らは「約５分の１から」と考えている。

（３）　**スクラッチ試験領域の形状**　　AFMナノウェア試験では，ダイヤモンド探針を用いて試料表面をスクラッチし，スクラッチされた領域の形状観察を行う。このスクラッチ領域の観察結果がどのように測定条件に依存するかを明らかにするため，単結晶シリコンを試料として，つぎのような測定を行った[37]。

出発点：シリコン表面に対してダイヤモンド探針を用いてAFMナノウェア試験を行う。これは，以後の測定１～３に共通かつ前段階の作業とする。

測定１：前述に引き続き，ナノウェア試験に用いたダイヤモンド探針をそのまま使い，コンタクトモードかつ低荷重条件で，スクラッチ部とその周辺の形状を測定。

測定２：ダイヤモンド探針でスクラッチ部を形成した後，探針をタッピングモード用シリコンカンチレバーに交換し，タッピングモードによりスクラッチ部とその周辺の形状を測定。

測定３：ダイヤモンド探針でスクラッチ部を形成した後，探針を低スチフネス窒化シリコンカンチレバーに交換し，コンタクトモードによりスクラッチ部とその周辺の形状を測定。

この測定1～3の結果を**図5.8**に示す。ここで，具体的な実験条件については，試料はシリコン（111）面，出発点のナノウェア試験時の荷重は40 μNでスクラッチ範囲は1 μm×1 μm，測定1，2，3の形状測定時の荷重は，それぞれ5 μN，0.5 nN，40 nNである。

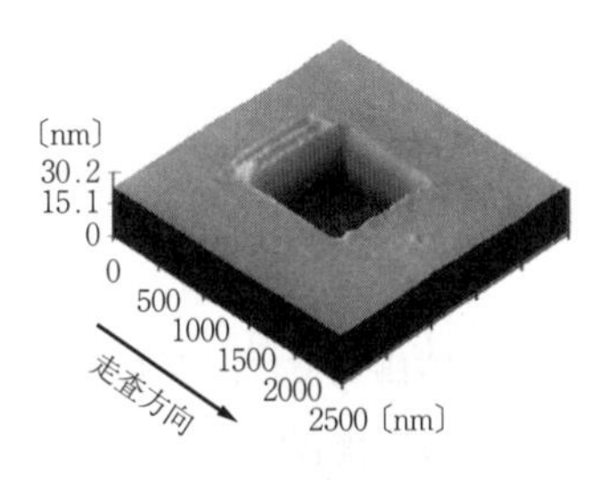

（a）ダイヤモンド探針・コンタクトモードによる形状測定結果（測定荷重：5 μN）

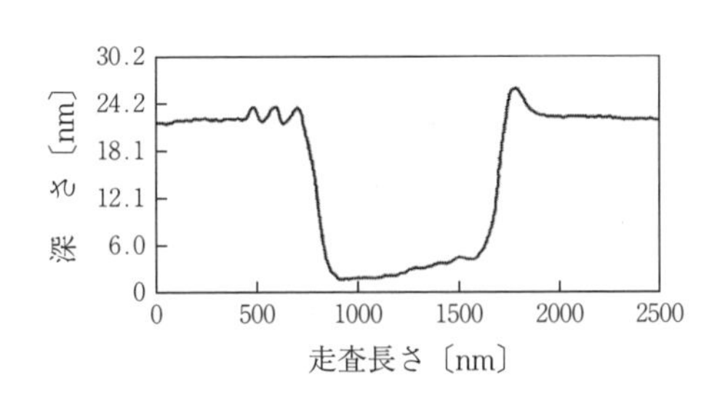

（b）（a）の断面形状測定結果

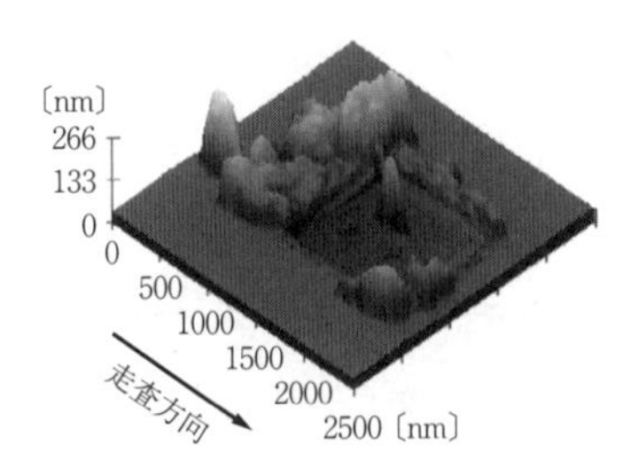

（c）シリコンカンチレバー・タッピングモードによる形状測定結果（測定荷重：0.5 nN）

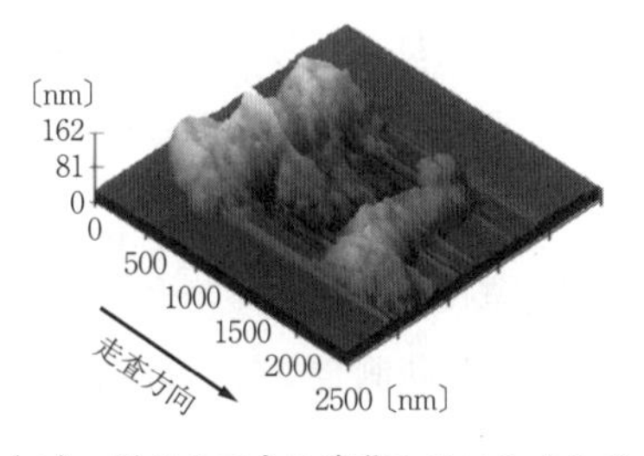

（d）低スチフネス窒化シリコンカンチレバー・コンタクトモードによる形状測定結果（測定荷重：40 nN）

図5.8　AFMナノウェア試験で形成したSi（111）面のスクラッチ部の形状測定結果

図に示すように，ダイヤモンド探針・コンタクトモードによるスクラッチ部の測定では，摩耗粉の存在はほとんど認められず，スクラッチされた箇所とその形状が明確にわかる。また，タッピングモードによるスクラッチ部の測定からは，スクラッチ部の両サイドに摩耗粉が堆積していることがわかる。つぎに，窒化シリコンカンチレバー・コンタクトモードによるスクラッチ部の測定では，タッピングモードによる測定結果と同様に，スクラッチ部の内部および両サイドに摩耗粉の堆積が見られる。スクラッチ部左側の摩耗粉堆積部の高さは，タッピングモード測定時の高さに比べて小さくなっている。これは，低荷重のコンタクトモードでも探針が試料表面に対して水平方向の力を作用させるため，探針が摩耗粉を移動させたことによる。さらに，スクラッチ領域内で摩耗粉が移動していることも観察される。前述のタッピングモードによるスクラッチ部の形状測定結果は，ダイヤモンド探針でスクラッチした領域とその周辺の形状を最も忠実に再現していると考えられる。

以上の結果は，測定1～3について初回の測定結果であるが，測定回数を重ねると，つぎのような状況になる。

測定1：ダイヤモンド探針によるスクラッチ部の形状測定では，初回の測定で摩耗粉はほとんどが移動し，2回目以降の形状観察結果は初回の形状測定結果と同一である。

測定2：タッピングモードによるスクラッチ部の形状測定結果は，測定回数を重ねても初回の形状測定結果とほとんど変わらない。これは探針走査時に探針による水平方向の力が試料表面にかからないことによる。

測定3：窒化シリコンカンチレバー・コンタクトモードによるスクラッチ部の形状測定では，測定回数を重ねるごとにスクラッチ部およびその周辺の摩耗粉は移動する。

通常のAFM装置は，測定途中で探針を容易に交換できるような設計はなされていない。そのため，ダイヤモンド探針を用いたAFMナノウェア試験では，スクラッチ部の形状測定に同じダイヤモンド探針が用いられてきた。コンタクトモードAFMでは，探針の走査が摩耗粉を移動させることは定性的に予想し得たが，実際にスクラッチ部の形状および摩耗粉の具体的な移動状況を測定してみると，それらは測定モード，測定荷重，探針形状，測定回数などに大きく依存することがわかる。また，前述の結果は，ダイヤモンド探針を用いたAFMナノウェア試験によって，硬質薄膜あるいは極表面層の耐摩耗性を評価する場合，スクラッチされた領域を適切に測定する，すなわち摩耗粉の存在によって形状測定結果が擾乱を受けないようにするためには，そのままダイヤモンド探針で形状測定を行う方法が最適であることを示している。

〔2〕 摩擦力顕微鏡（FFM）による表面の摩擦特性評価

（1） **FFMの基本的考え方** AFM/FFMでは，通常，**図5.9**に示すような短冊型のカンチレバーを用い，z方向のカンチレバーのたわみ量をトポグラフ（AFM像）として，カンチレバー走査方向（x方向）の摩擦力によるカンチレバーの長手方向のねじれ量を摩擦力分布（FFM像）として測定する。FFMの開発当初は，摩擦力によるカンチレバーの水平方向のたわみ量を計測するタイプ[38), 39)]もあったが，現在では，4分割フォトディテクターを用いて，カンチレバーのたわみ量とねじれ量を同時計測する方法が主流となっている[40)]。なお，臨界角プリズム変位センサー[41)]を用いるAFM/FFM[42)]においては，2個の2分割フォトディテクターを組み合わせて，4分割フォトディテクターと同様なたわみ量・ねじれ量検出を行っている。

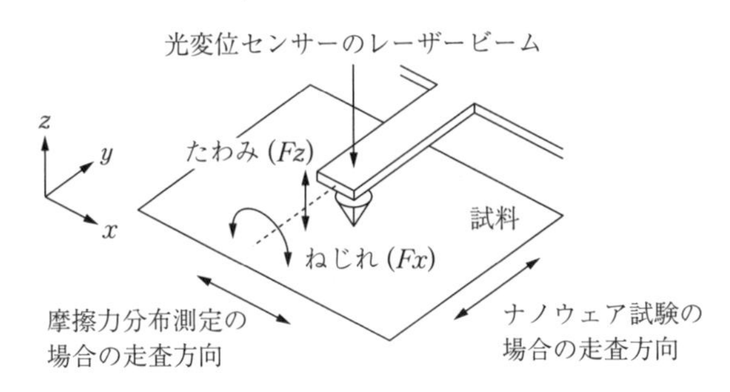

図5.9 短冊型カンチレバーによるたわみとねじれの検出

（2） **AFM/FFM信号** つぎに，FFM信号の出力パターンについて述べる。摩擦力（あるいは一般的な呼び方では水平力）の変化は，摩擦係数が周囲と異なる部分，あるいは形状変化がある部分で生じる。いまここで，断面形状が**図5.10**（a）の模式図に示すような，摩擦係数μ_1の材質部分には溝があり，平らな箇所では摩擦係数μ_2（$\mu_2>\mu_1$とする）の材質と摩擦係数μ_1の材質が隣接するような試料を考えよう。

カンチレバーの長手方向を軸にして，カンチレバーが時計回りに傾く方向をFFM信号のプラス側にとる。まず，カンチレバーを試料の左から右に向かっ

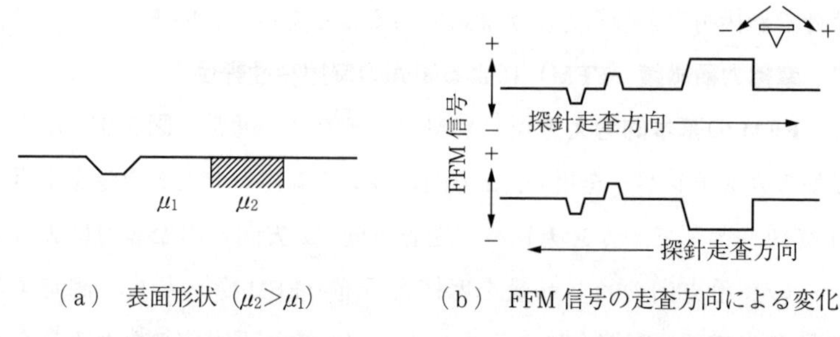

（a） 表面形状（$\mu_2>\mu_1$）　　（b） FFM 信号の走査方向による変化

図 5.10　FFM 測定時における表面形状と FFM 信号の関係

て走査させると，探針が溝を下る箇所で摩擦係数は減少（溝側面の角度を θ とすると，摩擦係数は $\mu_1-\tan\theta$）し，溝を上る箇所で摩擦係数は増加（$\mu_1+\tan\theta$）する。探針が摩擦係数 μ_2 の箇所を通過する間は摩擦係数が増加するため，FFM 信号の出力パターンは図（b）の上に示すようになる。一方，カンチレバーを試料の右から左に向かって走査させると，摩擦係数 μ_2 の箇所では FFM 信号はマイナス側に向かって増加（カンチレバーは反時計回りにより傾く）し，探針が溝を下る箇所および溝を上る箇所ではマイナス側に向かってそれぞれ減少，増加するため，FFM 信号の出力パターンは図（b）の下に示すようになる。カンチレバーの往復に対して，材質の摩擦係数の異なる箇所では FFM 信号は上下が逆のパターンに，摩擦係数が同一で形状が変化する部分で FFM 信号は同一のパターンとなる。

通常，AFM/FFM の同時計測の場合，カンチレバーの往復の走査の一方のみを画像化することが多い。しかし，FFM 信号には前に述べたように，信号に摩擦係数が異なることによる寄与（材質が異なる，あるいは潤滑膜の有無など表面性状が異なる場合）と幾何学的形状からの寄与が混合する。そのため，FFM 像に対して両者の寄与を識別するためには，カンチレバーの往復に対する FFM 信号の変化（フリクションループ）を測定する必要がある。

これに対し，FFM 信号から表面の摩擦係数の差異の寄与のみを取り出し，表面形状の変化の寄与をキャンセルする方法として開発された FFM が横振動方式の FFM である[43]。この FFM では，探針が表面を走査するときにカンチレバーを走査方向に励振させ，そのときのカンチレバーのねじれ量を検出する。この方法では，探針が例えば斜面に接触しているとき，探針先端は励振によって斜面を上り下りする。この結果，カンチレバーねじれ量の検出量を平均化することによって，表面形状の変化の寄与をキャンセルすることができる。この横振動 FFM によって，表面の摩擦係数の差異のみが FFM 像として測定できることが実証されている。

以上のように，AFM/FFM はカンチレバーのたわみ量・ねじれ量の同時計測と考え方は単純であるが，測定の実際のところでは，カンチレバーのたわみ量・ねじれ量の同時計測がきちんとなされているかは確認が必要であろう。話を横振動方式でない通常の FFM に戻すと，同一材質で幾何学的な形状変化がある表面に対して，しかるべき FFM 信号が検出されることが FFM 測定において基本である。**図 5.11** は周期的な溝を形成したガラス面の AFM/FFM 像の例である。図（a），（b）の AFM 像，FFM 像を比較すると，探針が溝を上り下りする箇所で FFM 信号が増加，減少しており，しかるべき FFM 信号が検出されていることがわかる。なお，図は測定にはダイヤモンド探針を用い，測定荷重は 6 μN とした。筆者らの経験では，AFM/FFM 装置の光変位センサービームとカンチレバーの位置合わせがうまくできていないと，図（b）のよう

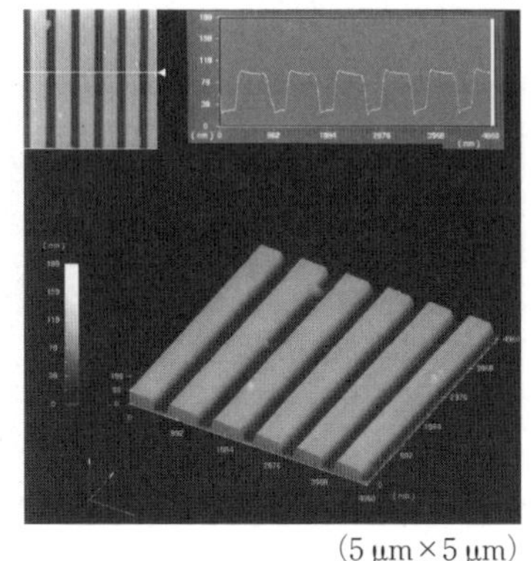
(5 μm × 5 μm)

（a） AFM 像

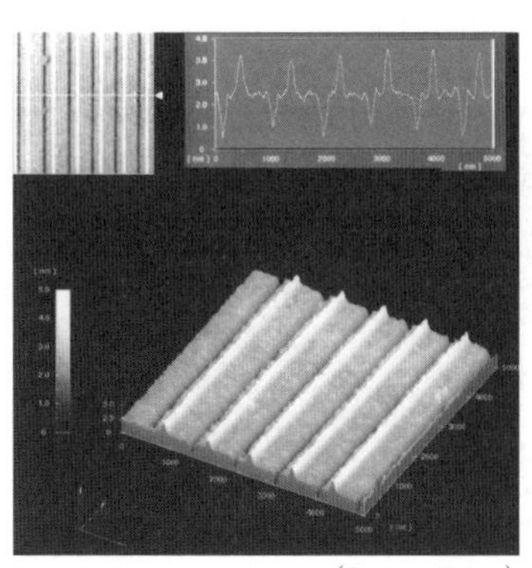
(5 μm × 5 μm)

（b） FFM 像

図 5.11 周期的な溝を形成したガラス表面の AFM/FFM 像

な上下の対称性のよいFFM像は得られにくい。このような意味で，同一材質の溝形状の試料はAFM/FFM測定系の調整状態を試す「試金石」といえる。

また，カンチレバーのねじれ量とFFM信号の換算値を求めておけば，FFMによって摩擦力の大きさを求めることができる。この換算値を求めるには，半円筒型ミラーを試料としてFFM信号を計測し，半円筒型ミラーの半径，走査範囲から反射面の角度変化（カンチレバーのねじれ量）を求めて，FFM信号と比較すればよい。半円筒型ミラーの代わりに，光ファイバー芯線に金属をコーティングし，これをミラーとして用いる簡便な方法もある。

（3） **FFMの測定例**　　前項で述べたように，FFM信号には摩擦係数が異なることによる寄与と幾何学的形状からの寄与が混合する。ここでは，2種の材質からなる表面のAFM/FFMイメージングの例を紹介する。

図5.12に磁気ヘッドスライダー材料として広く用いられているAl_2O_3-TiCセラミックス表面のAFM/FFM像を示す。この測定では，ナノウェア試験に用いるダイヤモンド探針を使用し，測定荷重は3 μNとした。Al_2O_3-TiCセラミックスは表面が平坦に研磨されているが，微視的にみると，Al_2O_3の部分とTiCの部分では図（a）のAFM像に示すように凹凸がみられ，この凹凸は数nmである。図（a）のAFM像では明暗のパターンがみられ，明るい部分すなわち相対的に高くなっている部分がAl_2O_3，暗い部分がTiCにあたる（元素分

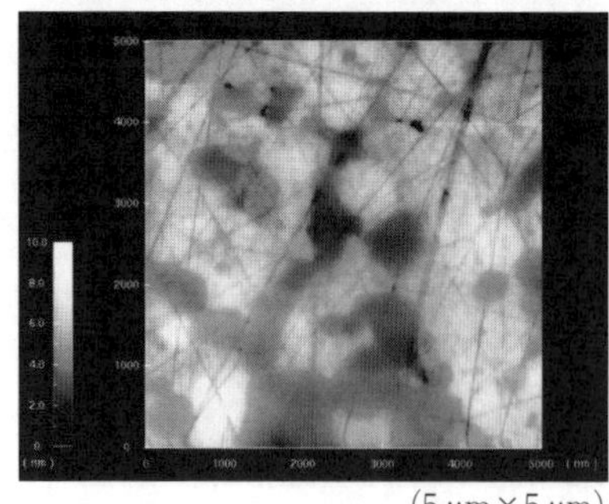
(5 μm × 5 μm)

（a） AFM像

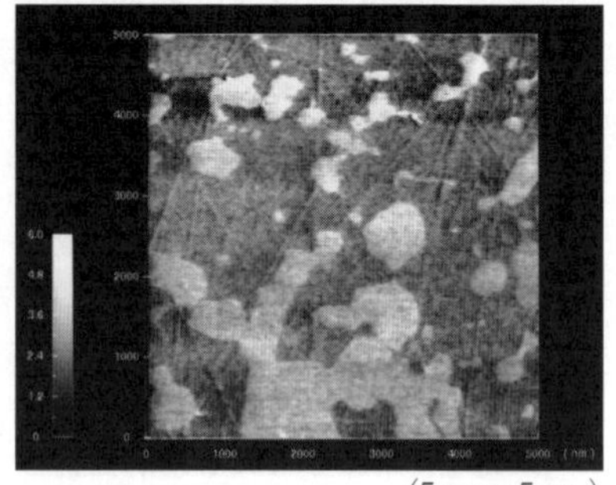
(5 μm × 5 μm)

（b） FFM像

図5.12　Al_2O_3-TiCセラミックス表面のAFM/FFM像

析で確認)[†]。一方，図（b）のFFM像ではAFM像に比べて明暗のパターンが逆になっている。このことは，TiCの摩擦係数がAl_2O_3の摩擦係数よりも高いことを示している（TiCで約0.4，Al_2O_3で約0.3)。このように，AFM/FFMによって，表面のわずかな高さの差異とともに材質の差異に対応した摩擦係数の差異をミクロスコピックなスケールで同時に画像化することが可能である。

† Al_2O_3-TiCセラミックスは，研磨後はTiCの部分が若干高くなる。酸処理によってTiCは選択的にエッチングされるため，エッチングを併用すると，さらなる平坦化が可能であるが，この時間が長くなるとAl_2O_3の部分が高くなる。

******** 6.

表面硬化処理

****

6.1　ラジカル窒化と複合硬化処理

6.1.1　ラジカル窒化

基材の表面に拡散処理により硬化層を形成することは，窒化，浸炭，浸硫など古くから行われてきた。しかし，近年はプロセスに対する環境負荷が話題になり，高温で処理することや，処理工程で発生する化合物の処理，廃棄物の処理が問題になるに従って，低温処理で，比較的環境負荷の小さいプロセスが可能なプラズマ技術が注目されてきた。拡散処理ではプラズマ窒化（イオン窒化）やプラズマ浸炭が挙げられる。

こうしたプラズマ窒化に中で，最近の新しい窒化法としてイオン窒化法を改良したラジカル窒化法[1)]が開発された。イオン窒化法では，工具や金型に用いられる高合金鋼などを処理すると，スパッタリング作用や化合物層の形成により処理後の表面粗度が増加し，窒化後に研磨などの後処理が必要となる。また，処理条件によっては拡散層のみを形成することも可能であるが，浅い拡散層しか形成することができない。ラジカル窒化法では，おもにダイス鋼や高速度鋼などの高合金鋼に対し，表面状態をほとんど変化させずに拡散層のみを形成することができる。ダイス鋼（SKD61）を各種窒化法により処理した際の表面粗度の変化と窒化状態を**表 6.1** に示す。拡散層を約 130 μm 形成する窒化条件であるが，ガス軟窒化や従来のイオン窒化では化合物層が形成され，表面粗度も $R_{\max}$ が 1 μm 以上に悪化する。一方ラジカル窒化では，化合物層を形成す

表 6.1 各種窒化処理後の表面粗度の比較

鋼種	処理法	表面硬度 (Hv0.1)	化合物層 〔μm〕	拡散層 〔μm〕	表面粗度 (R_a)	表面粗度 (R_{max})
SKD61	未処理	592	−	−	0.02	0.05
	ラジカル窒化	1230	0	130	0.04	0.2
	ガス軟窒化	894	12	130	0.18	2.88
	イオン窒化	1250	8	100	0.14	0.98

ることなく，拡散層のみ形成している。表面粗度は R_{max} が 0.2 μm であるが，鏡面を保持している。このことは物理気相成長（physical vapor deposition：PVD）との複合処理に対して非常に有利となる。

また，成型用金型で鏡面での使用が必要となる場合では，従来，イオン窒化などを行った後に化合物層を除去する加工を必要としたが，ラジカル窒化を行うことで，加工コストを抑えることができるようになった。さらに後加工不要ということで，寸法精度の厳しい最終表面仕上げ済みの鏡面金型やシボ面加工をした金型の窒化処理も可能となった。

6.1.2 複合硬化処理：ラジカル窒化＋PVD コーティング

従来の硬質膜では TiCN や TiAlN のように元素を加えたり，入れ替えたりすることによって膜自身の機能を改良してきたが，それにも限界がある。一つの解決策として複合表面処理が提案されてきた。PVD 法との複合表面処理がいくつか検討され，一部実用化にこぎつけた。ただ，PVD との複合処理においては，被膜の本来持つ特性をいかに有効に発揮させられるかがポイントとなる。処理対象の製品の使用条件にうまく合致した処理条件が得られれば，両処理法の長所を 2 倍，3 倍にも伸ばすことができるが，場合によっては両処理の短所ばかりが強調され，逆効果となってしまうことがあり，注意が必要である。

図 6.1 に PVD 処理を含む複合表面処理の分類とそのプロセスの例[2] を示す。これらのいろいろな複合表面処理の使い分けはその用途，目的あるいは基材の材質によって総合的に判断することが必要である。

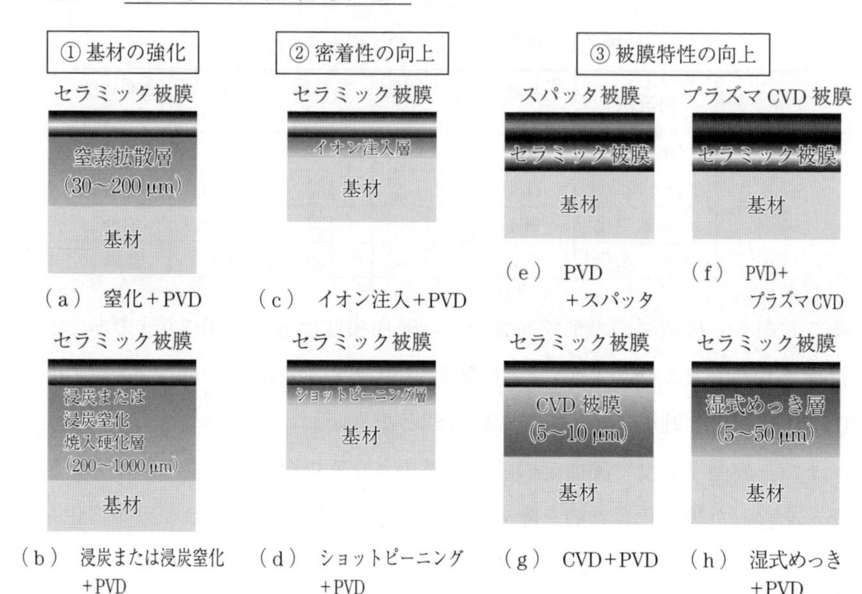

図 6.1　PVD 処理を含む複合表面処理の分類とプロセス例

①はおもに拡散硬化法を利用するもので，基材の機械的強度を向上させ，被膜の持つ特性と相乗効果を生み出すものである。これにより外部応力に対する被膜の変形量が小さくなるため，セラミックス膜の持つ脆（もろ）さをカバーすることになる。この処理法で注意することは，拡散硬化法によって表面に生成する化合物層などの密着力に悪影響を及ぼすような層を除去しなければならないことである。この複合処理は，窒化＋PVD という組合せで 6.1.3 項に後述するように実用化にこぎつけた。

②は被膜と基材との界面の問題でいかに密着力を向上させ，安定化させるかを考えたプロセスである。PVD 被膜には，高い残留応力が内在しており，いかに優れた特性を持っていても，密着力が悪いと外部からの応力によってその接合部より早期に剝離してしまう。したがって，基材上の被膜の密着力（膜自身の応力に耐え得る付着強度）をいかに維持させるかが重要となる。一般的にその対策は，基材の表面が酸化されていない状態にすること，あるいは被膜との親和力を高めるために基材をあらかじめ変質させる処理を行う。例えば基

材表面に蒸着しようとする被膜との親和力の高い元素の注入や拡散によって処理される。この場合では，図（d）に示すショットピーニング＋PVD処理で，切削工具に適用されている。

③は被膜自体の特性をさらにアップさせるため，単独で処理する被膜のみに頼らず，それぞれの使用目的によって，さらに優れた特性を有する被膜を付加させる処理法である。種々の特性の異なった被膜の組合せ，いわゆる多層化や厚膜化で膜構造を工夫し，トータルとして被膜特性が向上する。また，それぞれの被膜の内部応力の緩和にも有効な処理法で，被膜破壊の抑制や耐食性の向上にも有効である。

6.1.3　複合表面処理の応用例

これらの複合表面処理の中でも，特に金型用の複合処理で実績のあるのは，窒化後にPVD処理を施すものである[3)]。**図6.2**は，その断面組織と硬さ分布の関係を示したものである。窒化により形成された拡散層が傾斜化された硬化層となり，基材の強化と密着力の向上に効果を生む。PVD処理による硬質膜のみでは，面圧負荷の高い使用条件に対し，基材の強度が不足するため，膜の破壊を生じ寿命を迎えてしまう。そのため，これまでTD処理といった浸透拡散処理や強固な拡散層を有するCVD処理に遅れをとってきた。しかし，窒化処理による基材の強化により，前述の処理に匹敵する性能を示すようになり，か

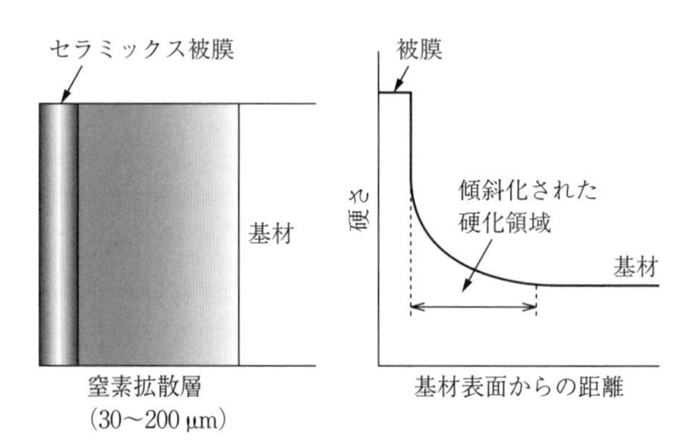

図6.2　ラジカル窒化＋PVD複合表面処理

つ同処理は高温処理のため，寸法精度の厳しい部品への適用が困難であったが，複合処理を適用するという可能性が開けた。

なお，窒化処理は処理温度が 450 ～ 550℃であるため，適用鋼種としては焼き戻し温度がそれ以上の温度で行われる高速度鋼（SKH），合金ダイス鋼（SKD），また最近ではプリハードン鋼（NAK，HPM）などが多く用いられる。

プレス加工などの場合，その高い面圧負荷のため，これまでは強固な拡散層を形成する CVD 処理や TD 処理が用いられてきた。ただ，処理条件が 1000℃を超える高温処理であることから，金型材への負荷低減のため PVD コーティングを試みられたが，拡散層を持たない PVD では満足する性能を得られなかった。

そこで，窒化＋PVD の複合処理を適用することでその弱点を補うことが可能となった。**図 6.3** に示すプレス試験機を用いて，ラジカル窒化＋CrN と CVD や TD 処理を施したパンチのプレス試験を実施した。**図 6.4** は試験後のパンチ表面の傷深さを比較したものである。複合処理品は CVD 品，TD 処理品と遜色ない耐久性を示した。**図 6.5** はラジカル窒化＋CrN を施したホイールのプレス金型の耐久性評価結果である。1 ショットの耐久性は TD 処理品と比較しても遜色ない。さらに再加工回数が TD に比べて飛躍的に伸びている。これは PVD が低温処理であることから TD 処理よりも金型への負担が少ないためである。

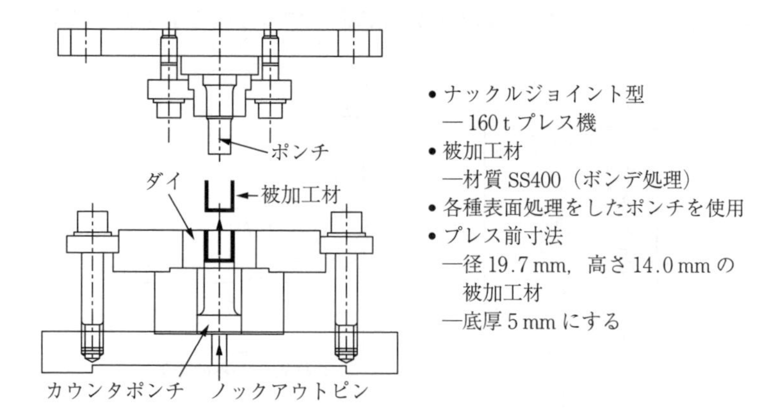

図 6.3　ナックルジョイントプレス金型試験機（神奈川県産業技術センター保有）

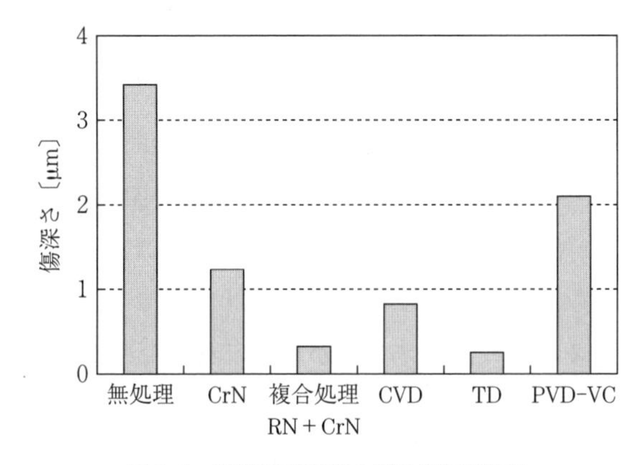

図 6.4　各種表面処理の傷深さ測定結果

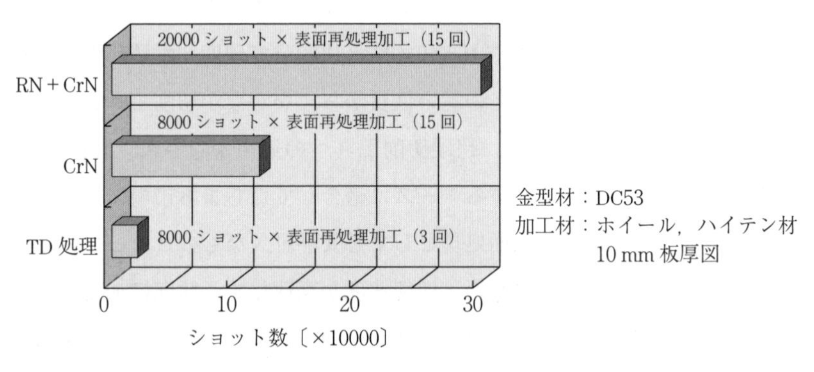

図 6.5　ラジカル窒化＋CrN の処理例（プレス加工用金型）

6.2　PVD，CVD

6.2.1　PVD

〔1〕 **PVD 法によるセラミックスコーティングの最近のトレンド**　　プラズマエネルギーを利用した表面改質法，PVD セラミックスコーティングが注目され，切削工具，金型，機械部品などに適用されてきたが，高性能化と低コスト化がさらに厳しく要求され，また近年環境マネジメントシステム ISO14000 や欧米における RoHS 指令，REACH 指令などの環境規制が現実のものとなって，環境に対するニーズが増し，切削加工や金型加工の分野でも潤滑

剤レス，ドライ加工化によって加工条件がさらに厳しくなるとともに環境に対する調和性についても満足しなければならなくなってきた。

こうした要求に対し，さらに高性能・高機能被膜の開発が表面処理メーカーによって行われてきた。**図6.6**はコーティング被膜の開発動向をまとめたものである[4)]。硬質Crめっきやニ，Znめっきあるいはcvd法などの化学反応によるコーティングの時代から，1980年代に入り，プラズマを用いる非平衡反応のPVD法によるTiNコーティングが切削工具，金型に適用されるようになった。このPVD法，とりわけイオンプレーティング法により，TiCNやTiAlNといったこれまでの元素の組合せによる新規膜の開発が進められるようになった。特に切削工具用のコーティング被膜として開発されたTiAlN膜は，1980年代に開発され，従来のTiNやTiCNと比較して硬度，耐酸化性に優れた被膜であったが，高硬度がゆえの脆い性質から，なかなか切削工具としての実用化に至らなかった。しかし，超硬切削工具への適用がなされ，1990年代後半からの“ドライ加工”に対するニーズに適合してたちまち市場に拡大した。最近では切削工具における表面処理として必要不可欠なものとなっている。

さらに，近年コスト低減のため，切削速度が高速化する傾向に加え，熱処理材の直接加工，環境問題への配慮からドライ加工へ移行するにつれ，切削温度

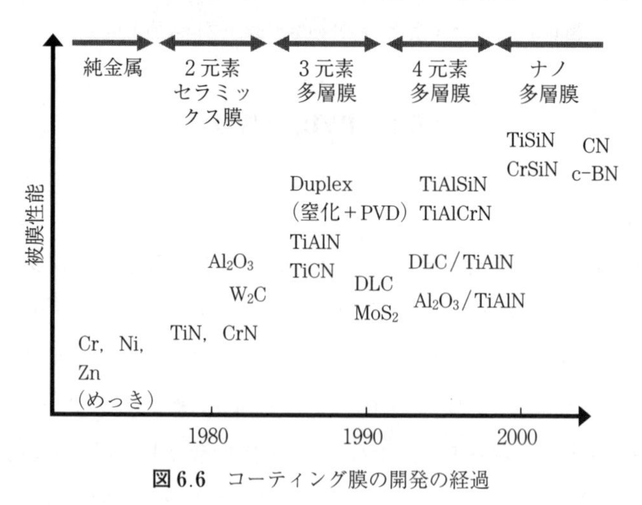

図6.6　コーティング膜の開発の経過

はより高温化する傾向にあり，高温環境下，低潤滑環境下でTiAlN膜より長寿命を示すコーティング膜の開発が望まれ，既存の硬質皮膜に異種材料を積層した多層被膜の例についての報告[5)～7)]や，TiNやTiAlN膜に第3元素を添加して異種材料を被膜中に分散させる手法[8)～11)]によって被膜物質の特性改善が数多く図られている。

特にナノ結晶からなる微細な複合組織を有する場合，高硬度などの優れた機械的特性を示すことが報告されている[12)]。とりわけ非晶質のSi-Nに結晶性の物質を複合化したナノコンポジット被膜に関する研究が盛んに行われており，TiN/Si-N被膜においてマイクロビッカースで4000以上の高硬度を示すことが報告されている[13)]。これはTiNの結晶粒の粒界にSi-Nの非晶質層が析出し，そのために結晶粒の成長が抑制される結果として結晶粒の微細化が起こるためである。この微細化が強度や硬度などの機械的特性の向上に寄与している。また，Siの添加によって高温環境下におかれた場合，Si酸化物がバリア層となりTiNの酸化を抑制する効果が報告されている[14)]。

このような“高硬度”，“高い耐熱酸化性”を特徴とした前述のような被膜を切削工具用コーティングとして使用する傾向は，最近の展示会における工具メーカーの動向を見てもわかるように現在も続いている。ただ，これまであまり複雑な構造の多元素系の被膜単独では効果が得られなかったように思う。その一番の理由は，確かに種々の添加元素により“硬度”や“耐酸化性”は向上するものの，切削工具に求められる“機械的強度”が必ずしも両立しないことによる。このため，機械的強度と耐熱酸化性を別々の被膜で分担させる複合被膜が主流となっている。ベースとなる機械的強度に優れた被膜としては，TiAlN膜が用いられるケースが多い。この被膜をベースとし，最表層に被膜の靱性は低下するのもの，耐熱性の高い被膜，あるいは潤滑性を示す被膜を被覆する複合化が行われているのである。

〔2〕 **最近のPVD法**　PVD法はプラズマ反応を利用した表面処理である。PVD法は真空蒸着，スパッタリング，イオンプレーティング法の三つに大きく分けることができるが，密着性と付きまわり性が優れているイオンプ

レーティング法は工具，金型，部品など，工業的に多く利用されている。代表的なイオンプレーティング法にはHCD（ホローカソードディスチャージ）方式とCA（カソードアーク）方式がある。**図6.7**にHCD方式とCA方式の装置原理図を示す。HCD方式は，プラズマ電子銃を用いる方法で，るつぼ中の金属を電子銃から放出された電子によって成膜金属を溶解蒸発させ，導入ガスとともにイオン化させる。そのため，他種類の金属元素を複合させるためには合金原料ではなく，複数のるつぼを用いる必要があり，組成制御も難しい多元素系は実際困難である。しかし，切削工具用のTiNやTiCNにはドロップレットと呼ばれる付着粒子が問題となるCA方式に比べて滑らかなコーティングが得られるため，HCD方式が多く用いられている。TiCNの成膜ではガスによる組成制御のため，純Ti，N_2およびCH系ガスを用いて成膜を行う。

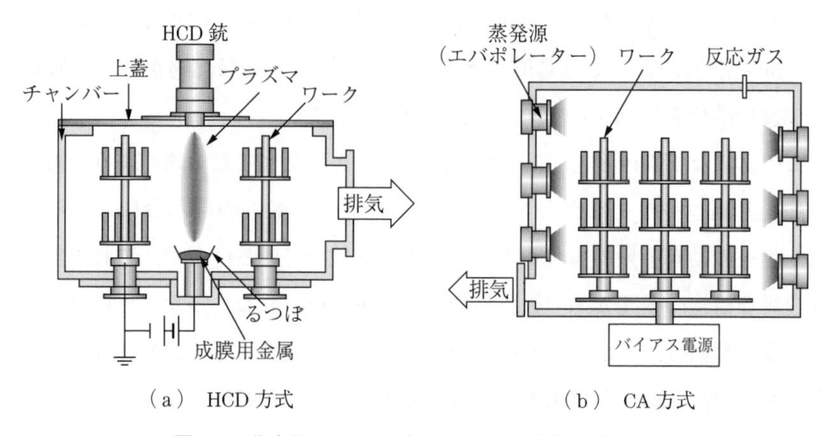

図6.7　代表的なイオンプレーティング装置の概略図

一方，CA方式は真空中で，純金属あるいは合金ターゲット（蒸発源）を陰極としてターゲット表面上をランダムに走り回るアーク放電を起こす。アークスポットに集中するアーク電流のエネルギーによりターゲット材は瞬時に蒸発すると同時に金属イオンとなり，真空中に飛び出す。一方，バイアス電圧を被コーティング物に印加することにより，この金属イオンは加速され反応ガス粒子とともに，被コーティング物の表面に堆積する。CA方式では，複数の蒸発源を用い，異種の金属を用いて合金製膜が可能であり，また，合金組成のターゲットでも，あまり組成ずれなく成膜できるなどの特徴を有することから，TiAlN のような合金系のセラミックス膜の出現以降，多元素系や複層構造の被膜が主流になるにつれ，CA 方式は増えてきている。昨今のトレンドである多元素系被膜のコーティングに最適な方法である。また，前述のドロップレットの問題もプロセスの改良などで改善が図られている。

〔3〕 切削工具用複合コーティング　実際に実用化された複合被膜の例として，第3元素を添加した効果を踏まえ TiAlN コーティングをベースとした複合被膜，TiSiN 系耐熱複合膜の切削工具への適用結果について紹介する。これは CA 方式により成膜される。Ti，Al，Si，Cr などの元素を必要量含む合金ターゲットを作製し，成膜を行い，切削性能の評価を行った。成膜は超硬合金試験片および超微粒系超硬合金製6枚刃ソリッドエンドミル（Φ=8 mm），超微粒系超硬合金製2枚刃ボールエンドミル（R=5 mm）を用いた。機械的な特性としてナノハードネステスターによる微小硬度測定，ボールオンディスク摩耗試験機による耐摩耗性評価を行った。

TiSiN 系耐熱複合膜の特徴は高い耐酸化性と 3000 Hv 以上の高硬度を示す点である。TiN は 500℃程度より被膜の酸化が開始する。耐熱性の高い TiAlN 膜でも 700℃を超えると酸化が開始する。これに対し，TiSiN 系耐熱複合膜の酸化開始温度は 1100℃を超える。窒化物セラミックスの耐酸化性は，酸化雰囲気において生成した酸化物が被膜中への酸素の進入のバリア層になるかどうかが鍵となる。**図 6.8** は TiN 膜の酸化後の断面 SEM 写真である。本来 TiN の緻密な柱状組織の被膜（膜断面下部）が酸化されるとポーラスな酸化チタン層となる。このように結晶化した酸化層では表面からの酸素の侵入を阻止するバリア層にはならない。TiAlN 膜では固容した Al が選択的に酸化され，その際非晶質の Al–O 層を形成すること

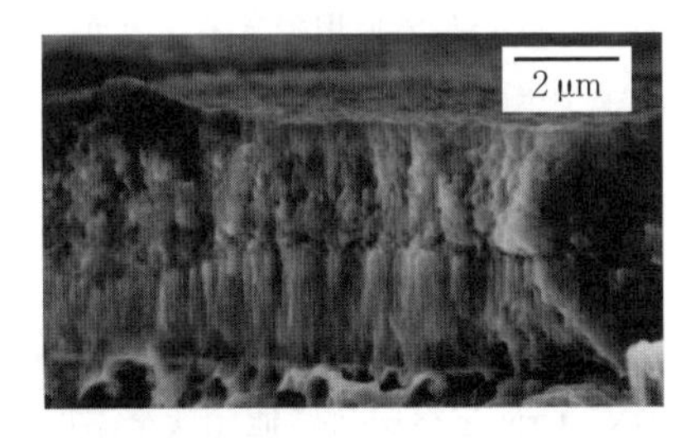

図 6.8　TiN 膜の酸化後断面 SEM 写真

から酸素のバリア層としての役割を果たす。

TiSiN系耐熱複合膜では，非晶質Si-Nが結晶粒界に析出するナノコンポジット構造をとっており，酸化雰囲気におかれると粒界に非晶質のSi-Oを形成する。酸素は結晶粒界を通して拡散するため，粒界に生成したSi-Oの非晶質層は，TiAlNにおけるAl-Oよりも有効なバリア層として効果を発揮するのである。

さらにこの非晶質Si-Nのナノコンポジット構造は被膜の強度を上げる効果を示し，硬度がビッカース硬さで3000以上を示す。TiSiN系耐熱複合膜は，前述のようにTiAlN膜以上の耐酸化性，高硬度が期待できることから，これまで以上の高速でのドライ加工，高硬度被削材の加工が可能となった。

1000℃を超える高い耐熱性を示す切削工具用コーティングでは，Siの添加による酸化物層の制御が鍵のようであるが，耐熱性被膜として最初から酸化物を被覆する複合膜もある。また最近ではCr-Al-N系[15]でも高い耐熱性を示すことが報告されており，切削工具用コーティングへの適用も検討されている。

このCr-Al-N系は高硬度とともに，潤滑性を示し，インコネル，ハステロイ，ステライトなどの超合金やオーステナイト系ステンレスなどの難削材の加工にも効果がある。金型加工においては，被膜の潤滑性から，加工材の耐凝着性に優れ，Alダイカスト，熱間鍛造加工用金型およびその周辺部品やその他潤滑性が要求される金型，機械部品への適用が進んでいる。

〔4〕 **金型用複合コーティング**　前述のように，高温拡散処理であるCVD法やTD処理は金型表面にTiN，TiC，VCといった被膜を形成することで金型寿命を大幅に延長する効果を挙げている。複雑な形状でも付きまわり性が良く，安定して使用できることから依然として評価は高い。しかし処理温度が高温であるために金型の精度を保つことが難しく，環境問題に敏感な近頃では処理後の排ガスや廃液は悩みの種である。

表面処理の中でプラズマ反応を利用したPVD法は高温拡散処理の弱点である『高温処理』と『環境問題』を有さずに同様の被膜を形成でき，現在ではTiN，CrNをベースに他元素を添加した3元，4元系といった数多くの被膜が開発されている。しかし非常に高硬度な薄膜を形成することはできるが，高温拡散処理のような拡散層を持たないため，金型に被膜のみ形成しても負荷に対する十分な耐久性が得られない。そこで窒化，浸炭といった拡散硬化法を利用して，コーティングの基材に傾斜化された硬化領域を形成し，機械的強度を向上させたうえで被膜を載せる複合処理，Jcoat＋α を開発した。これまでPVD法の弱点であった耐久性を向上させ，高温拡散処理に迫る効果が得られるようになった[16)]。

これまで金型に対して数多く展開されてきたCrNはTiNと同等の被膜硬度であるが，潤滑性，耐熱性，耐食性の面で秀でている。プレス金型において潤滑性の効果により凝着が改善され，ダイ側への適用が進んでいる。耐食性の効果は樹脂成形金型や射出成形機部品（スクリューなど）において評価され，これまでの硬質クロムめっきからCrNへシフトしつつある。

近年，自動車の燃費向上を図るために導入されてきた薄くて軽くて強い鉄（ハイテン材）は成形時の金型への負荷が大きく，損傷も著しくなった。そこでCrN以上に耐摩耗性に優れた被膜の開発が望まれ，開発したのがCr-Al系被膜である[17)]。この被膜は耐摩耗性と耐熱性を有し，プレスパンチなどにおいては高温拡散処理を大きくしのぐ性能も得られている。また，これまで不可能な領域であったダイカスト金型，熱間鍛造においても期待が持てる。プレス金型においてはダイ側へ，またフィラーや繊維含有の樹脂成形金型へ，さらに温間鍛造や亜鉛，マグネシウムダイカスト金型への展開も期待できる。

6.2.2　CVD

〔1〕 **化学気相蒸着（CVD）法**　CVD法による硬質膜の合成は，6.2.1項で述べたようにPVD法よりも早く，TiN，TiCなどの炭窒化物セラミックス膜を工具や金型に適用してきた。CVD法による膜は1000℃以上の高温での成膜ゆえに，基材との高い密着力を持ち，PVDとの優位性を保ってきたが，被膜自体は，その合成が化学反応で行われることから，なかなか新しい被膜の開発は進まなかった。ただ，高密着力を優位性はいまでもインサートのような切削工具やパンチ，ダイなどの金型に使用されている。

CVD法による材料開発は，熱CVD法からMOCVD（有機金属CVD）やプラズマCVDによるものになってきたが，MOCVDではおもに半導体材料など機能性材料の生成に用いられており，硬質膜の開発ではプラズマCVD法が用いられてきた[18]。熱CVD法ではTiN，TiCNなどしかできなかったが，PVD法で耐熱性に優れた膜として切削工具用被膜として用いられたTiAlNを合成することに成功した。さらにTiAlの炭窒化物や酸窒化物も生成可能となった。

TiAlNにこれらの炭窒化物，酸窒化物を組み合わせた多層膜とし，さらにPCVDの特性を活かし，コーティングの前処理として窒化や浸炭を同じ装置で施すことができるという複合硬化処理を行った。この複合多層膜は，PVD法によりTiAlN膜とは異なり，Alダイカスト金型や押出し金型など熱間加工金型で優れた特性を示すことがわかった。

〔2〕 **最近のCVD法** 〔1〕に示したような金属系薄膜に対し，DLC（ダイヤモンド状炭素膜）や，ダイヤモンドといった硬質炭素系薄膜について，工具や耐摩耗部材への応用が検討されている。炭素系薄膜を成膜する際には，基板の影響に注意することが必要である。

DLCを鉄系基材に成膜する場合には，FeやNiなどの鉄系金属が炭素に対する触媒効果を有するために膜質や密着性の低下が懸念される。また，基板上に成膜されるDLCに対して硬度が低いために膜厚方向の荷重に対する変形に弱い。そのために前処理として，窒化などの表面改質により表面硬度の向上や触媒性能の低下が図られる場合もある。

また，ダイヤモンド薄膜を成膜する際にも同様な影響を受けるうえに，核生成密度に対する考慮も必要である。ダイヤモンドの析出形態は，前述と同様な触媒効果を有する材質，炭化物形成の有無，融点などの影響を受けるために，基板材質により異なる。そのため，核生成密度向上を目的としたダイヤモンドパウダーによるスクラッチ処理，超硬材質の結合助剤として使われているCoのエッチング，触媒効果と表面硬度向上を狙った窒化処理，密着性向上のためのシリサイド処理などの各種前処理が施されている。

成膜方法や得られた皮膜の特性などの詳細については，11章を参照されたい。

******** 7.

耐環境性皮膜

****

7.1 溶射プロセスによる耐環境性皮膜の特徴

本節では溶射プロセスによる耐環境性皮膜について概説する。溶射は本書で取り上げられている他のドライプロセスと比較して，得られる膜厚が数十～数百 μm と桁違いに厚いこと，多くの場合に大気中で成膜されること，皮膜の構成単位が数 μm 以上の粒子であることなどで大きく異なる。膜厚が大きく大面積にも施工可能なために産業界では高温，腐食，摩擦摩耗などの厳しい使用環境から構造材料を保護する耐環境性能を付与するコーティング技術として広く実用されている[1)~3)]。**表 7.1** に代表的な耐環境性皮膜を使用環境，目的，皮膜材料，溶射プロセスの項目によって一覧としたが，これら以外にも多くの溶射

表 7.1 耐環境溶射コーティングの代表例

環　境	目　的	代表的皮膜材料	おもな溶射プロセス
高　温	遮　熱	部分安定化ジルコニア	大気プラズマ
	耐酸化	MCrAlY 合金，NiCr 合金	減圧プラズマ，HVOF
腐　食	防　食	Zn，Zn-Al，Al，Al-Mg	ワイヤーアーク，ワイヤーフレーム
	耐　食[†1]	SUS316，ハステロイ，PEEK	プラズマ，HVOF，フレーム
摩擦摩耗	耐摩耗	WC-Co，CrC-NiCr	HVOF
	アブレイダブル[†2]	Al-Si-ポリマー，Ni-グラファイト，YSZ-ポリマー	フレーム，大気プラズマ

†1 耐食性の高い材料を緻密な皮膜とする。
†2 タービンでケーシングの内側に軟質の皮膜を形成し，ブレードが削ることによって両者間の空隙を調整して損失を抑制する技術。

皮膜が実用・研究されている。以下に溶射プロセスの原理と応用例を紹介するが，読者が薄膜以外の成膜プロセスを検討する際の参考にしていただければ幸いである。

7.2　溶射プロセスの概要

溶射技術は，1910 年頃にスイス人の Schoop によって発明されてからほぼ 100 年の歴史がある。その後，さまざまな溶射プロセスが開発され，今日実用されているおもな溶射法は，用いるエネルギーと材料の形態によって**図 7.1** のように分類される。ガス式溶射ではエネルギー源が連続的な燃焼であるフレーム溶射と間欠的な爆発燃焼を用いる爆発溶射，高圧ガスを用いるコールドスプレーがある。電気式溶射では，アーク放電を用いるワイヤーアーク溶射とプラズマ溶射，線材に瞬間的に大電流を流してその発熱を利用する線爆溶射がある。

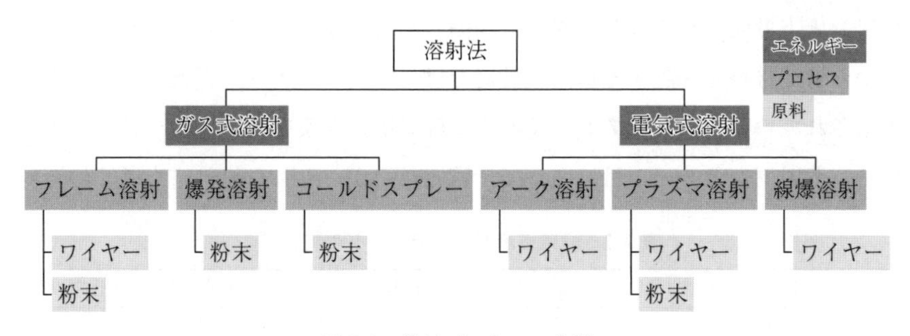

図 7.1　溶射プロセスの分類

図 7.2 に開発された年代順にワイヤーアーク溶射，フレーム溶射，プラズマ溶射，高速フレーム（HVOF）溶射，コールドスプレーの原理図を示す。

ワイヤーアーク溶射は初期に開発されたプロセスの一つであり，2 本のワイヤーの先端でアーク放電を発生させ，その熱でワイヤーを溶融させると同時に，後方から噴出するガス流によって溶融液滴に分裂させ，それを基材に投射して皮膜を形成する。

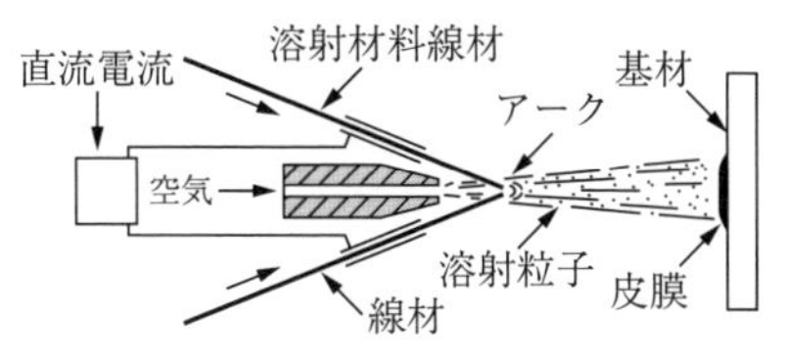

（a）　ワイヤーアーク溶射[1)]

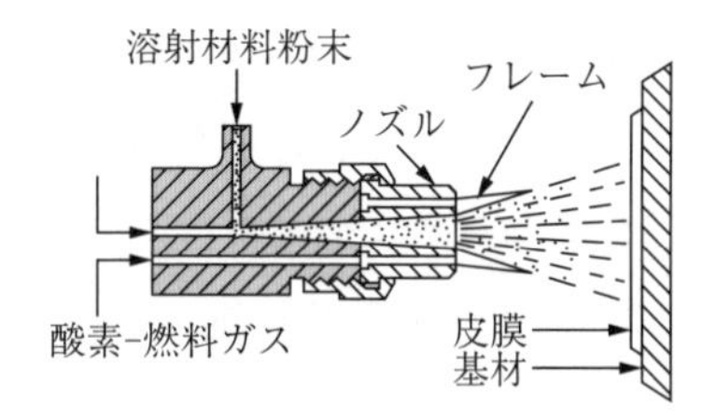

（b）　フレーム溶射[1)]

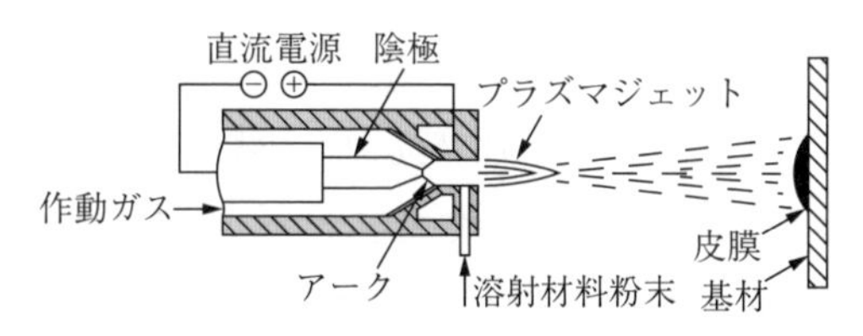

（c）　プラズマ溶射[1)]

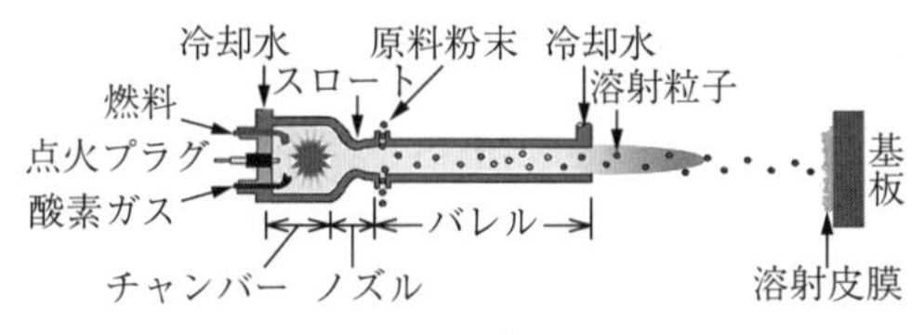

（d）　高速フレーム溶射[4)]

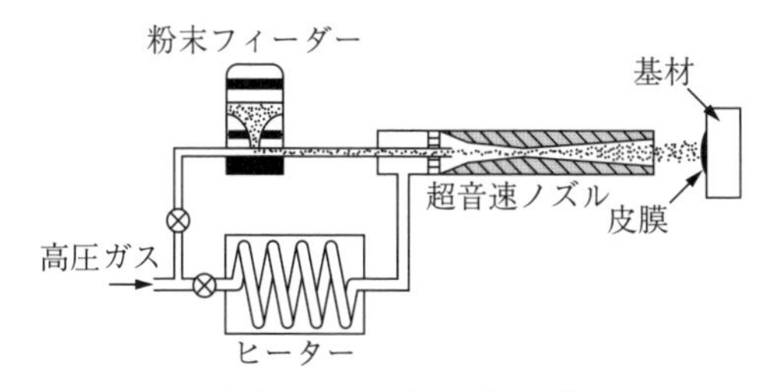

（e）　コールドスプレー[4)]

図 7.2　各種溶射法の原理図

フレーム溶射も初期に開発されたプロセスで，燃料ガスと酸素を混合させて得られる燃焼炎の中に，原料を粉末あるいはワイヤーの形態で供給し，溶融・加速して基材に投射する。

プラズマ溶射（1960 年代の開発）では，タングステン製の陰極と水冷銅製の陽極の間にアーク放電を発生させ，そのエネルギーによってアルゴンなどの不活性ガスを熱プラズマの状態にしてノズルから噴出させる。この方式で得られるプラズマジェットはノズル出口で 2 万℃を超えるような高温と 200 m/s 以上の高速度となり，酸化物や高融点金属の粉末を溶融することが可能である。このプロセスの開発によって 7.3 節で後述するセラミック遮熱皮膜などの開発に大きな道が開かれた。

1980 年代から開発された高速フレーム溶射（high velocity oxy-fuel：HVOF）では燃料（可燃ガスまたは灯油などの液体）と酸素を混合・燃焼させ，ラバールノズルから噴出させることによって超音速の燃焼炎ジェットを生成し，その中に原料粉末を供給し加熱・加速して成膜する。粒子速度が 500 m/s を超えるために皮膜は緻密で，原料粉末への入熱が比較的に少ないため，WC-Co に代表される炭化物サーメットや各種合金の溶射に用いられている。

コールドスプレーは 1990 年代にロシアで発明された。超音速の風洞実験中に，流れを可視化するために用いたアルミニウムの粉末が模型に付着したことが発明のきっかけといわれている[4), 5)]。プロセスの原理は単純で，高圧のガスをラバールノズルから噴出させて超音速流を形成し，その中に原料粉末を投入する。高速フレーム溶射と似ているが，ガス温度が低く，ガスとして窒素やヘリウムなどの不活性ガスを使うため，金属原料粉末をほとんど酸化させずに成膜することが可能である。開発当初は銅やアルミニウムなどの軟質金属がおもに成膜されていたが，近年は作動ガスの高圧・高温化が進み，4 MPa，1000℃に加熱したガスを数 m^3/min という大流量で噴出させるような装置が商品化されており，鉄，ニッケル，チタンやサーメット材料の適用が検討されている。その一方で，高圧ガス保安法の対象とならない 1 MPa 以下のガス圧で成膜可能な低圧型のコールドスプレー装置も，成膜可能な材料に制約があるが，種々の応用に検討されている。

溶射施工に先立つ基材の前処理は皮膜の密着性に影響する非常に重要な工程である。工業的にはグリットブラスティングが最も広く行われており，硬質粒子を基材表面に吹き付けて除錆，除染と粗面化の効果を得る。ブラストに用いる材料として種々のものがあるが，鋳鉄などの金属系や，ガーネット，アルミナなどの非金属系ブラスト材がある。ブラスト施工後の金属面は活性で水分の吸着と酸化が進行しやすいため，できるだけ短時間で溶射施工することが望ましい。

溶射皮膜の後処理として，封孔処理，熱処理，表面研削・研磨処理などがある。溶射皮膜は一般的に多孔質であり，皮膜表面から基材に到達する貫通気孔があるため，防錆・耐食溶射においては封孔処理が一般的に行われる。封孔剤としてはエポキシ樹脂，シリコン樹脂などの有機樹脂がよく使われるが，気孔中に十分浸透するように粘度を調整し，必要に応じて複数回施工する。熱処理は残留応力の緩和や，気孔の減少，密着性向上などを目的として行われ，表面研削・研磨は製紙や印刷ロールなどにおいて平坦な製品表面を得るために行われる。

7.3 遮 熱 皮 膜

航空機エンジン，発電用ガスタービンの効率は燃焼ガスの温度によって決まり，温度が高いほど効率が高い。**図 7.3** に国内ガスタービンメーカーによって開発された最新鋭発電用ガスタービンの構造とローター部分の写真を示す[6), 7)]。燃焼室直後の高圧ブレードの三段目までにセラミック遮熱コーティングが施工されていることがわかる。

図 7.4 は遮熱コーティング（thermal barrier coating：TBC）の断面模式図である。基材のニッケル基超合金の上に耐酸化性を付与するためのボンドコート層，その上に遮熱性を付与するためのトップコート層が重ねられた二層構造をしており，ブレード内面は空冷されトップコート内に 100 K 程度の温度勾配が

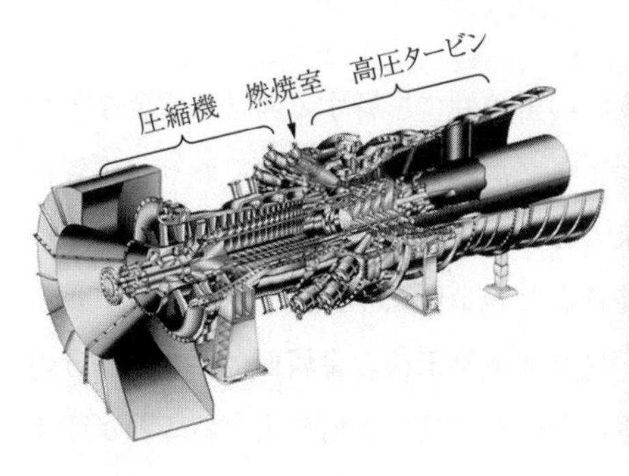

図 7.3　発電用ガスタービンの構造とローター部[6),7)]

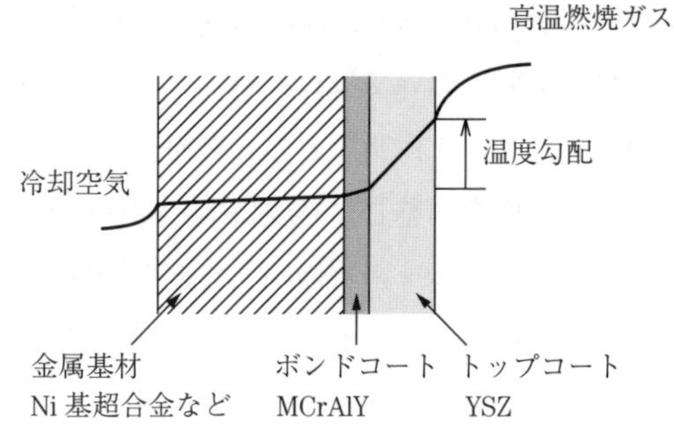

図 7.4　TBC の原理

できる。TBC の効果として基材温度を下げて使用寿命を延ばす，あるいは燃焼ガス温度を上げてエンジンの効率を上げることに役立っている。このタービンでは燃焼ガス温度が 1600℃で，蒸気タービンとのコンバインドサイクルを組んで発電した場合の発電効率は 61.5%以上といわれている。

図 7.5（a），（b）に溶射によって成膜された TBC 皮膜組織を示す。約 100 μm 厚のボンドコート上に約 500 μm のトップコートが重ねられており，トップコートの内部には無数の YSZ 粒子が扁平化したスプラット（凝固粒子）がある。スプラット内部にはミクロクラックや層間ギャップなどの気孔が多数分散しており，これらが皮膜の熱伝導率を下げるとともに弾性率を低下させ，き裂の進展を遅らせる効果を有すると考えられている。

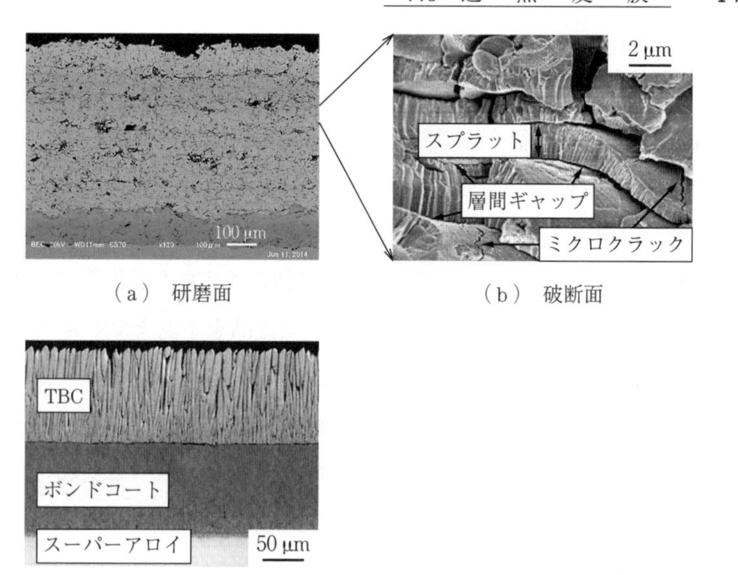

（a） 研磨面　（b） 破断面

（c） EB-PVDによる柱状組織

図7.5 TBCの断面組織

遮熱コーティング（TBC）の源流はNASAの1970年代の研究で，**図7.6**は酸化ジルコニウム（ZrO_2, ジルコニア）に合金化した酸化イットリウム（Y_2O_3, イットリア）の割合を系統的に変化させた粉末をプラズマ溶射したTBCを熱サイクル試験し，7 wt.%付近の組成（部分安定化ジルコニア）が特に熱サイ

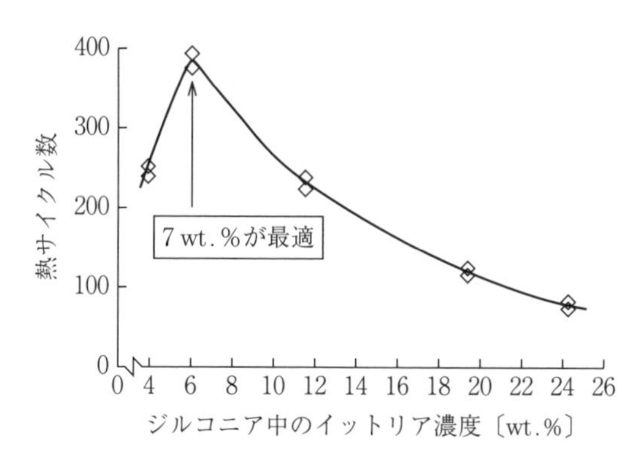

図7.6 ジルコニアへのイットリア添加量とTBCの熱サイクル寿命の関係[8)]

クル特性に優れていることを見出したデータである[8)]。

図7.7 は ZrO_2 と Y_2O_3 の状態図である。ZrO_2 は融点が2700℃以上あるが単体では温度を上げるに従って単斜晶から正方晶（1170℃），さらに立方晶への変態（2367℃）がある。前者の変態は約4%の体積変化を伴うために強度低下を引き起こすので，TBCのような変態温度をまたぐ熱サイクルを受ける用途には使用できない。相変態を抑制するために他の酸化物を添加することが有効であり，特に Y_2O_3 がよく使用されていて，立方晶を室温まで安定化したものを完全安定化ジルコニアと呼ぶ。部分安定化ジルコニアを溶射するとほとんどが準安定の立方晶となる。この状態の材料中をき裂が進展する際に，応力によって誘起される相変態によって靭性が向上し熱サイクル特性が優れていると長年理解されてきたが，最近，強弾性という結晶配向変化による強靭化のメカニズムが提唱されている[9)]。

ボンドコートは基材を酸化から保護する役割を担う。トップコートにはミクロクラックなどの欠陥が多数あり，またジルコニアは高温で酸素イオン伝導性

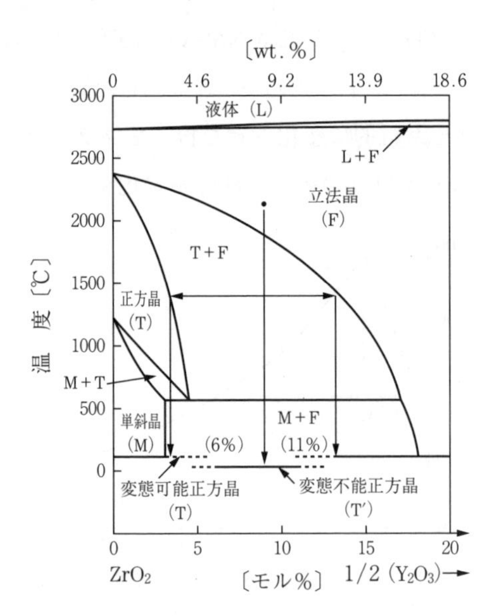

図7.7　ZrO_2-Y_2O_3 状態図

があるために，酸素ガスの侵入を防ぐことはできない。ボンドコートとしてはMCrAlY（M＝Ni，Co，NiCo）と呼ばれる合金が減圧プラズマ溶射によって施工される場合が多く，高温で表面に緻密なアルミナ酸化膜を形成することによって耐酸化性能を実現している。

航空機エンジンでは近年，溶射よりも図7.5（c）に示した電子ビーム蒸着法（EB-PVD）による柱状晶TBCが使われる場合が増えてきており，ボンドコートもPt-Alなどの拡散処理も使われている。EB-PVD皮膜はプラズマ溶射皮膜より熱伝導度が若干高いが，柱状晶組織のために基材の膨張・収縮に追従しやすく，熱サイクル寿命が長い点や表面粗度が小さい点などが特徴といわれている。

航空機エンジンでは2000～3000時間ごとに点検が行われ，損傷が認められたTBCはウォータージェットなどで剥離される。下地に損傷がなければ再コーティングされて運用に供される。発電用ガスタービンでは原則的に2年間に1回の定期点検である。TBCのおもな損傷のメカニズムとしては，ボンドコート酸化によってトップコートとの界面に成長する熱成長酸化物による応力や，異常燃焼などによる局所的な熱衝撃，トップコートの焼結現象や火山灰付着による低融点化合物の浸透，硬質微粒子によるエロージョンなどが挙げられている[10)]。

現在のTBCの研究開発課題としては，さらなる燃焼ガス温度の上昇を目指したYSZよりも耐熱性能の高いトップコート材料の開発，火山灰の付着に起因するトップコート損傷（CMAS問題）への対応，耐酸化性能に優れ基材への拡散が少ないボンドコート材料の開発があり，成膜プロセスとしてはサスペンション溶射法，超低圧プラズマ溶射蒸着法による柱状組織を有するトップコートなどがある[10),11)]。

7.4 防食・耐食皮膜

我が国の年間腐食コスト（腐食損失と腐食対策費の合計）は1997年の調査

で約4兆円といわれているが，中でも社会インフラ構造物を腐食から守ることは特に重要な問題である。溶射は塗装やめっきに比して現状では適用率が低いが，長期防食性能が期待できること，また高度経済成長期に建設された社会インフラの補修技術としても注目されている。自然環境における腐食対策として用いる溶射皮膜は，鉄よりも電気化学的に卑な金属である亜鉛，アルミニウムやこれらの合金を被覆する犠牲陽極型皮膜が1960年代から実用されている[12)]。**図7.8**（a）に示す関門大橋は溶射Znが塗装の下塗りとして採用された施工例であり，近年の大規模な施工例としては，図（b）に示した博多都市高速5号線のZn-Al溶射の全面的な採用（50万m^2以上）がある。

（a）　関門大橋（1973）
溶射Zn＋6層の塗装

（b）　博多都市高速5号線（2005～）
溶射Zn-Al封孔処理＋1層の塗装

図7.8　防錆溶射の社会インフラへの施工例

表7.2はJIS H 8300（ISO2063に準拠）に示されている四種の金属材料（Zn，Al，Al-5Mg，Zn-15Al）の最少厚さであり，Zn系の最少厚さが50 μmに対してAl系は100 μmからとなっている[13)]。**表7.3**は同附属書に参考として示されている種々の環境に推奨される溶射金属の最少厚さの一覧である。使用環境として，海水，淡水，都市・工業地帯，大気海洋，乾燥屋内における，塗装なしでの使用と溶射膜上に塗装をした場合の溶射皮膜の最少厚さが示されている。これらの値は多くの曝露試験の結果に基づいて決められたものと推察されるが，入手可能な長期曝露試験のデータは意外に少ない。海外では米国の溶接学会による19年間の曝露試験が有名であるが[14)]，近年の例として千葉県の漁港内で1986年から継続されている溶射鋼管の曝露試験を紹介する。

表 7.2　防食溶射材料の種類および最少厚さ[13)]

溶射材料の種類	最小皮膜厚さの指定範囲 最小皮膜厚さ〔μm〕 50–100	100–150	150–200	200–250	250–300	300–
Zn99.99	────	────	────	- - - -		
Al99.5		════	════	- - - -	- - - -	
Al-5Mg		════	════			
Zn-15Al	────	────	- - - -			

最小皮膜厚さの指定範囲は，二重線および破線の範囲とする。ただし，破線の範囲については，受渡当事者間の協定による。

受渡当事者間の協定によって溶射皮膜厚さを指定する場合，皮膜厚さの均一性を確保するための溶射の方法，封孔剤の使用，試験方法および中間値の指定については，取り決めることができる。

表 7.3　防食溶射材料の使用環境と推奨される最少厚さ[13)]

単位：μm

環　境	EN ISO 12944-2 に従う環境の分類	Zn99.99		Al99.5	
		未塗装[c)]	塗　装[d)]	未塗装[c)]	塗　装[d)]
塩　水	1 m2	N.R.[a)]	100	200	150
淡　水	1 m3	200	100	200	150
都市地帯	C2 および C3	100	50	150	100
工業地帯	C4 および C5-1	N.R.[a)]	100	200	100
大気海洋環境	C5 — M	150	100	200	100
乾燥屋内環境	C1	50	50	100	100

環　境	EN ISO 12944-2 に従う環境の分類	Al-5Mg		Zn-15Al	
		未塗装[c)]	塗　装[d)]	未塗装[c)]	塗　装[d)]
塩　水	1 m2	250[b)]	200[b)]	N.R.[a)]	100
淡　水	1 m3	150	100	150	100
都市地帯	C2 および C3	150	100	100	50
工業地帯	C4 および C5-1	200	100	150	100
大気海洋環境	C5 — M	250[b)]	200[b)]	150	100
乾燥屋内環境	C1	100	100	50	50

a)　N.R.：推奨できない。

b)　海上または海岸で使用する製品に適用

c)　溶射したままの状態で使用される場合の推奨する最小皮膜厚さ

d)　溶射皮膜の上に塗装が施工される場合の推奨する最小皮膜厚さ

試験体は直径約 11 cm，長さ 2 m の鋼管 12 本で，その全面に Zn，Al，Zn-13Al の溶射皮膜を 175 μm 施し曝露試験を継続してきている[15)]。曝露試験の仕様を**表 7.4** に，皮膜厚さの経年変化のデータの一部を**図 7.9** に示す。

表 7.4　日本防錆技術協会 溶射部会による海洋曝露試験体の仕様[15)]

海側
陸側
海上大気部 1050
2000
飛沫帯 500
干満帯 450
単位：mm

No	溶射金属	溶射方式	皮膜厚さ〔μm〕	封孔処理	塗装仕様
1	Zn	フレーム	175	なし	—
2	Zn-13Al	フレーム	175	なし	—
3	Al	フレーム	175	なし	—
4	Al	アーク	175	なし	—
5	Al	アーク	400	なし	—
6	Al	アーク	175	エポキシ	—
7	Zn-13Al	フレーム	175	エポキシ	—
8	Al	フレーム	175	エポキシ	—
9	Zn	フレーム	175	エポキシ	—
10	Zn	フレーム	175	—	WP＋PE（100 μ×3）＋PU（100 μ）
11	Al	フレーム	175	—	プライマー＋特殊 PU（ミゼロン 86）（3 mm）
12	Al	アーク	400	—	CP＋PE(100 μ×3)＋PU(100 μ)

WP：ウォッシュプライマー，CP：エポキシプライマー＋鉛酸カルシウム，PE：エポキシ塗料，PU：ウレタン塗料

この試験では鋼管の下部約 45 cm は干満帯に位置し，その上に飛沫（ひまつ）帯と大気帯が続く。Zn 皮膜は封孔処理の有無に関わらず干満帯および飛沫帯環境では腐食の結果生成する白錆による膜厚増加速度が大きく，5 年以内には防食効果を失って鋼管からの赤錆が発生した。Zn-13Al 皮膜は，無封孔の場合には干満帯および飛沫帯環境では徐々に膜厚が増加し，20 年を超えると皮膜の剝離脱落が認められた。その一方，封孔処理を行うと膜厚変化はほぼ完全に抑制され，安定した防食効果が今日まで 25 年間以上発揮されている。Al 皮膜はいずれの環境でも安定であったが，飛沫帯で曝露初期に小さな損傷を受けて皮膜が剝離した試験体では，その部分から腐食が拡大した[16)]。

自然環境において塗装やめっきに比較して溶射皮膜は金属層の厚さが大きく

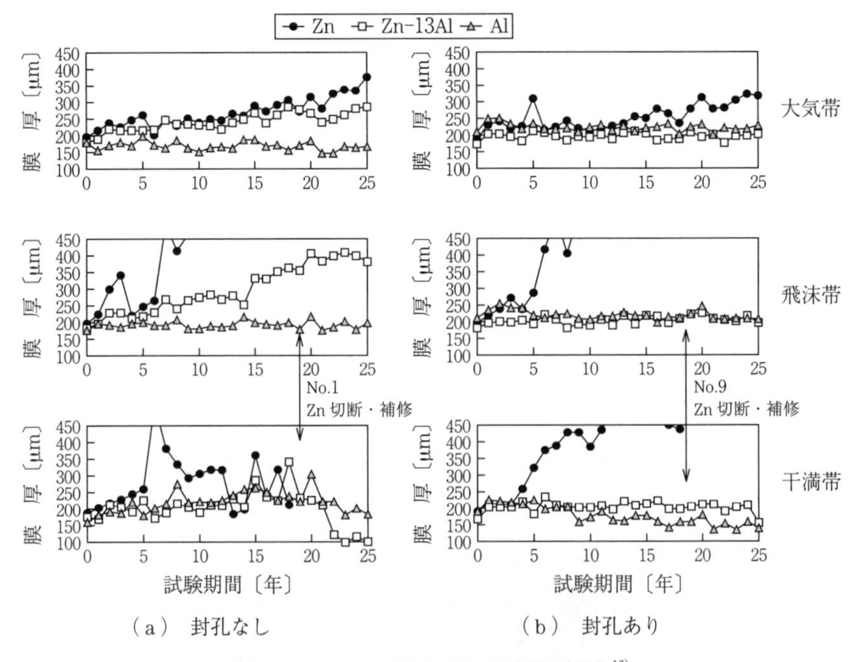

図 7.9　フレーム溶射皮膜の経年膜厚変化[16)]

長い防食寿命を有するが，初期コストは高い。ライフサイクルコストの観点が普及するにつれ，今後の適用が増加していくものと期待される。

7.5 耐 摩 耗 皮 膜

産業界の耐摩耗皮膜への要求は大きい。製鉄，製鋼設備に使われる各種のロール，製紙，印刷機のロール，各種エンジンや建設機械のシャフトやシリンダー，航空機のランディングギヤなどがよく知られた適用対象である。また，これまでは硬質六価クロムめっきが使われてきた分野では，六価クロムの発がん性のために代替技術が求められており，溶射皮膜が代替候補として検討されている。

溶射による耐摩耗コーティングの溶射プロセスとしては高速フレーム溶射（HVOF）が広く使われる。代表的な皮膜材料は炭化物サーメットであり，特に炭化タングステン（WC）は硬度・靭性に優れ，密度が高いために基材に食い込んで高い密着性と緻密な皮膜組織が得られやすい[17]。原料粉末は焼結・粉砕粉も用いられるが，今日ではセラミック粉末と金属バインダー粉末を混合したスラリーをガス噴霧して得られる球状粉を適度に焼結した粉末が好まれる傾向にある。耐食性を求められる用途では，WC-CoCr，WC-NiCr などが用いられ，500℃以上の高温環境では CrC-NiCr などのサーメットが用いられる。WC-Co 溶射材料粉末のパラメータとしては，WC 粒子の径，Co 量，造粒粒子の粒度分布，焼結度合などが挙げられる。これらと溶射条件の組合せによって，硬度，靭性，耐摩耗性が変化するため，用途に応じた材料・プロセス条件の選定が重要である。**図 7.10** は製鋼設備のロールに耐摩耗溶射皮膜を施工している状況である。

図 7.10　製鋼ロールへの溶射施工状況[18]

図 7.11 は代表的な組成である WC-12Co の焼結体と高速フレーム溶射による皮膜の組織を比較したものである。図（a）は液相焼結によって製造され WC と Co の二相にほぼ完全に分離した緻密な組織を有している。図（b）は，HVOF 皮膜ではバインダー相の組成に不均質があることがわかる。この原因は溶射時の高温で原料粉末中の Co が溶融しその中に WC が溶け込むが，溶射粒子が基材に堆積した際に急冷されるために，WC が析出する時間がなくそのまま凝固するためである。皮膜はビッカース硬さで 1000 以上の値が得られるが

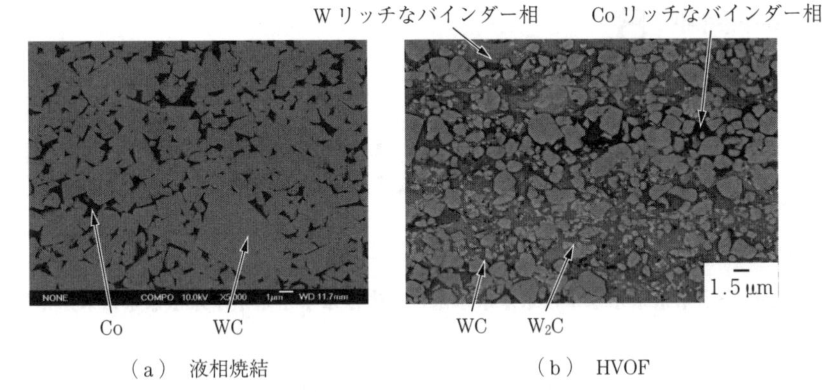

（a） 液相焼結　　（b） HVOF

図7.11 WC-12Co焼結体とHVOFによる皮膜の典型的な断面組織

靭性はあまり高くない。しかし，優れた耐摩耗特性や高い密着強度のために多くの使用例がある。

サーメット皮膜も耐食性向上のために成膜後に封孔処理が行われることがある。また，ロールやシャフトの用途では対象物との摩擦係数や反応性が重要であり，用途に応じて研磨処理が行われる。WC-Coは資源的に希少性の高い材料であり，今後，代替サーメット材料の開発が望まれている。また，より微細（ナノレベル）なセラミック粒子を分散させたナノサーメット皮膜や，固体潤滑材の複合化なども研究開発の課題である[19]。

＊＊＊＊＊＊＊＊ 8.

ガスバリア膜

＊＊＊＊＊＊＊＊＊＊＊＊＊＊＊＊＊＊＊＊＊＊＊＊＊＊＊＊＊＊＊＊＊＊＊＊＊

8.1 ガスバリア

ガスバリアとは，外部からの酸素や水蒸気などのガス分子を遮断や吸収することで内容物を保護する，または内容物から発生する臭気や香気成分などを外部に出さないように遮断する技術である。金属やガラスなどはガスバリア性が高いため，一般的にプラスチックなどに適用されることが多い。

プラスチックは軽量で加工が容易であり，また機械的な特性や電気絶縁性なども優れているため，身近に使用されている材料の一つといえる。しかしながら，プラスチック材料の弱点の一つに，金属やガラスなどと比較すると酸素や水蒸気などのガスを透過しやすくガスバリア性が低いことが挙げられるため，ガスバリア性を付与する技術が開発されている。ガスバリア性を付与する方法としては

① 酸化ケイ素や酸化アルミニウムのようなガスバリア性のある膜をコーティングする方法

② ガスバリア性材料やガスの吸収性がある樹脂を挟み込む方法

③ ガスバリア性のある樹脂をブレンドし，ガスの透過経路を長くする方法

などがあるが，① のコーティングする方法が最もガスバリア性が良いことが知られている。

ガスバリアの利用分野としては，食品，医薬品，飲料などがあり，また最近では太陽電池や液晶ディスプレイ（LCD），有機 EL などのエレクトロニクス

分野にも利用されつつある。

ここでは，ガスバリアの評価技術，およびプラスチック基板へのガスバリア膜の付与技術について述べる。

8.2　ガスバリア評価技術

ガスの透過率は，ある温湿度条件下で，単位面積・時間に透過する量で表すことができる。通常酸素透過率は cc/(m^2·day)，水蒸気透過率は g/(m^2·day) で表される。また，ボトルなどの表面積がわからないものはパッケージ当りの透過率 cc/(pkg·day) で表される。

ガスの透過試験方法としては，JIS K 7126「プラスチック-フィルム及びシートのガス透過度試験」が制定されており，測定の手法によりA法（差圧法）とB法（等圧法）の二つに分けられている。また水蒸気の透過試験方法としては，JIS Z 0208「防湿包装材料の透過度試験方法」，JIS Z 7129「プラスチック-フィルム及びシート-水蒸気透過度の求め方（機器測定法）」などに制定されている。JIS K 7129は，検出器の種類によってA法（感湿センサー法）とB法（赤外線センサー法）とがある。ガスの透過率測定方法の分類を**図8.1**に示す。

しかしながら，ガスバリアの要求性能が高くなるにつれ従来の評価方法では測定が困難になりつつある。そこで，短時間で精度の高い測定方法の開発も盛んに進められている。水蒸気透過率のハイバリアを測定する装置としては，Technolox社のDELTAPERM[1]，カルシウム観察装置[2]や蛍光減衰法[3]などユニークな測定方法も提案されている。

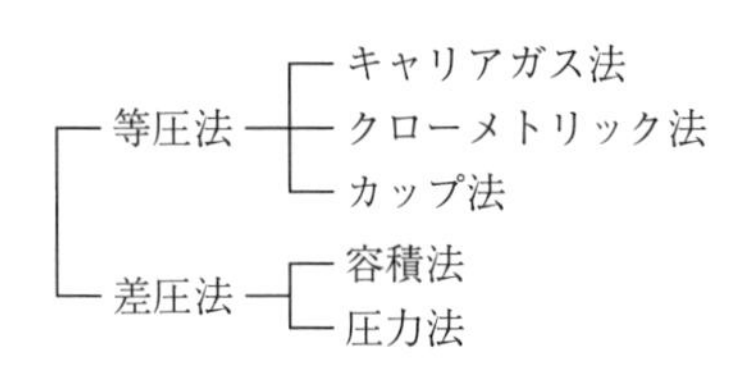

図8.1　測定方法の分類

以下に，ガス透過試験のうち基本的な測定方法を紹介する。

8.2.1　クローメトリック法

この方法は JIS K 7126 B 法などにより規格化されており，酸素透過率の測定などに用いられる。クローメトリック法の概念図を**図 8.2** に示す。

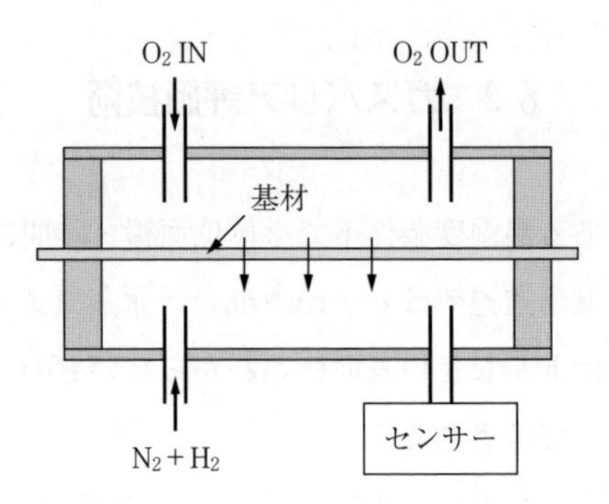

図 8.2　クローメトリック法の概念図

これは上部セルと下部セルをプラスチック基材で挟み，上部セルを酸素（O_2），下部セルを窒素（N_2）＋水素（H_2）で充填し，下部セルに流れ込む酸素量をセンサーで測定するものである。この方法を用いた酸素透過率を測定する装置としては，Mocon 社の OX-TRAN® がある。

8.2.2　カップ法

この方法は JIS Z 0208 などで規格化されており，水蒸気透過率の測定に用いられる。カップ法の概念図を**図 8.3** に示す。カップ法は，透湿面積 25 cm^2 以上の基材を吸湿剤である塩化カルシウムが入ったカップ容器に封ろう材で密封し，恒温恒湿槽に入れ，塩化カルシウムの時間当りの重量変化を求めること

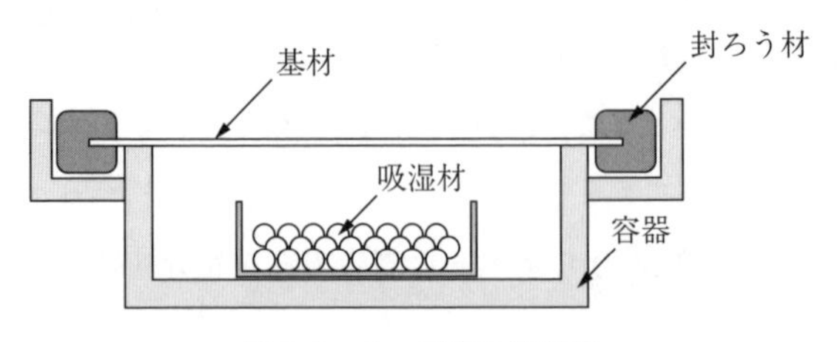

図 8.3　カップ法の概念図

で，水蒸気の透過率を測定する方法である。測定限界は，0.1 ～ 1 g/(m^2・day) 程度とされている。

カップ法のメリットとしては，測定設備や機器が安価で複数個同時に測定ができることである。デメリットとしては，測定時間がかかり水蒸気透過率の低い（バリア性の高い）基材の測定には向かないことである。

8.3　シート系バリア成膜技術

8.3.1　概　　　要

フィルム基材へガスバリア膜を付与する技術は，従来食品や医薬品などの包装分野を中心に使用されていたが，近年では太陽電池，有機 EL，フレキシブル LCD などの技術へ適用され，その用途は広がりつつある。

必要とされるガスバリア性能は，包装分野では水蒸気透過率が数 g/(m^2・day) ～ 0.1 g/(m^2・day) レベルとされていたものが，有機 EL 分野では 10^{-6} g/(m^2・day) レベルと要求性能が厳しくなってきているため，その技術開発および評価技術開発が進められている。各用途における必要な水蒸気透過率の要求性能を**図 8.4** に示す。

包装分野で使用される技術は，そのバリア性能・生産性から一般的に生産性の高い蒸着法と呼ばれる方法で生産されていることが多い。蒸着法とは，真空中で材料を高周波加熱や電子銃（EB ガン）で溶かし，連続して流れるフィルムの上に成膜する方法である。蒸着材料としては，金属アルミニウム，酸化アルミニウム，酸化ケイ素，酸窒化ケイ素などがある。金属アルミニウムはガスバリア性に非常に優れているが，中身を確認できないため，異物混入などの検査が困難である。また，光の透過性を要求されるものに対しては使用できない問題もある。

透明バリア膜としては，酸化ケイ素や酸化アルミニウムが一般的である。以下，酸化ケイ素の作製方法とその評価結果を中心に述べる。

酸化ケイ素をドライプロセスで成膜する方法には，スパッタ法，CVD 法，

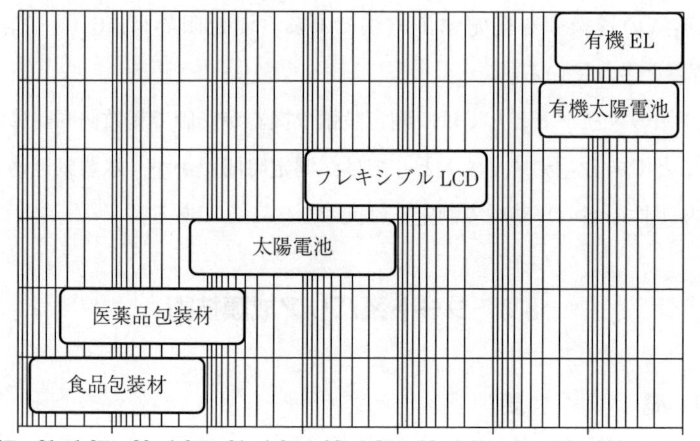

図 8.4　各用途における水蒸気透過率の要求性能

表 8.1　成膜方法による比較

	スパッタ法	CVD 法	蒸着法
成膜レート〔nm/s〕	1 ～ 2	5 ～ 20	～ 100
原材料	SiO，SiO_2	HMDSO，SiH_4，TEOS	SiO，SiO_2
成膜圧力〔Pa〕	0.1 ～ 1	1 ～ 20	10^{-3} ～ 10^{-2}
膜柔軟性	×	○	×
バリア性	◎	◎	○
問題点	低レート	原材料によっては着色	低バリア性

蒸着法などがある。各成膜手法の特徴の比較を**表 8.1** に示す。各手法はそれぞれ一長一短があるため，用途・目的によって成膜方法を選定する必要がある。

8.3.2　ロール to ロールプラズマアシスト蒸着装置

アシスト蒸着とは，金属またはセラミックス材料を EB ガンなどにより蒸気化させ，その蒸気にプラズマやイオンなどのエネルギーをアシストしながら成膜する手法で，通常蒸着よりも緻密で高品位な膜が作製できる。

〔1〕 **プラズマアシスト蒸着装置の原理** ロール to ロールプラズマアシスト蒸着装置の概略図を**図 8.5** に示す。真空容器内部には，フィルムを搬送させる巻出しロール，巻取りロール，メインロールがあり，フィルムを連続して搬送することができる。

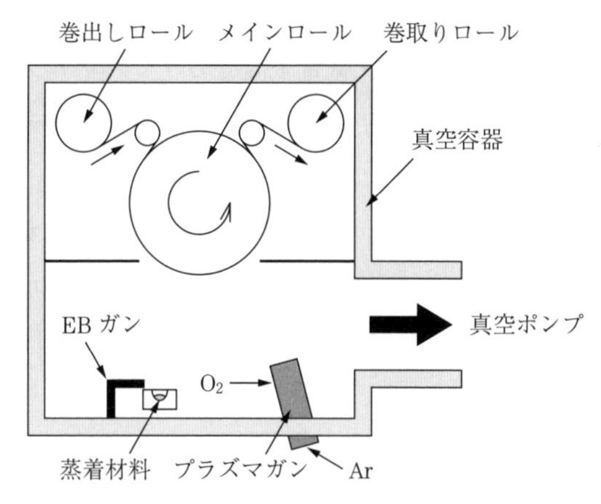

図 8.5 ロール to ロールプラズマアシスト蒸着装置の概略図

蒸着源に EB ガン，プラズマ源には圧力勾配型のプラズマガン（UR ガン）[4] を使用している。材料の蒸発量（成膜レート）は EB ガンによって制御し，プラズマパラメータはプラズマガンにて個別に制御することで，精密な成膜レート・反応性の制御を行いながらの成膜が可能となる。プラズマガンは，キャリアガスとして Ar ガス，反応ガスとして O_2 や N_2 を導入することができる。

〔2〕 **プラズマアシスト蒸着の特徴** プラズマアシスト蒸着の特徴はつぎに挙げられる。

① 高成膜レート　基本原理は蒸着法であるため，スパッタ法や CVD 法と比較すると，成膜レートが早い。

② 高速反応性成膜　材料蒸気がプラズマ中を通過する際，その一部がイオン化されるとともにプラズマ中の活性なイオンやラジカルとの衝突を起こす。例えばプラズマガンに O_2 ガスを導入した場合には，酸化反応が

促進される。

③ 緻密で平滑な膜形成　プラズマ中を通過してエネルギーを与えられた材料蒸気は，基材堆積時にマイグレーション効果が起きる。加えて，基材の自己バイアス電位によるボンバード効果により，緻密で平滑な膜を形成することができる。

④ 低ダメージ成膜　高密度・低電子温度のプラズマアシストであるために，イオンの再突入やエッチングといった膜へのダメージを抑えながら高品質な成膜を実現することができる。

〔3〕 **成膜結果例**　PET フィルムにプラズマアシスト蒸着と通常の EB 蒸着（プラズマアシストなし）を用いて，酸化ケイ素を約 50 nm コーティングしたときの水蒸気透過率の比較結果を**表 8.2** に示した。蒸着材料は SiO を用いて，酸素を流しながら成膜している。プラズマアシスト蒸着は通常の EB 蒸着よりも，水蒸気バリア性が向上することがわかった。

また，Si 基板に酸化ケイ素を約 200 nm プラズマアシスト蒸着法で成膜したときの SEM 写真を**図 8.6** に示す。平滑で緻密な膜が形成できていることがわかった。

表 8.2　水蒸気透過率結果

	基　材	膜　厚〔nm〕	水蒸気透過率〔g/(m²·day)〕
プラズマアシスト蒸着	PET	54	0.39
通常の EB 蒸着	PET	50	2.4

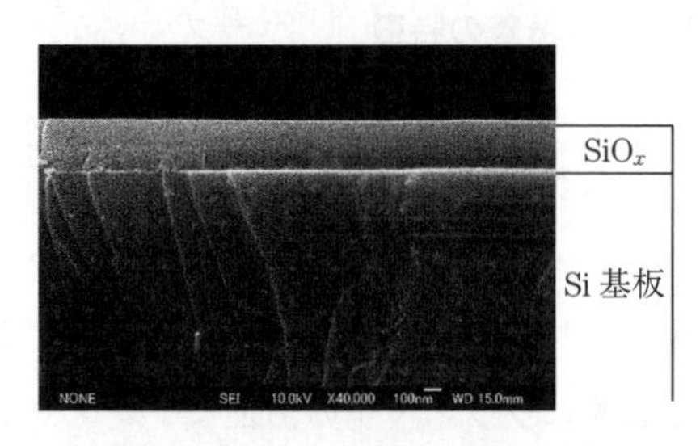

図 8.6　酸化ケイ素膜の SEM 写真

8.3.3 プラズマ CVD 装置

プラズマ CVD 法とは，気体（または液体材料を気化したもの）を原料とし，電力（DC†1，RF†2，マイクロ波）などのエネルギーによりプラズマ化させ，化学反応を誘起して基板表面に薄膜を作製する手法である。蒸着法より成膜レートは遅いが，ガスバリア性の高い膜が得られることが特徴となる。ここでは，モノマーを用いた透明ガスバリア膜の作製について述べる。

〔1〕 プラズマ CVD 装置原理　容量結合型のプラズマ CVD 法の概略図を**図 8.7** に示す[5), 6)]。装置は高周波電源-マッチングボックス回路と接続されている RF 電極，その対向にはアノード電極を兼ねたガス混合器，真空ポンプからなる排気系，モノマーと O_2 を導入するガス供給系から構成されている。モノマーと酸素は MFC にて流量を制御できるようにしている。フィルム基板は RF 電極側に貼り付けて設置しているが，フィルム基板の熱変形を防ぐために RF 電極には冷却水を流している。

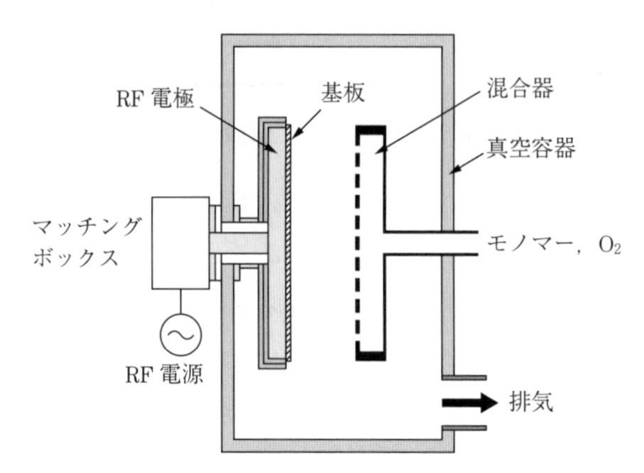

図 8.7　プラズマ CVD の装置概略図

〔2〕 特　　徴　プラズマ CVD 法の特徴はつぎに挙げられる。

① 原料ガスの多種性　　目的に応じ，多種多様な原料ガスを使用することができる。酸化ケイ素膜を作製する場合においても，HMDSO（ヘキサメ

---

†1　direct current，dc とも書く。
†2　radio frequency，rf とも書く。

チルジシロキサン)，TEOS（テトラエチルオルソシリケート)，OMCTS（オクタメチルシクロテトラシロキサン)，TMCTS（テトラメチルシクロテトラシロキサン）などがある。

② 高膜質制御　RF 電力，モノマー/酸素流量混合比，モノマー流量，プロセス圧力を制御することで，有機質に近い膜や無機質に近い膜にコントロールすることができるため，柔軟性のある膜の作製が可能である。

③ 高成膜レート・高品位膜　比較的成膜レートが早く，緻密な膜の作製が可能である（ハイガスバリア膜の作製が可能)。

〔3〕 **成膜結果例**　膜特性を決定する成膜パラメータは，RF 電力，モノマー/酸素流量混合比，モノマー流量が主となる。膜質に及ぼす各成膜パラメータの傾向を**図 8.8** に示す。

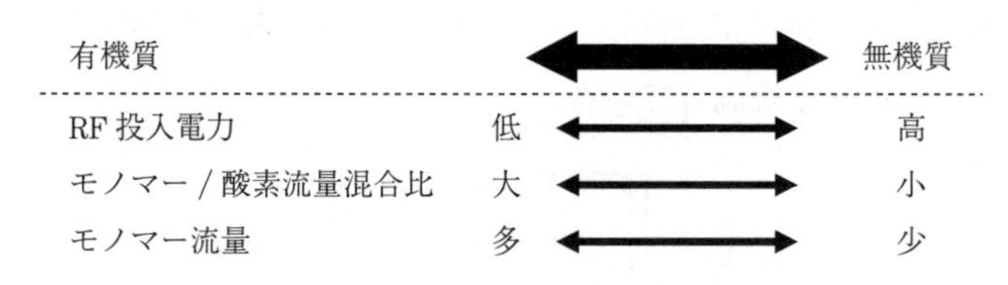

図 8.8　各パラメータにおける膜質傾向

無機質な膜とするためには，RF 電力を高く，モノマー/酸素流量混合比を小さく，モノマー流量を少なくする必要がある。

前述のパラメータにより膜特性が変化する理由として，モノマーの分解状況が変わるためと思われる。一例として，HMDSO：50 sccm と O_2：2000 sccm 流し，RF 電力を 250 W と 1000 W 印加したときのガスを四重極型質量分析計（QMS）で測定したときの比較結果を**図 8.9** に示す。図は縦軸がイオン電流，横軸が質量数であるが，RF 電力の高い 1000 W 印加したときのほうが，質量数の大きいイオン電流が減少し，質量数の小さいイオン電流が増加していることから，HMDSO の分解が促進されていることがわかる。

また，モノマーの種類によっても成膜レートや膜特性が大きく変わる。各モノマーを用いて酸化ケイ素膜を作製したときの特徴を**表 8.3** に示す。成膜パラ

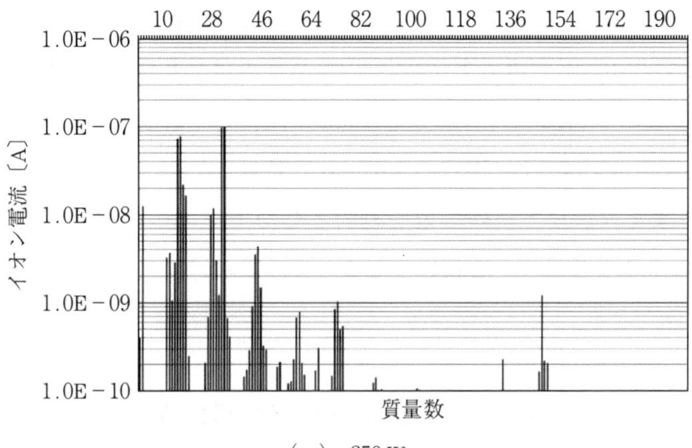

（a） 250 W

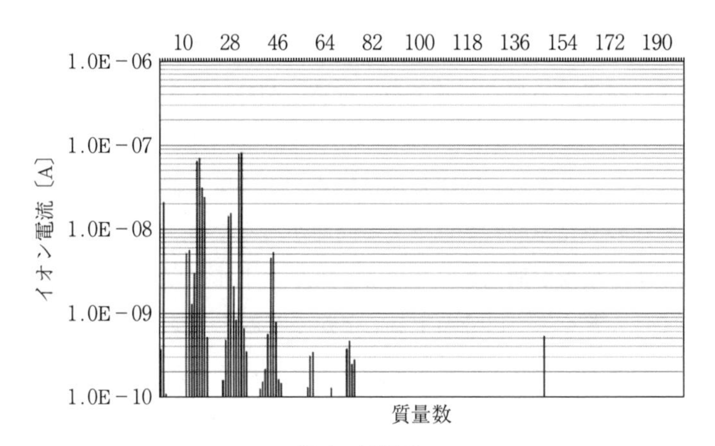

（b） 1000 W

図 8.9　QMS による測定結果比較

表 8.3　各種モノマーの特徴比較

	膜着色	成膜レート	膜柔軟性	バリア性	材料コスト
HMDSO	少し茶褐色	△	×	△	○
OMCTS	茶褐色	×	○	△	×
TEOS	透　明	×	○	×	○
TMCTS	透　明	○	○	○	×

メータにも大きく影響を受けるが，TMCTSが最も成膜レートが早く，かつ膜着色が少なく（透明で透過率が高い），水蒸気透過率も良好な結果となった。TMCTSを用いてPENフィルムに800 nmの酸化ケイ素をコーティングしたときの水蒸気透過率は8.8×10^{-4} g/(m^2·day）であった。

最近ではガスバリア膜の作製を目的としたモノマーの開発も行われており[7]，このようなモノマーを使用することで，さらにガスバリア性の高い膜の作製が可能となる。

8.4　ボトル系バリア成膜技術

8.4.1　概　　　要

PETボトルはガラス瓶と比較すると軽量で割れにくく，またアルミ缶やスチール缶よりも安価であるため，飲料用や調味料などを中心に，幅広く使用されている。しかしながら，PET樹脂は酸素や水蒸気を通しやすく，内容物によっては風味の劣化や品質が低下する問題があるため，PETボトルにガスバリアを付与する技術が開発されている。PETボトルにガスバリアを付与する技術としては大きく二つに分類することができる。一つはPETボトルにガスバリア樹脂や酸素を吸収する樹脂を挟み込み，多層PETボトルにする方法であり，もう一つはPETボトルの内面や外面にガスバリア膜をコーティングする方法である。バリアボトルの分類を**図8.10**に示す。

バリアボトルの適用例としては，ホットウォーマー（お茶など）や油，ワイン，ビールなどが挙げられる。

近年PETボトルは自治体や店頭などで回収され，リサイクルされることが

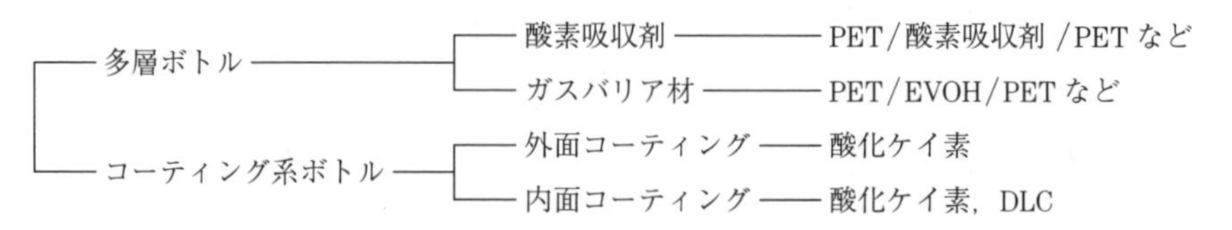

図8.10　バリアボトルの分類

多い。PETボトルのリサイクルには「マテリアルリサイクル」,「ケミカルリサイクル」,「ボトルtoボトル」などの方法がある。マテリアルリサイクルとは，回収したPETボトルをフレーク状に粉砕し，原料に戻す方法である。しかし，多層PETボトルをリサイクルで戻す場合，純度を低下させる可能性があるため，コーティング系ボトルのほうがリサイクルには有利とされている。実際に，コーティング系ボトルは内外面に数十～数百nmの薄膜を形成するだけであるため，容器重量に対して極微量であり，リサイクルに対してほとんど悪影響がない。

コーティング系ボトルには，外面コーティングと内面コーティングがあり，三菱重工やSidel社はPETボトルの内面にDLC（diamond-like carbon）膜をコーティングする装置を開発している。三菱重工が開発した装置は，回転するロータリーテーブル上に配置された真空容器に，ボトル供給-コーティング-ボトル搬出を連続で行うことができ，小型容器（～0.5L）であれば18000本/h，大型容器（～1.5L）であれば12000本/hの生産能力を持つ[8)]。

8.4.2 PETボトル内面コーティング装置

DLCコーティングのガスバリア性は非常に良いが，膜が少し茶褐色をしており，また原料ガスにアセチレンやメタンなど爆発性を有するガスを使用するため，取扱いに注意が必要となる問題がある。そこで，取扱いが容易で，透明な膜となるHMDSOを使った酸化ケイ素内面コーティング装置を開発した。

〔1〕 **装置原理**　開発したマイクロ波CVD法用いたPETボトル内面コーティング装置の概念図を**図8.11**に示す。本装置は，マイクロ波電源のアンテナから発振されたマイクロ波をボトル外部に設けられた円筒状誘電体に沿って伝搬させ，この内部に均一に照射することによってプラズマを生成させることができる[9)]。原材料ガスにはHMDSO，O_2を用いて酸化ケイ素膜を作製している。

プロセスの手順は，① PETボトル内を真空容器の中とともに真空引きを行い，数Pa程度までに減圧し，② HMDSOとO_2をガスノズルから導入した後，

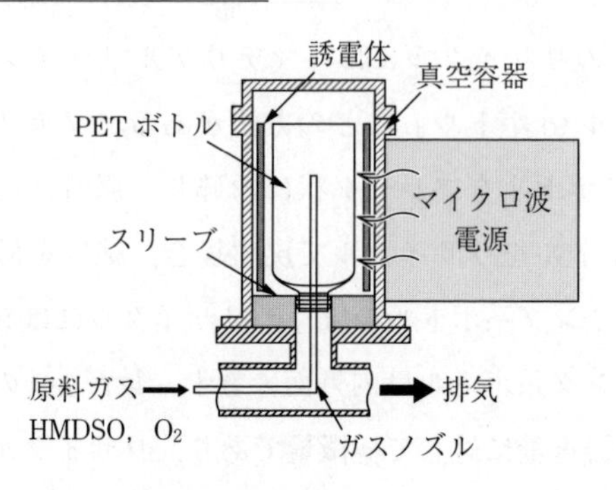

図 8.11　PET ボトル内面コーティング装置の概念図

③ 2.45 GHz のマイクロ波を照射し，PET ボトル内面にプラズマを発生させ，酸化ケイ素膜を 50 〜 80 nm 形成させる。膜を形成する時間は約 10 秒であるが，その時間内で電力，HMDOS 流量，O_2 流量の三つのパラメータを変化させることで，PET ボトルとの密着性が高く，かつバリア性の高いプロセスを実現させている。

〔2〕 **成膜結果例**　　未処理ボトルと本プロセスで行ったバリアボトルの酸素透過率の比較結果を**図 8.12** に示す。酸素透過率は Mocon 社の OX-TRAN®2/61 を用いた。バリアボトルの酸素透過率が 0.004 cc/(pkg･day) に対し，未処理ボトルが 0.062 cc/(pkg･day) であったため，酸素透過率が 1/15 まで低下することがわかった。

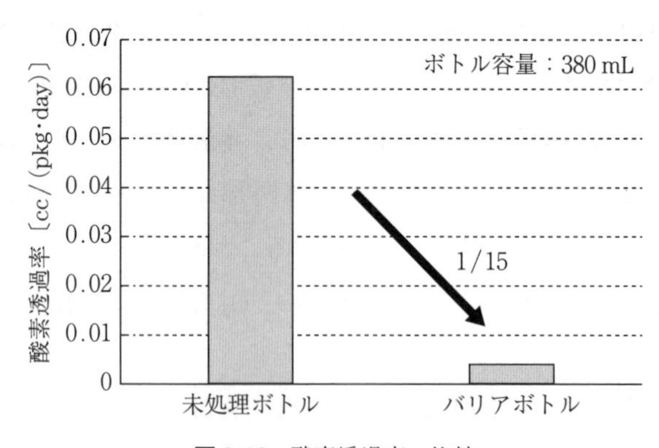

図 8.12　酸素透過率の比較

PET ボトルへの膜密着性が悪いと剥離が生じ，性能が落ちることが考えられる。そこで，密着性の評価をつぎの 2 通りで行った。

① 加振テスト：イオン交換水をバリアボトルに半分充填し，3 分間加振する。

② 落下テスト：イオン交換水をバリアボトルに半分充填し，1 m の高さから落下させる。

密着性テスト前後の酸素透過率の結果を**図 8.13** に示す。テスト前後で酸素バリア性の低下は起きず，密着性の高いガスバリア膜が作製できていることがわかった。

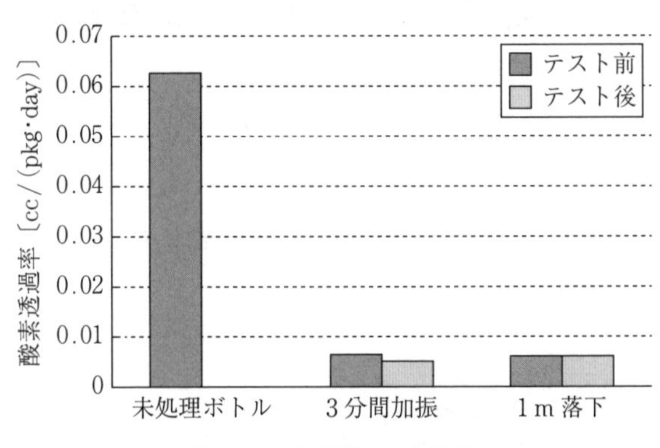

図 8.13　密着性テスト結果

********* 9.

親水性とはっ水性

****

9.1　親水性・はっ水性とその応用分野

近年，固体表面の疎水性や親水性という性質は，はっ水性やぬれ性という実用的な表面機能の観点から，印刷，自動車，エレクトロニクス，エネルギー，医療，衣料，化粧品など，さまざまな産業から生活にわたる広範な分野で応用されつつある（**図 9.1**）。

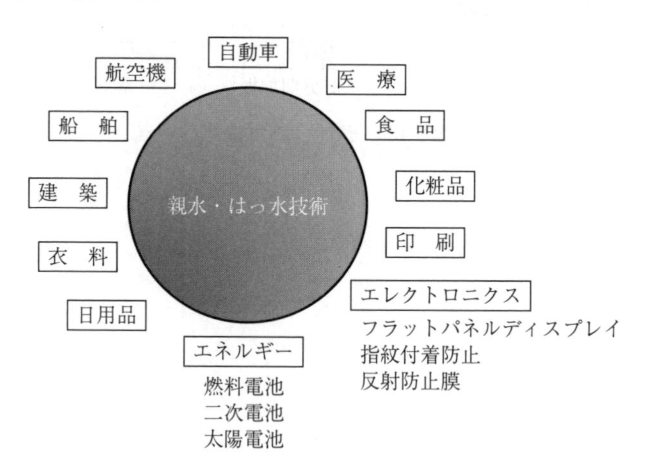

図 9.1　親水・はっ水技術の応用分野

表面のこのような性質は二つの因子によって支配されている。一つは，表面に存在する元素や官能基，またその配列など化学的な因子であり，もう一つは表面の微細な立体構造に基づく物理的な因子である。化学的な因子については，水素結合や凝集力と関わり，古くから数多くの基礎研究がなされてきた[1)]。また，物理的な因子については，おもに，固体表面の微細な凹凸形状による水との界面面積の増大[2)]や，水滴をのせたときに固体表面の凹部に空気が残留することに伴う効果[3)]など，表面の形態学（モルフォロジー）的観点から，多くの研究が進められてきた。ちなみに，前者はウェンゼル（R. N. Wenzel），後者はカッシー（A. B. D Cassie）-バクスター（S. Baxter）の効果としてよく知られている。本章では，親水性とは何か，はっ水性とは何かについて述べる。

9.2 化学的にみた親水性とはっ水性

物質の状態には，一般に固体，液体，気体の三態がある。二つの状態が接する境界を界面と呼ぶ。また，固体が，真空を含め他の状態と接する界面を特に固体の表面と呼ぶ。親水あるいははっ水は，水と固体の界面で生じる現象である。ここでは，凹凸構造のない滑らかな表面について，化学的な観点から親水あるいははっ水の成り立ちについて考える。

9.2.1 親水・はっ水の原理

固体の表面が親水性であるかはっ水性であるかは，本質的にはその現象が起こる前後の状態のエネルギーと関わる。すなわち，自然現象は自発的にはエネルギーの高い状態から低い状態への変化として現れるので，水を完全にはじく表面では，その結果として生じる固体と空気の界面の持つエネルギー（固体の表面エネルギーγ_S）と水と空気の界面の持つエネルギー（水の表面エネルギーγ_L）の和（$\gamma_S+\gamma_L$）が，固体と水の界面の持つエネルギーγ_{SL}より小さい（$\gamma_S+\gamma_L<\gamma_{SL}$）。一方，わずかでも水滴と接触界面を持つ表面では，$\gamma_{SL}\leqq\gamma_S+\gamma_L$の関係があり，このような表面は，接触する水滴の様子から，はっ水性（疎水性）表面と親水性（ぬれ性）表面に分類される。

さて，固体表面に付着した水滴の断面について，水滴と固体との境界線がその端点における水滴の接線となす角を水滴の接触角（θ）と呼ぶが，このθが$90° \leqq \theta \leqq 180°$である表面をはっ水性表面，一方，$\theta$が$0° \leqq \theta < 90°$の表面を親水性表面と定義して，区別している。また，特に，はっ水性表面のうち，$150° \leqq \theta \leqq 180°$である表面を超はっ水性表面，また，親水性表面のうち，$0° \leqq \theta \leqq 10°$の表面を超親水性表面と呼んでいる。接触角については，9.2.3項および9.2.4項を参照されたい。

γ_S，γ_Lおよびγ_{SL}とθの間には，式(9.1)の関係があり（9.2.4項参照）

$$\cos\theta = \frac{\gamma_S - \gamma_{SL}}{\gamma_L} \tag{9.1}$$

この式から，はっ水性表面（$90° \leqq \theta \leqq 180°$）であるための条件は$\gamma_S \leqq \gamma_{SL} \leqq \gamma_S + \gamma_L$であり，また，親水性表面（$0° \leqq \theta < 90°$）であるための条件は$\gamma_S - \gamma_L \leqq \gamma_{SL} < \gamma_S$であることがわかる（**図9.2**）。

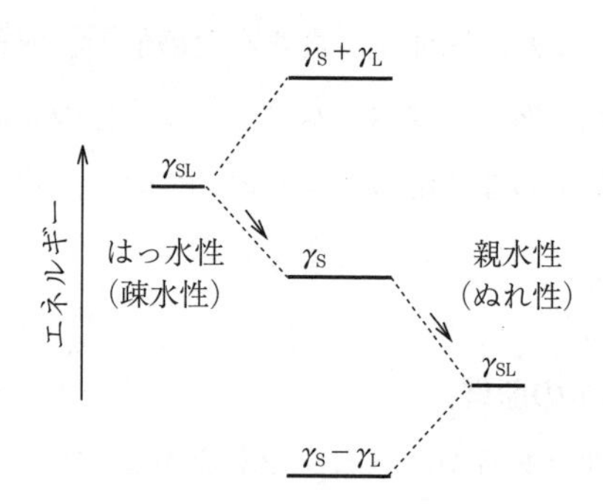

図9.2　表面エネルギーと親水性および
はっ水性

固体の表面から水の膜を引き剝がすのに必要なエネルギーは$\gamma_S + \gamma_L - \gamma_{SL}$であり，この値が小さければ小さいほど剝がしやすく，よりはっ水的な表面になる。逆にぬれの側からみれば，この値が大きければ大きいほどぬれやすく，ぬれることで系全体のエネルギーが安定化する。ジリファルコ（L. A. Girifalco）ら[4]はこの安定化エネルギーが固体と水の表面エネルギーの相乗平均$(\gamma_S\gamma_L)^{1/2}$に比例するとして，式(9.2)の関係を示した。

$$\gamma_{SL} = \gamma_S + \gamma_L - 2\phi(\gamma_S\gamma_L)^{1/2} \tag{9.2}$$

ここで，ϕは系に固有な定数である。

ところで，表面エネルギーとは何であろうか。例えば，適度な濃度の石鹸(けん)水に細い金属線でできた長方形のフレームを挿入して引き上げると，フレームに石鹸膜ができる。新しく生じた石鹸膜の面積は引き上げた高さに比例して増加する。この操作を実行するためには，重力に対する仕事以外に，生成する石鹸膜の張力に抗する仕事が必要になる。その仕事量dW〔J〕は，石鹸膜の面積dA〔m^2〕に比例して増大する。すなわち，比例定数をγとすると，$dW = \gamma dA$である。したがって，γは膜表面の持つ単位面積当りのエネルギー〔Jm^{-2}〕を示す定数であることがわかる。これはまた，膜表面を単位長さだけ引き伸ばすのに必要な力〔Nm^{-1}〕を示す定数と解釈することもできる。γが表面エネルギーまたは表面張力と呼ばれるゆえんである。水溶液中の溶質の種類や濃度が異なればγの値は異なる。このように，γは一般に表面の化学的情報を含んでおり，個々の表面に固有な物理量として重要である。実際の固体表面の多くは，数十 mJm^{-2} あるいは数十 mNm^{-1} の表面エネルギーあるいは表面張力を持っている。表面エネルギーについての詳細は，文献5）を参照されたい。

9.2.2　凝集力と界面エネルギー

界面エネルギーは微視的には物質を構成する分子あるいは原子間の電気的な相互作用に基づいて生じる。そのような相互作用は，分子や原子内における電子分布の偏りによって生じる。

電子分布が偏り電荷分離の生じた分子は，分子内に正極（$\delta+$）と負極（$\delta-$）を持つ電気双極子として振る舞う。また，中性の原子や分子であっても，近づいてくる双極子の持つ電場（外部電場）の影響で電子分布に偏りが生じ，双極子が誘起されることがある。このようなメカニズムで生じる双極子を誘起双極子と呼ぶ。双極子としての性質は電気双極子モーメントと呼ばれる物理量で比較される。電気双極子モーメントは，**図 9.3**（a）に示すように，双極子の負極から正極へ向かうベクトル量であり，その大きさは双極子の持つ電気量qと電荷間の距離rの積で定義される。すなわち，双極子モーメントの大きさを$\boldsymbol{\mu}$

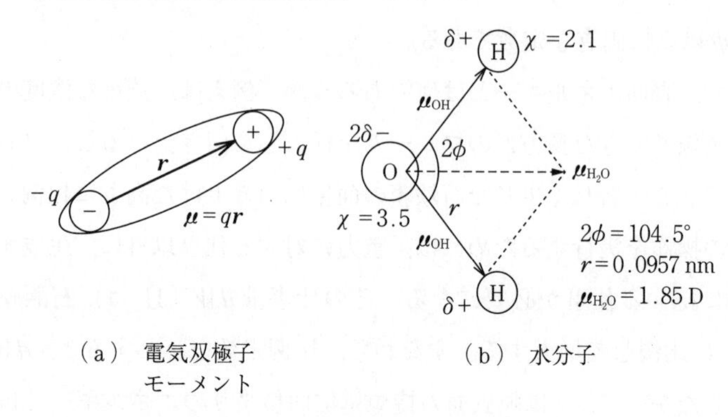

図 9.3　水分子と電気双極子モーメント

で表すと，$\boldsymbol{\mu} = q\boldsymbol{r}$ である。

電気量 q の単位はクーロン〔C〕であり，距離 r の単位はメートル〔m〕であるから，双極子モーメントの大きさ $\boldsymbol{\mu}$ の単位はクーロン・メートル〔Cm〕である。原子や分子に生じる双極子モーメントはおよそ 10^{-30} Cm の大きさであり，デバイ（P. J. W. Debye）は 3.336×10^{-30} Cm（当時は CGS 単位系が用いられており，10^{-18} esu cm）を 1 D（デバイ）とした。デバイという単位は双極子モーメントの大きさを表す単位として現在でも使われている。水分子（H_2O）の電気双極子モーメントは大きく，実測値で約 1.85 D（$\boldsymbol{\mu}_{H_2O}$）であることが知られている。分子全体の双極子モーメントは，分子を形づくっている化学結合に生じる双極子モーメントのベクトル和として現れるので，水分子では，二つの O–H 結合に生じる双極子モーメントのベクトル和として現れる（図 9.3（b））。H–O–H の結合角（2ϕ）は 104.5°，O–H 結合距離（r）は 0.0957 nm であるから，O–H 結合の双極子モーメントの大きさ $\boldsymbol{\mu}_{OH}$ は，$\boldsymbol{\mu}_{H_2O} = 2\boldsymbol{\mu}_{OH} \cos \phi$ の関係から約 1.51 D と推算される。O–H 結合にこのような双極子モーメントが生じるのは，O 原子と H 原子でその結合にあずかる電子を引き付ける能力（電気陰性度）が異なり，電荷分離が生じるためである。ポーリング（L. C. Pauling）の電気陰性度では O 原子 3.5 に対して H 原子は 2.1 であり，O–H 結合の結合電子は O 原子側に偏って存在するため，H 原子上に $\delta+$，O 原子上に $\delta-$ の部分電荷が生じ，O–H 結合の双極子モーメントが O 原子から H 原子に向かって生じる。このようにして生じた双極子どうしの相互作用によって水分子は凝集し，水という物質がつくられる。隣接した水分子間には水素結合も生じ，相互に強く結合して巨大分子のように振る舞うことも知られている[6]。

また，原子や分子の電気的性質を示すもう一つの量に分極率がある。分極率は，原子や分子に外部電場が作用したとき，双極子モーメントの変化のしやすさを表す物理量であり，双極子モーメントの大きさの変化量 $d\boldsymbol{\mu}$ は外部電場の変化量 dE に比例する。その比例定数を分極率と呼び，α で表す。すなわち，分極率 α は，$\alpha = d\boldsymbol{\mu}/dE$ で定義される。中性の原子や分子であれば，外部電場がその電子分布を歪ませ，その結果として電気双極子を誘起させるが，生じた誘起双極子モーメントの大きさは外部電場の強さに比例することを示している。分極率 α の大きな原子や分子ほど，外部電場に対してその電子分布が歪みやすく，その結果，より大きな電気双極子モーメントが誘起され，凝集を起こしやすい。

双極子モーメントを持たない中性の原子や分子でも凝集は起こる。例えば，水素やヘリウムも圧力をかければ凝集して液体水素や液体ヘリウムになる。このときの凝集力は，瞬間ごとの双極子–双極子間相互作用に基づくと考えることができる。すなわち，中性の原子や分子であっても瞬間的には電子は原子核を一様に覆ってはいないのであり，電荷分離した双極子の状態にあると考えることができる。そのような中性の粒子間に生じる凝集力は分散力あるいはロンドン力と呼ばれ，量子力学的な力として知られている。

前述のような電気双極子の効果によって生じる凝集力は，一般にファンデルワールス力と総称されるが，これは主として，双極子–双極子間相互作用に起因する配向力，双極子–誘起双極子間相互作用に基づく誘起力，および分散力（ロンドン力）の三つに分類することができる。これらによって生じる結合がどのくらい強いのか，イオン結合や共有結合または水素結合などと比較しながら**表 9.1** にまとめた。ただし，式中の $U_{\mathrm{p-p}}$，$U_{\mathrm{p-i}}$ および U_{d} はそれぞれ双極子–双極子間ポテンシャルエネルギー，双極子–誘起双極子間ポテンシャルエネルギーおよび分散力のポテンシャルエネルギーであり，$\boldsymbol{r}$ は双極子間距離であ

表9.1 結合と結合エネルギー

結　合			結合エネルギー〔kJmol^{-1}〕
一次結合	イオン結合		590 ～ 1050
	共有結合		63 ～ 710
	金属結合		110 ～ 350
二次結合	水素結合		～ 50
	ファンデルワールス力	配向力（双極子-双極子） $U_{\mathrm{p-p}} = -\dfrac{2}{3\kappa T}\dfrac{\boldsymbol{\mu}_1^2\boldsymbol{\mu}_2^2}{(4\pi\varepsilon_0)^2}r^{-6}$	～ 40
		誘起力（双極子-誘起双極子） $U_{\mathrm{p-i}} = -4\dfrac{\boldsymbol{\mu}_1^2\alpha_2}{(4\pi\varepsilon_0)^2}r^{-6}$	～ 2
		分散力（非極性-非極性） $U_{\mathrm{d}} = -\dfrac{3}{2}\dfrac{\alpha_1\alpha_2}{(4\pi\varepsilon_0)^2}\dfrac{I_1 I_2}{I_1+I_2}r^{-6}$	～ 20

る。$\boldsymbol{\mu}_1$ および $\boldsymbol{\mu}_2$ は分子または原子１および２の双極子モーメント，α_1 および α_2 は分子または原子１および２の分極率，I_1 および I_2 は分子または原子１および２のイオン化ポテンシャル，κ および ε_0 はそれぞれボルツマン定数および真空の誘電率，T は絶対温度である。

また，**表9.2**には，いくつかの原子や分子について，電気双極子モーメント $\boldsymbol{\mu}$，分極率 α およびイオン化エネルギー I を示した[7)]。また，**表9.3**には，これらの数値を使って，表9.1の $U_{\mathrm{p-p}}$，$U_{\mathrm{p-i}}$ および U_{d} を計算した結果を示した。分散力の寄与が意外に大きいことがわかる。分散力はしばしば凝集に対して重要な役割を演じ，一般に，分子サイズが大きくなればなるほどその寄与は大きくなる。いずれにしても，これらの凝集力によって物質相間の界面エネルギーが生じる。一般に，相互作用が大きいほど界面エネルギーは大きく，相互作用が小さいほど界面エネルギーは小さい。

フォークス（F. F. Fowkes）は，熱力学的状態量の一つである表面エネルギー γ を配向力と誘起力からなる極性成分 γ_{p} と分散力成分 γ_{d} の和として扱えることを示した[8)]。

表 9.2 種々の原子および分子の双極子モーメント，分極率およびイオン化エネルギー

原子および分子	μ 〔10^{-30} Cm〕	α 〔10^{-40} C^{2}m^{2}J^{-1}〕	I 〔10^{-18} J〕
He	0	0.23	3.939
Ne	0	0.43	3.454
Ar	0	1.81	2.525
N_2	0	1.97	2.496
CH_4	0	2.89	2.004
C_2H_6	0	4.93	1.846
C_3H_8	0.03	7.02	1.754
CO	0.40	2.19	2.244
CO_2	0	2.93	2.206
HCl	3.44	2.93	2.043
HI	1.47	6.03	1.664
NH_3	5.00	2.48	1.628
H_2O	6.14	1.64	2.020

表 9.3 分子間の U_{p-p}，U_{p-i} および U_d の計算

相互作用	U_{p-p} 〔kJmol^{-1}〕	U_{p-i} 〔kJmol^{-1}〕	U_d 〔kJmol^{-1}〕
N_2-N_2	0	0	−4.8
CH_4-CH_4	0	0	−8.4
C_3H_8-C_3H_8	−0.0	−0.0	−43.3
HCl-HCl	−1.5	−0.5	−8.8
HI-HI	−0.1	−0.4	−30.3
NH_3-NH_3	−6.8	−1.7	−5.0
H_2O-H_2O	−15.4	−1.7	−2.7
H_2O-N_2	0	−2.0	−3.6
H_2O-CH_4	0	−2.9	−4.8
H_2O-C_3H_8	−0.0	−7.1	−10.8
H_2O-HCl	−4.8	−2.9	−4.9
H_2O-HI	−0.9	−6.1	−9.0
H_2O-NH_3	−10.2	−2.5	−3.7

$$\gamma = \gamma_p + \gamma_d \tag{9.3}$$

特に，分散力成分が支配的であり，極性成分が無視できる系については，界面の生成に伴う安定化エネルギーは分散力成分の幾何平均 $(\gamma_{Sd}\gamma_{Ld})^{1/2}$ の 2 倍に近似でき，式 (9.2) に代わり，式 (9.4) を提案した。この式は，フォークスの式として知られている。

$$\gamma_{SL} = \gamma_S + \gamma_L - 2(\gamma_{Sd}\gamma_{Ld})^{1/2} \tag{9.4}$$

その後，オーエンス（D. K. Owens）とウェント（R. C. Wendt）[9] は，極性成分も含めたより一般的な場合について，つぎの拡張フォークス式を提案している。

$$\gamma_{SL} = \gamma_S + \gamma_L - 2(\gamma_{Sd}\gamma_{Ld})^{1/2} - 2(\gamma_{Sp}\gamma_{Lp})^{1/2} \tag{9.5}$$

9.2.3　固体の表面張力（表面エネルギー）

液体の表面張力については，古くから，毛管上昇法，つり輪（円環）法，滴下（滴重）法などの方法で測定が行われてきた。固体の表面張力あるいは表面エネルギーはどのように求めるのであろうか。以下に，拡張フォークス式 (9.5) を応用した方法について述べる。**図 9.4** に示すように，滑らかな固体表面に落とした液滴の接触角 θ と液滴に働く表面張力との関係を示すヤング（T. Young）の式[10),11)]

$$\gamma_S = \gamma_{SL} + \gamma_L \cos\theta \tag{9.6}$$

を考慮すると，式 (9.5) から次式が得られる。

$$\gamma_L(1 + \cos\theta)/2\gamma_{Ld}{}^{1/2} = \gamma_{Sp}{}^{1/2}(\gamma_{Lp}/\gamma_{Ld})^{1/2} + \gamma_{Sd}{}^{1/2} \tag{9.7}$$

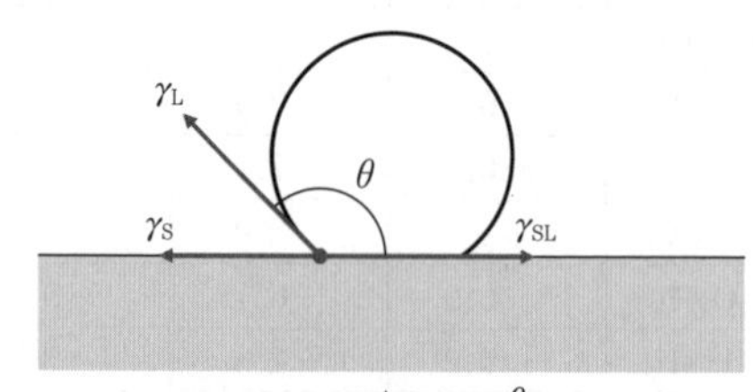

$\gamma_S = \gamma_{SL} + \gamma_L \cos\theta$

図 9.4　ヤングの表面における接触角と表面張力の関係

式(9.7)は，液滴の$(\gamma_{Lp}/\gamma_{Ld})^{1/2}$値と$\gamma_L(1+\cos\theta)/2\gamma_{Ld}{}^{1/2}$値の間に直線関係が成り立つことを示している。したがって，表面張力〔mNm^{-1}〕（表面エネルギー〔mJm^{-2}〕）の極性項γ_{Lp}と分散力項γ_{Ld}のわかっている数種の液体（**表9.4**）について，その液滴を固体表面に着滴させて接触角θを測定し，$(\gamma_{Lp}/\gamma_{Ld})^{1/2}$の値に対して$\gamma_L(1+\cos\theta)/2\gamma_{Ld}{}^{1/2}$の値をプロットすると直線が得られ，その傾き$\gamma_{Sp}{}^{1/2}$および切片$\gamma_{Sd}{}^{1/2}$から，それぞれ固体表面の表面張力〔$mNm^{-1}$〕（表面エネルギー〔$mJm^{-2}$〕）$\gamma_S$の極性項$\gamma_{Sp}$および分散力項$\gamma_{Sd}$が求まり，その和として$\gamma_S$を知ることができる。その様子を**図9.5**に示す。**表9.5**には，高分子や電極材料などいくつかの固体材料表面について具体的な数値例を示した。

表9.4　液体の表面張力とその極性項および分散力項

液　体		表面張力〔mNm^{-1}〕		
		γ_L	γ_{Lp}	γ_{Ld}
水	H_2O	72.8	51.0	21.8
グリセロール	$HOCH_2CH(OH)CH_2OH$	63.4	26.4	37.0
ホルムアミド	NH_2CHO	58.2	18.7	39.5
エチレングリコール	$HOCH_2CH_2OH$	48	19	29
ヨウ化メチレン	CH_2I_2	50.8	0	50.8
ブロモナフタレン	$C_{10}H_7Br$	44.6	0	44.6

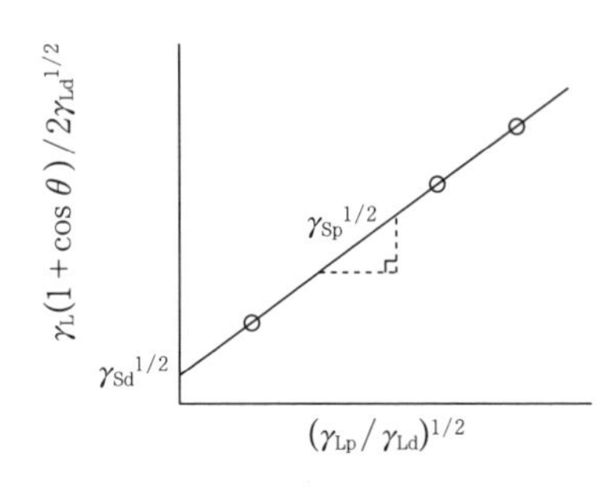

図9.5　固体の表面張力の極性項と分散力項の決定

固体表面に結合した水酸基（OH基）やアミノ基（NH_2基）は大きな電気双極子モーメントを持ち，水と強く相互作用して固体表面をぬらす効果を持つ。一方，固体表面に結合したフッ素原子（F）は水とほとんど相互作用しない

表 9.5　固体材料の表面張力とその極性項および分散力項

固体材料	表面張力†〔mNm^{-1}〕			極性率 P〔%〕
	γ_S	γ_{Sp}	γ_{Sd}	
コバルト酸リチウム	60.8	34.8	26.0	57
ポリビニルアルコール（PVAL）	55	29	26	53
カーボンブラック	37.8	14.1	23.7	37
ポリトリフルオロエチレン	31	9	22	29
ポリエチレンテレフタレート（PET）	44	11	33	25
ポリフッ化ビニリデン（PVDF）	30.3	7.0	23.3	23
ポリスチレン（PS）	37	7	30	19
ポリエチレンオキシド（PEOX）	38	7	31	18
アルミニウム（乾燥）	39	6	33	15
ポリエチレン（PE）	37.6	3.4	34.2	9
ポリメタクリル酸メチル（PMMA）	44	2	42	5
ポリ塩化ビニル（PVC）	40.6	1.5	39.1	4
ポリプロピレン（PP）	32	1	31	3
ポリテトラフルオロエチレン（PTFE）	18.9	0	18.9	0

† $\gamma_S = \gamma_{Sp} + \gamma_{Sd}$

はっ水的な表面をつくる。フッ素は，**図 9.6** に示すように周期表の元素の中で最も電気陰性度が大きく，その原子は強く電子を引き付け，半径が小さく，また，外部電場に対して電子雲が揺らぎにくく，小さな分極率を持つ。このよう

H 0.30 (2.1)	典型元素と原子半径〔Å〕 1Å＝0.1 nm＝100 pm （ポーリングの電気陰性度 $\chi^{\dagger}$）						He 1.40
Li 1.52 (1.0)	Be 1.11 (1.5)	B 0.81 (2.0)	C 0.77 (2.5)	N 0.74 (3.0)	O 0.74 (3.5)	F 0.72 (4.0)	Ne 1.54
Na 1.90 (0.9)	Mg 1.45 (1.2)	Al 1.18 (1.5)	Si 1.11 (1.8)	P 1.06 (2.1)	S 1.04 (2.5)	Cl 0.99 (3.0)	Ar 1.88

† $\chi_A - \chi_B = \sqrt{\Delta_{AB}/\mathrm{eV}}$，$\Delta_{AB} = D_{AB} - \sqrt{D_{AA}D_{BB}}$。ただし，$D_{AA}$，$D_{BB}$，および D_{AB} は，それぞれ A-A，B-B，および A-B 結合の結合解離エネルギーである。

図 9.6　原子半径およびポーリングの電気陰性度

な原子が結合した表面は，水に対しても油に対しても相互作用が小さく，はっ水的でかつはつ油的である。

9.2.4　親水・はっ水現象―水滴の接触角と表面エネルギー

親水性やはっ水性を議論するうえで重要なパラメータは，表面エネルギーまたは表面表力と呼ばれる物理量 γ であるが，実際は，水滴をはじく様子を感覚的にとらえることのできる接触角 θ がよく用いられる。接触角については，文献 5）を参照されたい。前述したヤングの式 (9.6) は，凹凸のない滑らかな固体表面が前提であるから，そこで得られる接触角は固体表面の化学的性質にのみ依存する量である。式 (9.6) を変形して，9.2.1 項に示した式 (9.1) を得る。

図 9.7 に示すように，テフロンなどのようなフッ素系の材料では，$\gamma_S < \gamma_{SL}$ であり，接触角 $\theta > 90°$ のはっ水的な表面を与える。フッ素系材料は，はっ水性材料としてよく使用されている。ガラスやセラミックスなど金属酸化物系の材料では，$\gamma_S > \gamma_{SL}$ であり，接触角 $\theta < 90°$ の親水的な表面を与える。また，炭素（C）やシリコン（Si）などは，およそ $\gamma_S = \gamma_{SL}$ であり，接触角 $\theta = \text{ca.}90°$ の表面を与える。

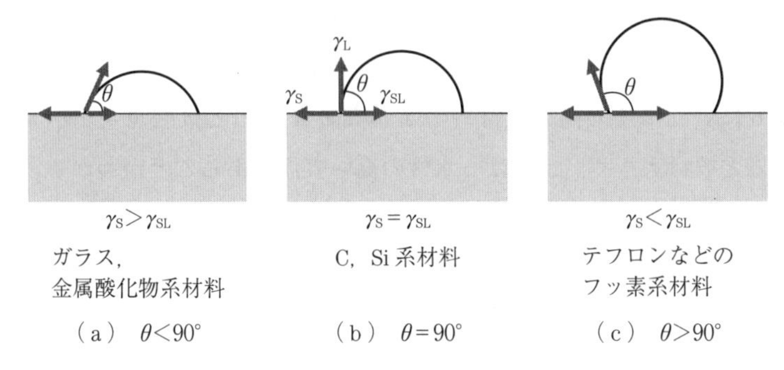

図 9.7　表面張力と親水性・はっ水性

一般に，接触角 θ が 150° 以上であるような表面を超はっ水性表面と呼ぶが，化学的な改質のみで達成できる接触角はせいぜい 120° が限界であることが経験的に知られている[12]。一方，θ が 10° 以下であるような表面を超親水性表面と呼ぶ。

9.2.5　臨界表面張力と親水性・はっ水性

固体表面のぬれ性を示す指標に臨界表面張力がある。critical の頭文字 c を添字として γ_c と表記される。一般に，γ_c の値が小さい表面ほどはっ水的な表面であり，この値が大きいほど親水的な表面である。臨界表面張力とはどのような表面張力なのであろうか。

表面張力の異なる数種類の液体を用意し，**図 9.8**（a）に示すように目的の固体表面にそれぞれの液滴をのせたときに液滴の示す接触角を測定し，得られた接触角 θ の余弦 $\cos\theta$ を，それぞれの液滴の表面張力 γ_L に対してプロットすると，図（b）に示すような直線関係が得られる。この直線を γ_L 軸の 0 の側へ外挿すると，$\cos\theta=1$ の水平線と交わる。この交点を与える γ_L をこの固体の臨界表面張力といい，γ_c で表す。$\cos\theta=1$ では接触角 θ は 0 であるから，表面張力が γ_c である液体はこの固体表面上をぬれ広がることになる。すなわち，固体表面のぬれ性の尺度に，その固体表面を初めてぬれ広がることのできる仮想の液体の表面張力を用いるのである。初めてぬれ広がることのできる液体の表面張力が小さいほどその固体表面の表面張力（表面エネルギー）は小さくはっ水的であり，逆に大きいほど親水的である。

表 9.6 にいくつかの高分子材料の臨界表面張力 γ_c と接触角 θ を示す。γ_c が小さいほど θ は大きく，よりはっ水性の高い表面であることがわかる。現在知

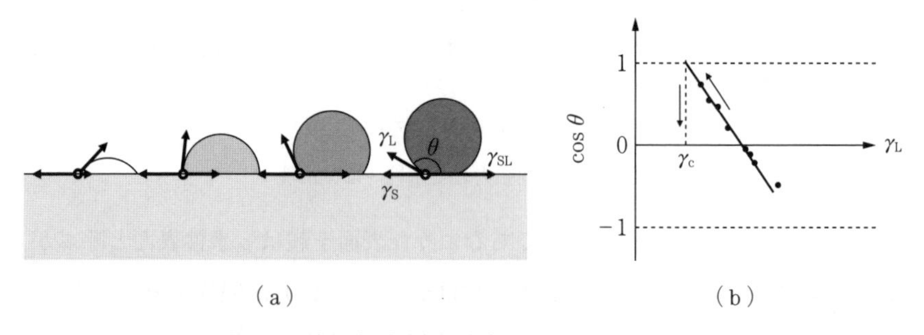

図 9.8　臨界表面張力の決定：ジスマンプロット

表 9.6　高分子材料の臨界表面張力と水滴の接触角

高分子材料	官能基・構造	γ_c〔mNm^{-1}〕	θ〔°〕
末端トリフルオロメチル基†	$-CH_2CH_2(CF_2)_9-CF_3$	6	118
末端ジフルオロメチル基†	$-CH_2CH_2(CF_2)_9-CF_2H$	15	—
ポリテトラフルオロエチレン	$-CF_2-CF_2-$	18	108 ～ 113
ポリフッ化ビニルデン	$-CF_2-CH_2-$	25	—
パラフィン（結晶）	$-CH_3$	20 ～ 22	110
パラフィン（単分子膜）	$-CH_3$	22 ～ 24	—
ポリプロピレン	$-CH_2-CH(CH_3)-$	29	—
ポリエチレン	$-CH_2-CH_2-$	31	92 ～ 96
ポリスチレン	$-CH_2-CH(C_6H_5)-$	30 ～ 33	—
ポリビニルアルコール	$-CH_2-CH(OH)-$	37	36
ナイロン-6,6	$-CO-(CH_2)_4-CO-NH-(CH_2)_6-NH-$	42 ～ 46	—
ポリカーボネート	$-O-C_6H_4-C(CH_3)_2-C_6H_4-O-CO-$	45	—

†　シランカップリング法によりガラス基板上に化学修飾。

られている化学的に最も小さな臨界表面張力は 6 mNm^{-1} であり，接触角で 118° の表面である。末端に CF_3 基を有するパーフルオロアルキル基（$CF_3(CF_2)_9CH_2CH_2-$）をガラス基板表面に結合させた表面である[13), 14)]。末端を CHF_2 基に換えると臨界表面張力は 15 mNm^{-1} となり，はっ水性は低下する。前に述べたように，F 原子は分極率が小さく，固体表面に結合した場合にはその表面エネルギーを低下させ表面をはっ水化する効果を持つ。一方，同族元素である塩素は逆に表面をやや親水化する傾向が認められる。おおむね，水滴の接触角が 90° であるような固体表面の臨界表面張力は $\gamma_c = 31 \sim 32$ mNm^{-1} である。臨界表面張力がこれより小さい表面ははっ水性を示し，また，これより大きい表面は親水性を示す。

以上，本節では固体表面の親水性およびはっ水性を化学的側面から見てきた。さらに超親水性あるいは超はっ水性の表面を得るためには，表面を改質して化学的な性質を制御するだけではなく，化学的な改質を行うと同時に，表面の微細な凹凸構造を制御することで初めてそれが達成できることがわかってきた。次節では，微細構造を制御することによる超親水化および超はっ水化の原理について述べる。

9.3　表面の物理的構造制御による超親水化・超はっ水化

蓮や里芋の葉は水をよくはじく。アメンボの足も水をよくはじき，水面の滑走を可能にしている。これらの生体組織はフッ素でできているわけではない。表面の微細な凹凸構造に基づくモルフォロジー効果によるのである。すなわち，表面に微細な凹凸構造が存在すると，単位面積当りの表面積は増大する。また，表面に空気が捕捉され，空気層が形成されるなどの効果を生む。これらの効果は，しばしば，固体表面の化学的性質から推定されるヤングの接触角 θ とは大きく異なる接触角を与えることになる。

このような表面における微細な凹凸構造の効果をうまく説明する理論が二つある。一つはウェンゼルの理論[2)] であり，もう一つはカッシーとバクスターの理論[3)] である。**図 9.9**（a）にはウェンゼルの表面，また，図 9.9（b）にはカッシー－バクスターの表面を示した。

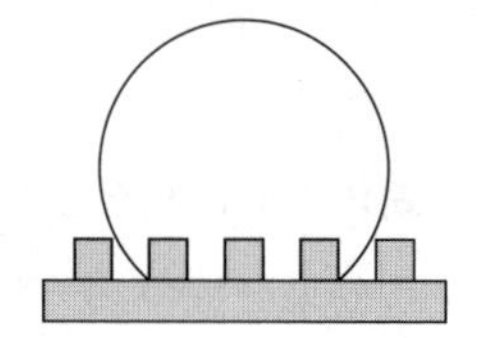

（a）　ウェンゼルの表面

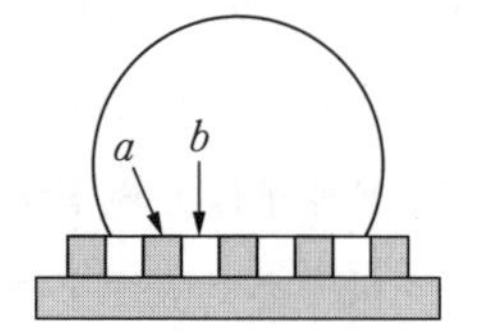

（b）　カッシー-バクスターの表面

図 9.9　ウェンゼルの表面とカッシー－バクスターの表面

9.3.1　ウェンゼルの表面

ウェンゼルの理論における実表面（ウェンゼルの表面）では，水は微細な凹凸に沿って固体表面と密着する。したがって，ヤングの滑らかな理想表面（ヤングの表面）に比べ，水滴との接触面積は増大する。ある単位領域におけるヤングの表面に対するウェンゼルの表面の面積の倍率を r（>1）とすると，ヤングの式 (9.6) 中の γ_S および γ_{SL} にそれぞれ r を乗じる必要がある。このとき実際に観測される接触角を θ_W（ウェンゼルの接触角）とすると次式が得られる。

$$r\gamma_S = r\gamma_{SL} + \gamma_L \cos\theta_W \tag{9.8}$$

$$\cos\theta_W = \frac{r(\gamma_S - \gamma_{SL})}{\gamma_L} \tag{9.9}$$

したがって，式 (9.7) より，θ_W は θ と次式で関係付けられる。

$$\cos\theta_W = r\cos\theta \tag{9.10}$$

$r>1$ であるから，親水性の表面（$\theta<90°$）ではより親水的（$\theta_W<\theta<90°$）となり，はっ水性の表面（$90°<\theta$）ではよりはっ水的（$90°<\theta_{chem}<\theta_W$）となる。すなわち，ウェンゼルの表面では化学的な親水性やはっ水性が表面の微細な凹凸構造によって強調されるのである。r をウェンゼルのラフネスファクターと呼ぶことがある。

9.3.2　カッシー-バクスターの表面

図 9.9（b）のカッシー-バクスターの表面では，水滴をのせたときに表面の微細な凹部に空気が捕捉されることを想定している。このような表面では，のせた水滴のつくる界面は，凹部にある空気との界面と凸部にある固体との界面から成る。固体との界面の面積の割合を f（$0<f<1$）とすると，残りの $1-f$ は凹部に捕捉された空気との界面の面積の割合である。このような表面で観測される接触角を θ_C（カッシー-バクスターの接触角）とすると，θ_C は次式で与えられる。ただし，固体 S に対して空気を G とした。

$$\cos\theta_C = \frac{f(\gamma_S - \gamma_{SL})}{\gamma_L} + \frac{(1-f)(\gamma_G - \gamma_{GL})}{\gamma_L} \tag{9.11}$$

式 (9.11) の第 2 項の表面エネルギーについて，同温同圧における空気と空気の界面は存在しないので $\gamma_G=0$，また，前述したとおり $\gamma_{GL}=\gamma_L$ である。また，第 1 項について，ヤングの式 (9.1) の関係から $\cos\theta$ を用いれば，つぎの式 (9.12) を得る。

$$\cos\theta_C = f\cos\theta - (1-f) = f - 1 + f\cos\theta \tag{9.12}$$

式 (9.12) に従えば，カッシー-バクスターの表面は，$\theta=90°$ の固体表面に対して，$\cos\theta_C = f-1$ であり，$0<f<1$ であるから，$\cos\theta_C<0$，すなわち $\theta_C>90°$ とする。さらに $\theta<90°$ の面に対しても $\theta_C>90°$ とする場合がある。$f=0.5$ では，$\cos\theta_C = -0.5(1-\cos\theta)<0$ となり，$\theta\to 0°$ の化学的表面で，観測される接触角は $\theta_C\to 90°$ となる。すなわち，カッシー-バクスターの表面は，はっ水性の固体表面の構築に有効であることを示唆している。

9.3.3　超親水表面と超はっ水表面

9.3.1 項と 9.3.2 項の議論から，化学的な性質が $\theta>90°$ であるようなはっ水性の固体材料であれば，ウェンゼルの表面またはカッシー-バクスターの表面を構築することにより，高はっ水さらには超はっ水の表面をつくることが可能であることがわかる。一方，化学的な性質が $\theta<90°$ であるような親水性の固体材料であれば，ウェンゼルの表面を利用して，高親水さらには超親水の表面を創製することができる。

図 9.10 には，ラフネスファクター r をパラメータとして，ヤングの接触角 θ とウェンゼルの接触角 θ_W の関係を式 (9.13) で表し，実線で示す。

$$\theta_W = \cos^{-1}(r\cos\theta) \tag{9.13}$$

r の値が大きくなるほど，曲線の立ち上がりは急になり，また，$\theta=90°$ を中

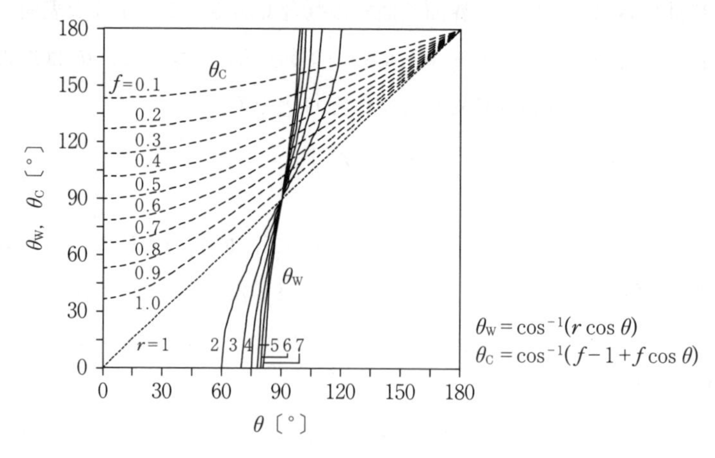

図 9.10　接触角に及ぼす表面形態の効果：θ に対する θ_W および θ_C

心に超親水–超はっ水の移行領域の幅は狭くなり，超親水または超はっ水を可能とする材料選択の幅は広がる。

また，図 9.10 には固体表面の面積分率 f をパラメータとして，ヤングの接触角 θ とカッシー–バクスターの接触角 θ_C の関係を式 (9.14) で表し，点線で示した。

$$\theta_C = \cos^{-1}(f-1+f\cos\theta) \tag{9.14}$$

f の値が小さくなり表面に内包される空気量が増加すると，θ すなわち固体表面の化学的材質のいかんを問わず全体的に高はっ水化する。親水性の高い表面ほどより高はっ水化する傾向がある。ただし，カッシー–バクスターの表面では，ウェンゼルの表面への移行が起こらないよう，凹部（溝）内面の緻密な加工が重要と考えられる。底部はともかく，少なくとも凹部側面ははっ水性である必要がある。凹部側面が親水性であると，水が凹部へ浸入しやすく，カッシー–バクスターの表面が維持されないからである。

表面の微細な凹凸構造の一例にフラクタル構造がある。大きな凹凸構造の中にそれと相似形の小さな凹凸構造があり，またその中により小さな相似形の凹凸構造があるというように，相似形の凹凸構造が大から小に向かって繰り返し現れる構造がフラクタル（自己相似）構造であり，このようなフラクタル構造を持つ表面をフラクタル表面という。フラクタル表面は非常に大きな実表面積を持ち，ウェンゼルの表面として扱うことができるならば，そのラフネスファクターは $r=(L/l)^{D-2}$ で表すことができ，したがって，ウェンゼルの接触角は次式で与えられる[15), 16)]。

$$\cos\theta_W = (L/l)^{D-2}\cos\theta \tag{9.15}$$

ただし，L と l はフラクタル構造が成り立つ最大および最小のサイズで，D はフラクタル次元と呼ばれる。フラクタル性の成り立つ範囲が広いほど，すなわち L が大きくかつ l が小さいほど，またフラクタル次元が大きいほど，超はっ水あるいは超親水に対する効果は大きいといえる。

本章では，先端技術における重要な要素の一つである親水とはっ水に関する基礎的な知識について解説した。以下にその内容を要約してみよう。

① 親水性やはっ水性は，水と固体表面の相互作用の結果として生じ，本質的には原子や分子間に作用するファンデルワールス力と関わる。

② ファンデルワールス力は表面エネルギーに反映され，表面エネルギーは表面張力として水滴の接触角に反映される。

③ 親水性の固体表面では水滴の接触角が小さく，表面エネルギーが大きい。このことは，水分子と固体を構成する原子間の相互作用が大きいことを示している。

④ ファンデルワールス力が小さいということは，電子軌道の揺らぎが小さいことであり，典型的な例はフッ素原子である。

⑤ フッ素原子は分極率が小さく，水に対しても油に対してもきわめて小さな相互作用しか示さず，高いはっ水性とはつ油性を持つ。

⑥ 超親水性や超はっ水性は化学的な改質だけでは得ることは難しく，表面の微細な凹凸構造を物理化学的に制御する必要がある。ウェンゼルの理論とカッシー-バクスターの理論がそのための基礎を提供してくれる。

なお，本章と関連して，文献 17）を参照されたい。

******** 10.

高分子材料の表面処理

****

10.1 プ ラ ズ マ

10.1.1 プラズマ処理の特徴

高分子材料をはじめとする有機材料（ソフトマテリアル）は，軽量かつ柔軟といった従来の無機材料あるいは金属材料に比べて優れた特性を備えており，有機合成における材料設計の多様性により幅広い機能性を発揮することが期待されている。有機材料そのものを利用する応用に加えて，有機材料を無機材料と複合化することにより実現するフレキシブルデバイス（軽量かつ柔軟な基材に形成されたデバイス）[1] は，軽量化と携帯性を兼ね備えた次世代の新しいデバイスとして，あるいは各種のデバイスの低コスト化にも資する技術として将来性が注目されており，さらには医療用デバイスとしての発展も期待されている[2]。

有機材料の表面改質プロセスのみならず有機材料上での無機材料薄膜の形成プロセスでは，有機材料の表面ナノ領域における低ダメージでの改質（官能基付与）に加えて，有機材料上に形成した無機材料薄膜との界面ナノ領域におけるプロセスダメージに関する知見を蓄積し，ナノ表界面制御を念頭において低ダメージかつ低温でのプロセスを構築していくことがきわめて重要である。

特に，無機/有機積層構造を用いたデバイスでは，無機材料を有機材料上に形成するプロセスが必須である。しかしながら，有機材料（基板材料あるいは有機半導体などの機能層）の上に無機材料を積層するプロセスでは，膜の緻密性や付随する電気的な特性の点では，スパッタ製膜をはじめとするプラズマプロセスが有利であるにも関わらず，蒸着プロセスが専ら用いられてきた。これは，従来のプラズマプロセスでは，有機材料表面にプロセス損傷[3)~6)]を生じることが避けられなかった（あるいは，スパッタ製膜をはじめとするプラズマを用いたプロセスでは，すべからく損傷を生じると考えられている）ことが要因といえる。

一方，結合解離エネルギーはおおむね10 eV以下の領域にある[7)]ため，有機分子の化学結合に対する損傷（結合の切断あるいは解離）を生じるのに必要なエネルギーも10 eV程度が目安となると予想される。このため，有機材料に入射するイオンの運動エネルギー（材料表面に形成されるシースで加速される）を10 eVよりも十分低く抑制することにより，前述の問題となっているプラズマプロセスでの損傷を回避できる可能性（余地）があるといえる。

さらに，プラズマ技術の新たな応用分野として，「プラズマ医療」[8)~12)]という学際的な学問分野での研究開発が世界的に注目されている。プラズマ医療に関する研究開発は，大気圧での非平衡低温プラズマの生成・制御[†]技術の進展が契機となっており，プラズマを生体に照射した際に画期的な治療効果を生じることが，殺菌・滅菌から皮膚疾患治療，さらにはがん治療において見出され，近年世界的に勃興している学問分野である。このプラズマ医療に関する研究展開においても，ソフトマテリアルとプラズマとの相互作用に関する知見は，プラズマ医療用のプラズマ源の開発や治療技術の開発における共通の基盤といえる。

本節では，前述のような有機材料の表面改質プロセスならびに無機/有機複合デバイス形成からプラズマ医療にわたる基礎として，プラズマとソフトマテリアルとの相互作用[13)~22)]について，イオン衝撃に伴う運動エネルギーによる物理的な損傷形成過程さらには反応性プラズマとの化学的な過程に着目し，低

† 気体圧力が高くなると衝突が頻繁になるため，大気圧ではアーク放電のように高温の熱プラズマに移行しやすくなるが，放電の形態を制御することにより，気体温度を室温程度の低温に保った状態で電子温度のみが高いプラズマを生成することが可能になる。

ダメージのプラズマ生成・制御法とともに紹介する。

10.1.2 プロセスダメージを低減可能なプラズマの生成と制御

高周波電力を用いて生成されるプラズマは表面処理に用いられているが，広く用いられている容量結合型放電（平行平板電極の間に高周波電圧を印加することにより放電を生成する）を利用したプロセス装置では，プラズマの高密度化（高スループット化）を図る手段として，高周波電力密度（あるいは高周波電圧）を増加した場合には，静電結合に伴うプラズマ電位変動が同時に増大するため，プラズマ電位の増大をもたらし[23]，プロセスダメージの増大が避けられなくなる。こういった問題は，高品質の薄膜トランジスタの製造プロセス[23]のみならず，前述のように，無機/有機複合デバイスの製造をはじめ，有機材料の表面改質プロセスに求められる重要な課題といえる。

プラズマの電位変動ひいてはプロセスダメージにおける課題を解決するため，低インダクタンス内部アンテナを用いた高周波誘導結合プラズマ源[24)~30)]は，従来の発想とは異なるつぎの特徴を備えている。

まず，① 高周波誘導結合アンテナの小型化（低インダクタンス化），すなわち高周波の伝搬波長よりも十分に短い（波長の1/4よりも十分に短い）代表長を有するアンテナ導体を用いることにより，誘導結合放電による高密度プラズマ生成と定在波（大面積プラズマ生成における課題）の問題解決の両立を図っている。**図 10.1** に，本研究で開発してきたアンテナ構造（low-inductance

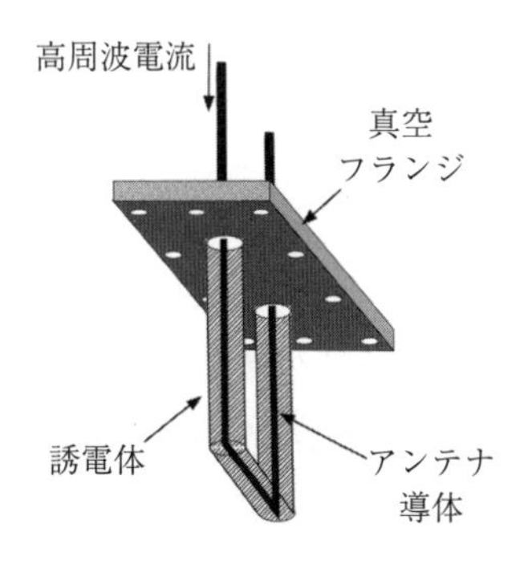

図 10.1 低インダクタンス内部アンテナ（LIA）の模式図

antenna：LIA）の模式図を示す。

また，② アンテナに発生する高周波電圧は，**図 10.2** に示すように，誘電体のインピーダンス（$Z_{\mathrm{insulator}}$）と誘電体前面に形成されるシースのインピーダンス（Z_{sheath}）により電圧分割され，シースを通じてプラズマに印加されるため，静電結合の抑制にも効果を発揮する。さらに，アンテナに発生する高周波電圧は，アンテナのインダクタンス（インダクタンスは，アンテナのループ面積と巻数の 2 乗に比例）に比例するため，図 10.1 のような独自の構造によるアンテナの小型化は，インダクタンスの低減に効果的である。このため，本技術では，アンテナに発生する高周波電圧を効果的に抑制可能であり，かつ，シースを通じての静電結合に伴うプラズマの高周波電位揺動が低減される。このため，プラズマの高周波電位揺動に伴う，対地への電子損失を低減することが可能となり，プラズマ電位の低減が可能である。

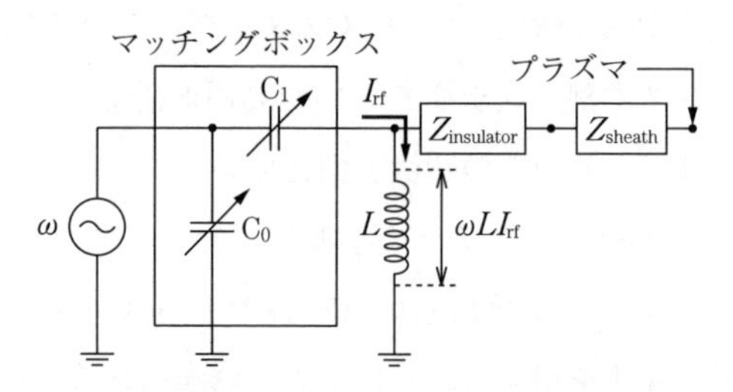

図 10.2　誘導結合プラズマ生成における高周波回路とシースへの高周波電圧印加の模式図

さらに，大面積にわたる均一性は，③ 低インダクタンスの小型アンテナ導体をプラズマ源の所望の箇所に配置するマルチアンテナ方式を採用し，電力分布を制御することにより確保される[25)]。

この低インダクタンスアンテナを用いた誘導結合型プラズマ源の基本的な特性について，直径 300 ～ 500 mm の円筒型チャンバーの上部フランジに複数の低インダクタンスを配置し，並列接続にてマッチングボックスを介して高周波電源（周波数：13.56 MHz，最大出力：3 kW）に接続して行ったプラズマ生成実験[31)] をもとに紹介する。まず，Ar プラズマ生成におけるプラズマ密度の高周波電力依存性とイオンエネルギー分布（質量分離型イオンエネルギー分析器を用いて測定）を**図 10.3** に示す。図 10.3（a）に示すように，高周波電力の増加に伴ってプラズマ密度は線形に増加し，2.4 kW の高周波電力において，1×10^{12} cm^{-3} に達する高密度プラズマを生成可能である。さらに，図 10.3（b）には，直径 500 mm の円筒型チャンバーの上部フランジに，幅 70 mm で高さ 80 mm の LIA を 4 セット配置し，放電圧力 13 Pa で生成した Ar プラズマにおいて測定した Ar^+ イオンのエネルギー分布を示している。この実験結果は，イオンエネルギーのピークが 4 eV 程度のきわめて低く，かつ半値幅が 2 〜 3 eV のきわめて狭いイオンエネルギー分布（接地電位に対するシース端でのイオンエネルギー分布）を実現可能であることを示している。

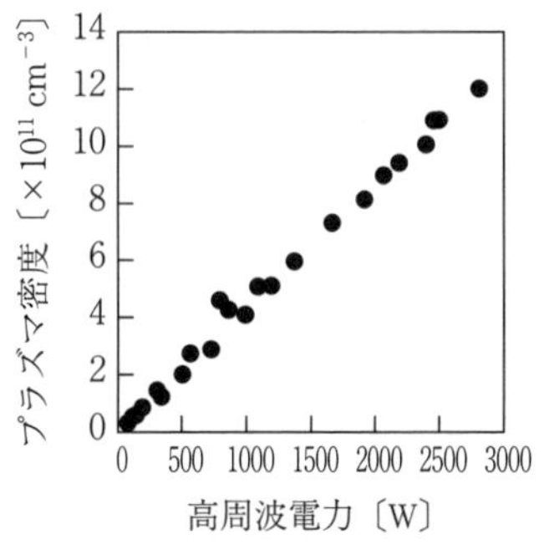

（a） Ar プラズマ密度の高周波電力依存性

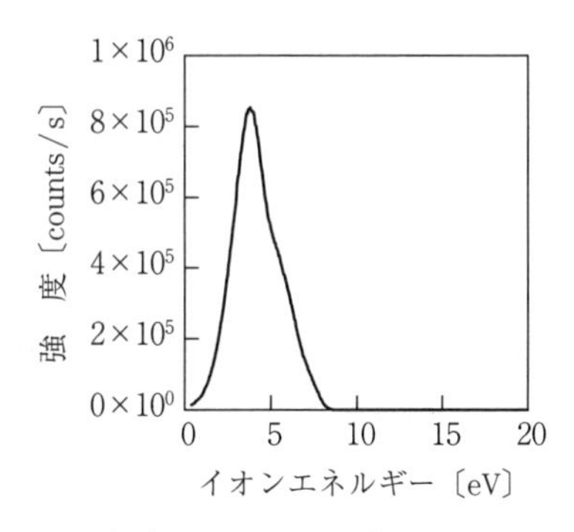

（b） Ar^+イオンエネルギー分布関数

図 10.3 低インダクタンスアンテナを用いて生成したプラズマの特性

つぎに，1 kW の高周波電力を用いて生成した Ar プラズマにおける，プラズマ電位ならびに浮遊電位の放電ガス圧に対する依存性を**図 10.4**（a）に示す。放電ガス圧の増加に伴い，プラズマ電位は顕著に減少している。これは，放電ガス圧の増加に伴って，電子温度が顕著に減少（0.1 Pa 付近で 4 eV，10 Pa 付近で 1 eV 程度まで減少）することに加えて，プラズマ密度の増加によりシースのインピーダンス（図 10.2 における Z_{sheath}）が減少するため，アンテナの高周波電圧がシースを介してプラズマに静電的に印加される割合が効果的に抑制

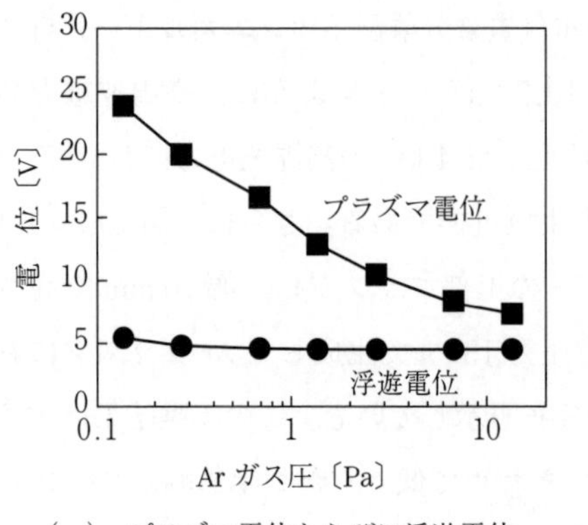

（a）　プラズマ電位ならびに浮遊電位

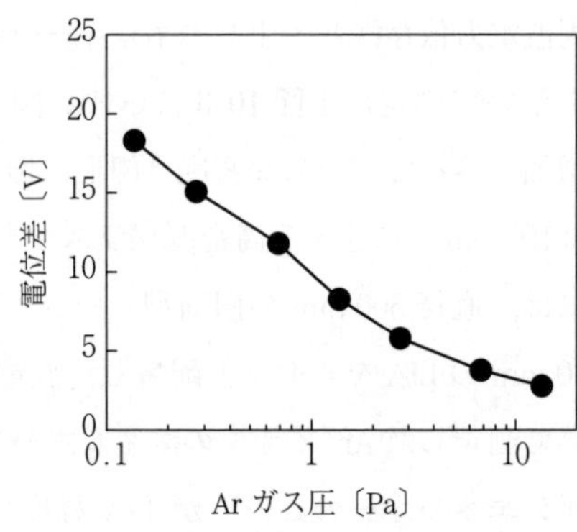

（b）　プラズマ電位と浮遊電位の差のArガス圧依存性

図 10.4　低インダクタンスアンテナを用いて生成したArプラズマの電位

されることが要因として挙げられる。さらに，絶縁性の基板（各種の有機材料やガラス）に入射するイオンの加速電位は，プラズマ電位から浮遊電位（プラズマにさらされた絶縁性基板の表面における電位）への電位差（potential drop）で与えられ，図 10.4（b）に示すように，放電ガス圧により 15 eV 程度から数 eV 程度まで変化させることが可能である。

特に，有機材料のプロセスでは，結合解離エネルギーが 10 eV 以下の領域にあるため，入射イオンエネルギーを数 eV 程度まで低減可能であることはきわめて重要である。

本節において，10.1.3 項で紹介するプラズマとソフトマテリアルの相互作用に関する実験（ソフトマテリアルへのプラズマ照射実験）では，前述の低インダクタンス内部アンテナで生成した高周波誘導結合プラズマを用い，照射条件に応じて，質量分離型イオンエネルギー分析器を用いてイオンエネルギー分布（プラズマ電位から接地電位に入射するイオンエネルギー分布）を測定しながら行った。

10.1.3　プラズマとソフトマテリアルとの相互作用

〔1〕　**イオン衝撃による物理的損傷**　　まず，プラズマプロセスにおけるイ

オン衝撃（物理的なプロセスダメージ）に着目した損傷形成について紹介する。低インダクタンス内部アンテナを用いて生成した Ar プラズマをポリエチレンテレフタレート（PET）基板に照射し，表面の化学結合状態を X 線光電子分光法（X-ray photoelectron spectroscopy：XPS）により分析した[13]。この実験は，PET の材料としての表面改質を目的としたものではなく，有機材料として PET を構成する分子構造（C–C，C–O，O=C–O，フェニル基）がプラズマ照射により受ける変化について調べることを目的としている。なお，本項の実験条件の詳細については，文献 13）に記しているので参照されたい。

シース端でのイオンエネルギーを変化させた状態で，PET 基板にプラズマを照射した際の化学結合状態（C1s XPS スペクトル）の変化を**図 10.5** に示す。

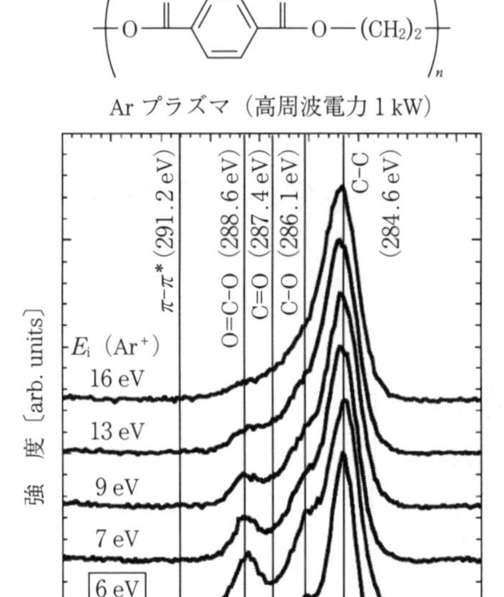

図 10.5 Ar プラズマを照射した PET 表面の C1s XPS スペクトル［照射イオンドーズ：4.3×10^{18} ions/cm^2］

ここで，プラズマ照射前の試料に対する C1s XPS スペクトルをピーク分離した結果は，PET の分子構造を反映した積分強度比（O=C-O：C-O：C-C＝1：1：3）を示している。一般に，ポリマー試料においては，最表面に吸着したコンタミネーションが懸念されるが，本研究での PET 試料は，プロセス前のウェット洗浄を含めて，PET 本来の分子構造を反映していることが確認できる。

プラズマ照射後の XPS スペクトルでは，PET を構成する O=C-O 結合ならびに C-O 結合の Ar^+ イオンエネルギーに対する変化に着目すると，イオンエ

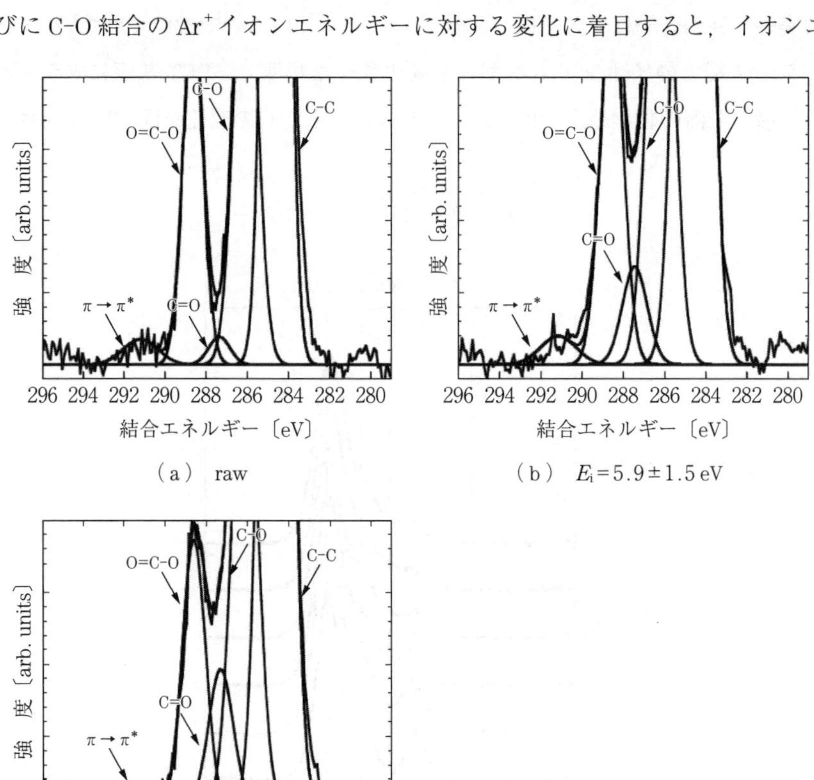

図 10.6　Ar プラズマを照射した PET 表面で計測した C1s XPS スペクトル

ネルギーを 6 eV 程度よりも低く抑制することによりプロセスダメージを抑制することが可能であることを示している。

つぎに，フェニル基の存在を示す 291 eV 付近の $\pi \to \pi^*$ シェイクアップサテライトの変化をみるため，図 10.5 の縦軸を，C-C 結合の光電子収量で規格化して拡大したものを**図 10.6** に示す。また，このシェイクアップサテライトの C-C 結合に対する光電子収量（積分強度）の比を**図 10.7** に示す。図 10.6 の XPS スペクトルが示すように，5.9±1.5 eV のイオンエネルギーではシェイクアップサテライトが確認できるのに対し，7.4±1.5 eV では消失している。多くの有機半導体はフェニル基を含む構造をしており，π 共役分子での電子状態が電気的な機能性を与えていることを考慮すると，この実験結果はプラズマプロセスにおける照射イオンエネルギーを 6 eV 以下に低減することにより，有機半導体と無機機能材料を複合化した積層構造の形成にも道が拓かれる可能性を示唆している。

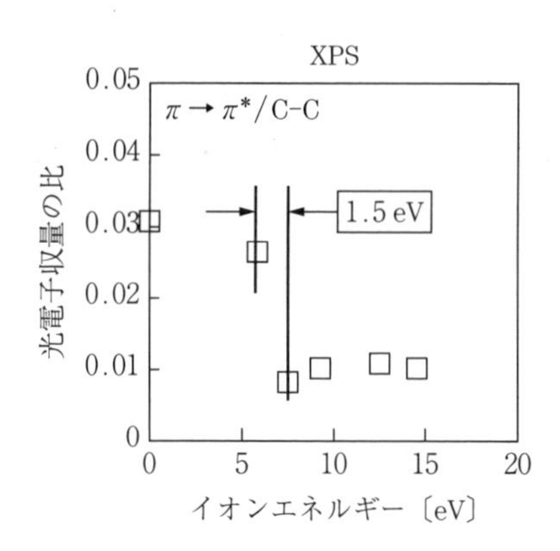

図 10.7 $\pi \to \pi^*$ シェイクアップサテライトピークの光電子収量の C-C 結合光電子収量に対する比の，シース端での Ar^+ イオンエネルギー依存性

〔2〕 **反応性プラズマとの化学的な相互作用に着目**　　つぎに，アルゴン-酸素混合プラズマを PET 表面に照射した際の変化について調べた結果について紹介する。なお，本項の実験条件の詳細については，文献 19）に記しているので参照されたい。

アルゴン-酸素混合プラズマ（酸素濃度 20%）を照射した PET 表面は，酸素ラジカルならびに酸素イオンにより著しいエッチングで除去される。照射したイオンドーズ（イオン飽和電流 I_{is} × 照射時間）に対するエッチング深さの関係を**図 10.8** に示す。エッチング深さはイオンドーズに対して，ほぼ線形の関係にあることを示しており，反応の主体がイオンであることを示唆している。なお，本実験でのイオンエネルギーは，10 eV 程度である。

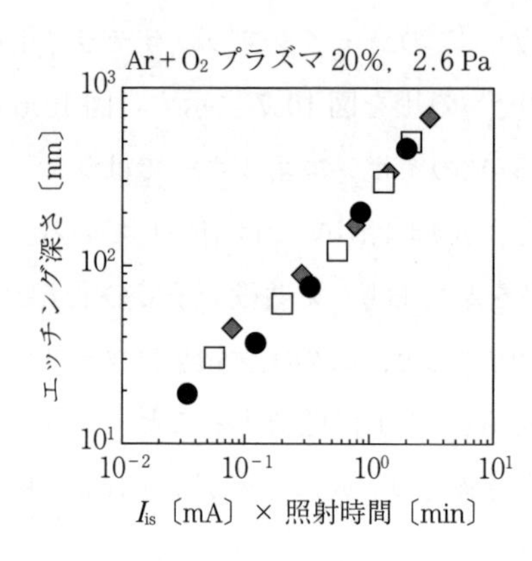

図 10.8　PET 表面のエッチング深さとイオンドーズの関係

さらに，アルゴン-酸素混合プラズマ（酸素濃度 20%）を 1 分間照射した PET 表面の化学結合状態（C1s XPS スペクトル）のイオン飽和電流分布（プラズマ密度に対応）に対する関係を**図 10.9** に示す。図におけるおのおのの照射試料は，いずれも照射時間を 1 分間に保っているため，イオン飽和電流分布の変化は，前述のエッチングの場合と同様に，イオンドーズに対する変化を見ていることに対応する。

アルゴン-酸素混合プラズマを照射した反応性プロセスに伴う PET 表面のエッチングにおけるナノ表面領域での化学結合状態は，図 10.9 に示すように，照射イオンドーズの増加にも関わらず，プラズマ照射前の試料に対して顕著な変化を示していない。図 10.8 に示すエッチング特性を考慮すると，イオンエネルギーが 10 eV 程度のエッチングでは，試料表面へのイオン衝撃にも関わらず，プロセス損傷の蓄積よりも，エッチングによる表面除去の効果のほうが顕著であり，逆説すると，低イオンエネルギーでの表面エッチングプロセスにより，ダメージフリーのプロセスも可能であることを示唆している。

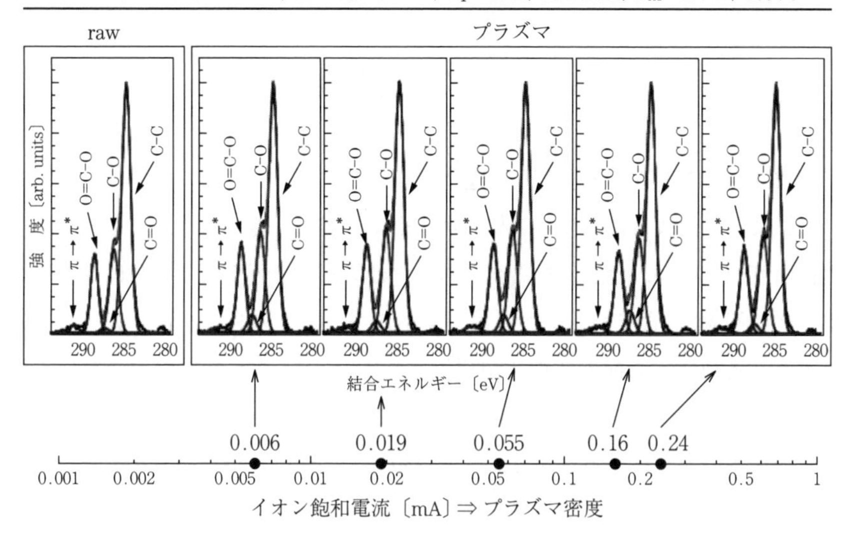

図 10.9 アルゴン-酸素混合プラズマを1分間照射したPET表面の化学結合状態（Cls XPSスペクトル）のイオン飽和電流分布に対する関係（照射時間はすべて1分間）

10.1.4 プラズマを用いたソフトマテリアル表面処理の展望

本節では，多様な材料プロセス（基板ならびにデバイス）を念頭に，低ダメージのプラズマ生成・制御技術とともにプラズマとソフトマテリアルとの相互作用に関する知見について紹介した。エッチングを伴わない物理的な損傷形成過程が優勢な処理では，照射されるイオンエネルギーが6 eV程度まで低減できれば，ソフトマテリアルへの分子損傷を回避したプロセス構築に道が拓かれる可能性がある。さらに，酸素混合プラズマを用いた著しいエッチングを伴う処理では，照射されるイオンエネルギーが10 eV程度であれば，ソフトマテリアルへの分子損傷を回避したダメージフリーのプロセス構築が可能であることを述べた。

最後に，各種の有機材料（ソフトマテリアル）へのプラズマプロセス（表面洗浄，官能基付与などの表面改質）を行う際の基礎過程として，本節でのプラズマとソフトマテリアルとの相互作用に関する知見が読者の参考になれば幸いである。

10.2　光による高分子表面処理

10.2.1　光による高分子表面処理

光による表面改質は液相・気相・真空中でも実行可能であり，プロセス環境の自由度が高いが，光照射を真空中あるいは気相中で行えば，これはドライプロセスの範疇（ちゅう）に含まれる。例えば，エネルギー密度の高いパルスレーザー光による，各種樹脂表面の活性化が報告されている[32)～36)]。光プロセスでは，使用する光の波長が決定的な要因となる。波長の短い光，すなわち光子エネルギーの大きい光を用いることで，長波長の光では起こり得ないさまざまな表面化学反応を誘起することができるからである。したがって，波長の短い紫外線（ultra-violet：UV）が，高分子表面処理に限らず光化学プロセスにしばしば用いられる。特に，波長 100 ～ 200 nm の紫外線は真空紫外（vacuum ultra-violet：VUV）光と呼ばれ，光子エネルギーが通常の UV 光よりも大きく，高分子材料の表面改質光源として期待されている[37), 38)]。この波長の代表的光源であるエキシマランプ[39)]は，同じエキシマ発光を利用するエキシマレーザーと比べると，単位面積・時間当りのエネルギー密度は低いものの，コンパクトで使用方法が簡単であり，比較的に容易に大面積照射できることなどから，プロセス光源として高分子材料の表面改質に用いられている[40)～48)]。

10.2.2　真空紫外光による分子励起と共有結合の解離

光プロセスの場合，その反応過程は光の波長から決まる光子エネルギーによって厳密に定義される。これは，熱力学的に幅広いエネルギー分布を持つイオンやラジカルなどの励起種に依存するプラズマプロセスと大きく異なる。ここで，エキシマランプの発光波長のなかから，VUV 領域にある三つの波長 172，146，126 nm での光化学反応について考えてみる。波長 146，126 nm の VUV 光を照射すると，炭化水素分子の C–H，C–C 共有結合が解離する光化学反応が誘起される[44]。126 nm では，石英ガラスの Si-O 結合が解離することが報告されている[49]。一方，波長の長い 172 nm では，炭化水素分子の C-C，C-H 結合の解離は起こりにくいが，C-O 結合は解離する。例えば，メチルアルコール分子に 185 nm-VUV 光を照射すると式 (10.1) の解離励起反応が誘起され，172 nm-VUV 光でも同じ反応が起こると考えられている[50]。C-O，O-H 結合の解離に加え，酸素と結合している炭素との C-H 結合の解離も起こる。

$$
\mathrm{CH_3OH} \xrightarrow{h\nu} \begin{cases} \mathrm{HO^{\cdot} + {}^{\cdot}CH_3} \\ \mathrm{H^{\cdot} + {}^{\cdot}CH_2OH} \\ \mathrm{CH_2O + H_2} \\ \mathrm{H^{\cdot} + {}^{\cdot}OCH_3} \end{cases} \qquad (10.1)
$$

ところが，ポリエチレン（polyethylene：PE）に真空中で波長 172 nm の VUV 光を照射しても，表面改質効果はほとんどない。しかし，ポリメチルメタクリレート（polymethyl methacrylate：PMMA）のような C-O 結合を有する高分子の場合は，VUV 照射だけで変性する。実際に，PMMA の分解と酸素脱離が起こることが報告されている[42), 46]。飽和炭化水素分子の σ 結合電子の励起には，波長 160 nm 以下の VUV 光を必要とする[51]。この波長の上下で反応過程は様相が大きく変わり，波長によって反応過程を選択できる。

ここで，光による結合解離の基本的な考え方について述べておきたい。VUV 光のフォトンエネルギーは通常の UV 光よりも大きく，UV 光では誘起できない光化学反応を誘起する。その多くは，化学結合の切断を伴う。この VUV 光による特定の化学結合の切断を，「照射した光の光子エネルギーが結合エネルギーよりも大きければ，その結合は解離する」と説明する記述が，UV 光源メーカーのカタログなどでしばしば見受けられる。結論からいえば，この解釈は科学的に正しくない[52]。まず，実験事実から考察しよう。波長 172 nm の VUV 光の光子エネルギーは，7.2 eV = 697 kJ/mol である。C-C および C-H の結合エネルギー（結合エンタルピー）は，324 kJ/mol（C_2H_6 の C-C 結合）および 410 kJ/mol（CH_4 の C-H 結合）であり，前述の結合エネルギーだけに依存する解釈に従えば，波長 172 nm の VUV 光を照射すると C–C 結合や C–H 結合は解離するはずである。しかし，PE は，172 nm–VUV 光ではほとんど分解しないという研究結果[46]がある。これは，前述したとおりである。

ここで，光励起による結合解離過程を，最もシンプルな分子（化学結合が一つしかない二原子分子）を例に説明しよう。**図 10.10**（a）は，分子 XY の直接解離過程を示す。横軸に原子間距離を，縦軸に分子のポテンシャルエネルギーをとったグラフ表示である。結合解離状態（X+Y）から，原子 X と原子 Y の距離が近づくにつれてポテンシャルエネルギーが減少し，ある距離で極小となる。この点が X と Y が化学結合し分子 XY となった状態である。XY と X+Y のポテンシャルエネルギーの差が結合エネルギーに相当する。分子 XY が光を吸収すると，基底状態から励起状態に遷移する。図（a）のように励起状態が解離性であれば，ポテンシャル曲線に沿って遷移し，X–Y 結合が解離する。一方，図（b）は，間接的光解離過程を示す。図（b）に示すように励起状態にポテンシャルの谷がある場合は，光解離は起こらず，励起分子はエネルギーを失って基底状態に落ちる。ただし，破線で示すエネルギー準位の高い励起状態より高い解離性状態と励起状態のポテンシャル曲線に交差がある場合には，振動励起準位を介して結合が解離する。実際の光解離過程はもう少し複雑で多様

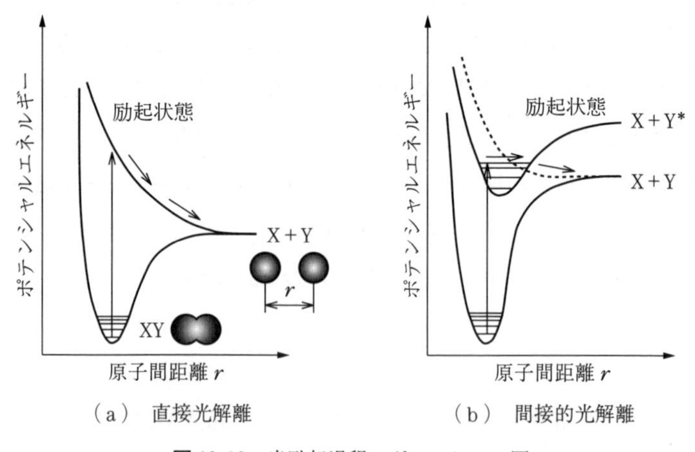

（a）直接光解離　　（b）間接的光解離

図 10.10　光励起過程のポテンシャル図

であるが，基本的には，分子の光励起は基底状態の分子軌道から励起状態の分子軌道への結合電子の遷移である。

光化学反応過程は，結合エネルギーで単純化せずに分子軌道から考えることが肝心である。低分子の気相光解離現象の理論と実際については，文献53)，54）に詳しくまとめられている。

10.2.3 シクロオレフィンポリマーの酸素増感 VUV 表面改質

本項では，飽和炭化水素樹脂の一種であるシクロオレフィンポリマー（cyclo-olefine polymer：COP）の表面改質について述べる。COP は，軽量で吸湿性がなく，比較的耐熱性が高いうえ，可視光領域で透明で複屈折や蛍光がきわめて少ないなどの優れた性質を有し，光学部品や医薬品用包装材料として使われる。しかし，COP は疎水性であり，用途拡大のためにぬれ性や接着性の改善が求められている。飽和炭化水素樹脂の UV，VUV 表面処理により，表面のぬれ性・接着性が改善されること[37), 43), 46), 48), 52)]，無電解めっきの前処理として有効であること[45), 52), 55), 56)]が報告されている。

図 10.11 に，PE と COP の VUV 吸収スペクトルを示す。どちらも，C–C 結合と C–H 結合だけから構成される高分子であるが，COP の吸収端は 180 nm 付近にあり，PE よりも長波長側にシフトしている。結晶性ポリマーである

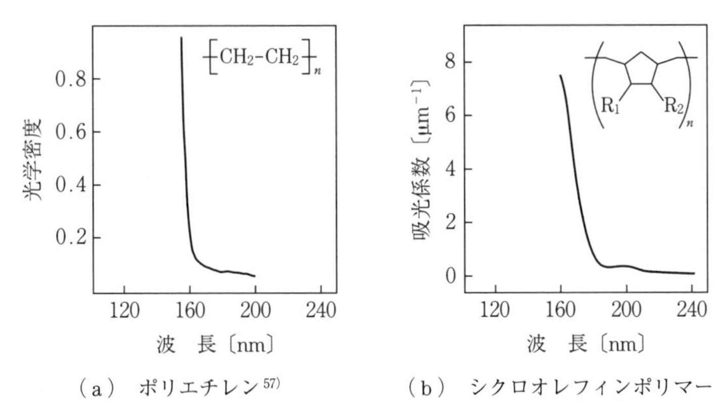

（a） ポリエチレン[57)]　　（b） シクロオレフィンポリマー

図 10.11　飽和炭化水素高分子の VUV 吸収スペクトル

PEと比べて，非晶質ポリマーのCOPでは炭素鎖の結合角に歪みが加わっており，この高分子立体構造の違いによってVUV吸収に変化が生じたと考えられる。固体の光吸収は分子を構成する化学結合の種類だけでは決まらず，その分子構造や結晶状態にも依存することの一例である。結合エネルギーだけで光化学反応が議論できないことが，ここでも示されている。

ここで，COPにVUV照射したときの，表面物性変化を見てみよう。表面処理光源には，発光波長172 nmのキセノンエキシマランプ（ウシオ電機，UER20-172，光強度10 mW/cm²）を使用した。**図10.12**に，VUV照射したCOP表面の水滴接触角変化を示す。真空中でVUV照射した場合には，水滴接触角は一定のままで表面改質効果はほとんどない。一方，空気中でVUV照射した試料は，時間とともに水滴接触角が減少し，ぬれ性が向上する。乾燥空気中と湿潤空気中において最終的にはどちらも10°以下まで水滴接触角が低下し，照射時間20分以上ではほぼ一定となる。

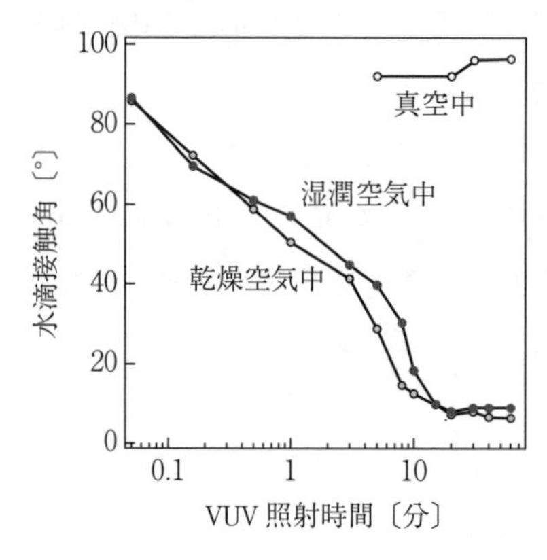

真空中（<10^{-3} Pa，試料表面でのVUV光強度）
乾燥空気中（1気圧，湿度1%以下）
湿潤空気中（1気圧，湿度70%）

図10.12　COPへのVUV照射によるぬれ性の変化（光源と試料の距離は5 mmに設定した。試料表面でのVUV光強度は，真空中では10 mW/cm²，酸素分子および水分子のVUV吸収により，乾燥空気中では4 mW/cm²，湿潤空気中では1.5 mW/cm²となる（実測値））

VUV照射COP表面の化学状態を，X線光電子分光（X-ray photoelectron spectroscopy：XPS）および赤外吸収分光（infrared absorption spectroscopy）測定により評価した。**図10.13**（a）は，炭素1s軌道からの光電子強度を示

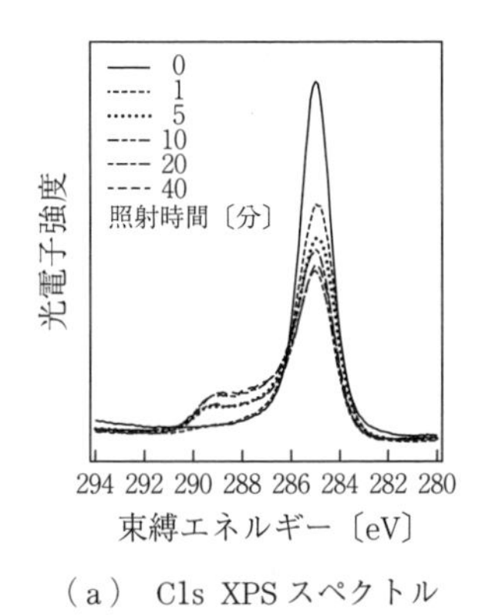

（a）C1s XPS スペクトル

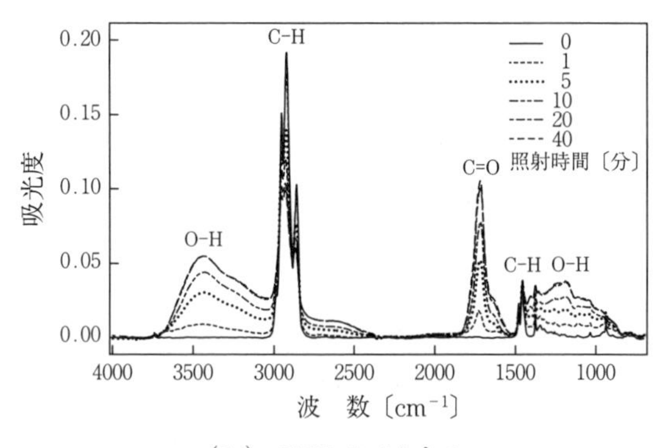

（b）FTIR スペクトル

図 10.13　VUV 照射 COP 表面の化学状態分析（C1s XPS スペクトルは COP 本体の炭化水素からの信号が 285 eV になるようにチャージアップ補正した。IR スペクトルは，ATR 法により表面層だけを測定した）

す。メインピークは COP 本体の炭化水素鎖からの信号で，照射前の COP の C1s XPS スペクトルには，このメインピークのみが存在する。COP の VUV 照射によって親水化した COP からは，286 ～ 290 eV 付近の裾（すそ）が持ち上がった C1s XPS スペクトルが得られた。この束縛エネルギー領域は，酸素と結合した炭素からの光電子に相当し，図（b）の FTIR スペクトルにも示されるように，酸素含有極性官能基が表面層に形成されていることがわかる。各官能基と選択的に反応する分子によって修飾する化学ラベリング法[58] によって，アルコール性ヒドロキシ基（-OH），アルデヒド基（-CHO），カルボキシ基（-COOH）の存在を確認した。真空中と空気中での照射により表面改質効果に大きな差があるが，これは空気中の酸素分子・水分子の影響である。酸素の VUV 光化学反応によって表面改質効果が増強されるこの化学過程を，酸素増感効果と呼ぶことにする。

ここで，酸素および水の VUV 光化学反応反応について整理する。これらの分子が VUV 光を吸収すると，一重項酸素原子［O(1D)］，三重項酸素原子［O(3P)］，オゾン分子［O_3］，ヒドロキシルラジカル［$^{\cdot}$OH］が発生する[54), 59)]。波長 175 nm 以下の VUV 光では，式 (10.2) に示すように，酸素分子が O(1D) と O(3P) に解離する。

$$O_2 \xrightarrow{h\nu(\lambda \leq 175\,\mathrm{nm})} O(1D) + O(3P) \tag{10.2}$$

さらに，反応式 (10.3)，(10.4) に示す継続反応により O_3 が生成され，その O_3 分子の VUV 光解離により O(1D) が再度形成される（反応式 (10.5)）。ここで，M は中性のガス分子である。

$$O(1D) + M \rightarrow O(3P) + M \tag{10.3}$$

$$O(3P) + O_2 + M \rightarrow O_3 + M \tag{10.4}$$

$$O_3 \xrightarrow{h\nu} O(1D) + O_2 \tag{10.5}$$

水分子も，波長 172 nm の VUV 光を吸収して解離し，$\dot{}OH$ が生成される（反応式 (10.6)）。水分子と O(1D)の反応によっても，$\dot{}OH$ が生成される（反応式 (10.7)）。

$$H_2O \xrightarrow{h\nu} \dot{}OH + \dot{}H \tag{10.6}$$

$$O(1D) + H_2O \rightarrow 2\dot{}OH \tag{10.7}$$

O(1D) と液体の水が

$$O(1D) + H_2O \rightarrow H_2O_2 \tag{10.8}$$

のように反応して過酸化水素（H_2O_2）となり，この過酸化水素はつぎの反応式

$$H_2O_2 \xrightarrow{h\nu(\lambda \leq 380\,\mathrm{nm})} 2\dot{}OH \tag{10.9}$$

より再び VUV 光により解離して $\dot{}OH$ となる。この過程は液相反応であるため，試料表面にある程度の厚みをもった吸着水層が形成された場合に起こると考えられ，高湿度環境でかつ親水性の試料表面が形成された場合に，特に顕著になる。O，O_3，$\dot{}OH$，H_2O_2 はどれも有機分子を酸化するが，酸化力は，O(1D) が最も強く，H_2O_2 が最も弱い。湿潤空気中での親水化速度が乾燥空気中よりも遅くなるのは（図 10.12），試料表面に到達する VUV 光強度が水蒸気により減衰することと，吸着水によって O(1D) が酸化力の弱い H_2O_2 に変化してしまうことの二つの理由による。

COP の表面改質反応は VUV 照射単独では起こらず，酸素増感効果に支配される。厚さ 5 mm の空気層を通しての VUV 光照射では，一部が空気層に吸収され，残りが試料表面に到達するため[52]，活性酸素種による酸化反応と VUV 光による光励起反応の双方が，COP 試料表面で同時進行する。COP 本体は

VUV 光に対しほとんど反応しないため，反応の初期過程は COP と活性酸素の反応が主となる。**図 10.14** に示すように，原子状酸素は飽和炭化水素の C–H 結合と反応し，C–H 結合からの水素引抜き（ラジカル化）を経由，あるいは C–H 間に直接酸素原子が挿入されることで，ヒドロキシ基（第二級アルコール）が形成される[60]。基底状態の酸素原子である O(3D）と，励起状態の酸素原子である O(1D）とでは，エネルギーレベルの高い O(1D）のほうが反応性が強い[61), 62]。また，O_3 分子も炭化水素の水素原子を引き抜き，炭素ラジカルを形成する[63]。COP 試料表面まで VUV 光が届く条件下では，試料最表面直上や高分子内部に拡散した酸素分子・オゾン分子の VUV 励起（反応式 (10.2) および（10.5)）によって，酸化力の強い原子状酸素が試料表面最近傍で生成されている。したがって，原子状酸素による酸化が主反応であると考えられる。

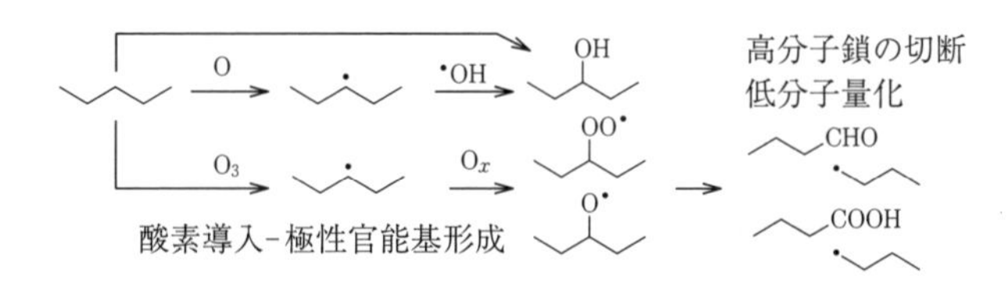

図 10.14　飽和炭化水素鎖と活性酸素との反応

反応の第二ステップは，炭素ラジカルと酸素（O，O_2，O_3）との反応と第二級アルコール部分の酸化反応である。これらの反応によってカルボニル基（ケトン，アルデヒド，カルボン酸）が形成され，高分子主鎖が切断される。第二ステップ以降の反応により，表面酸化層では高分子が低分子量化する。

VUV 照射初期には，表面の極性官能基濃度・酸化層深さがともに増加しながら，表面酸化層が形成されていく（**図 10.15**（a））。COP の酸化が進むと，酸化層の光エッチングが顕著になる（図（b））。COP 表面に形成された酸化層は VUV 光を吸収し（酸化の度合いが大きく層が厚いほど，より強く吸収する），C–O 結合などの酸化部分の化学結合が切断される。切断された断片が低分子量の場合はそのまま揮発し，残された断片も活性酸素と反応しさらに低分子量化する。結合切断と再酸化が繰り返されることで，エッチングが進行す

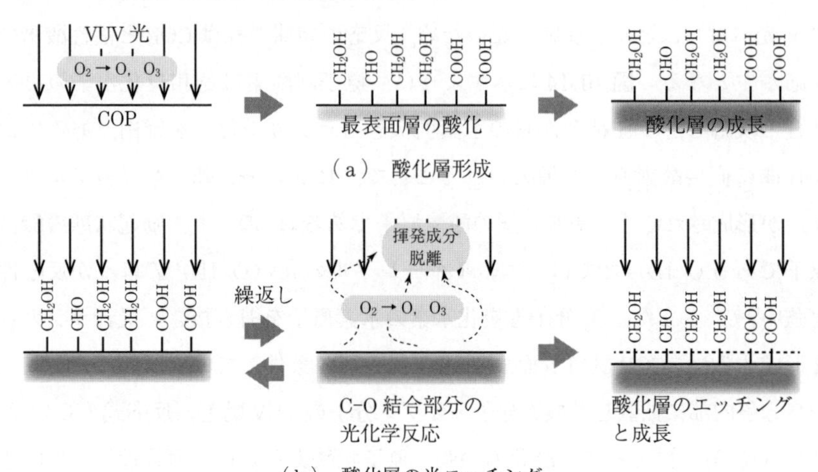

図 10.15　COP 基板の VUV 表面改質

る。この段階では，表面酸化層の成長速度は次第に遅くなり，VUV 照射時間を延ばしても表面化学組成やぬれ性に大きな変化がなくなる状況まで到達する。この段階では，酸化による膜厚増加とエッチングによる膜厚減少が平衡し，酸化層の厚みはほぼ一定で推移するようになる。図 10.12 で，水滴接触角が 10° 以下でほぼ一定になった状態に相当するが，このときの酸化層の最大厚みはたかだか 100 nm 程度である。

10.2.4　VUV 表面処理の応用例

〔1〕 **表面活性化接合**　　プラスチック表面を酸素増感 VUV 処理すると，接合活性が付与される。プラスチック表面に形成される酸化改質層は，表面エネルギーが大きく接着性が高い。また，低分子量化しているため，本体のガラス転移点よりも低い温度で流動化する。この酸化改質層が粘着のりとなって，接着剤フリーの低温接合が可能になる[48]。μm サイズの流路が変形・埋没しない加工精度の高い接合･封止技術[64), 65)] として実用化されている（**図 10.16**（a））。

図（b）は，表面活性化接合により作製した，COP 製のマイクロ流路プレート（化学反応システム用：プレートの大きさは 3 cm 角）の写真を示す。図

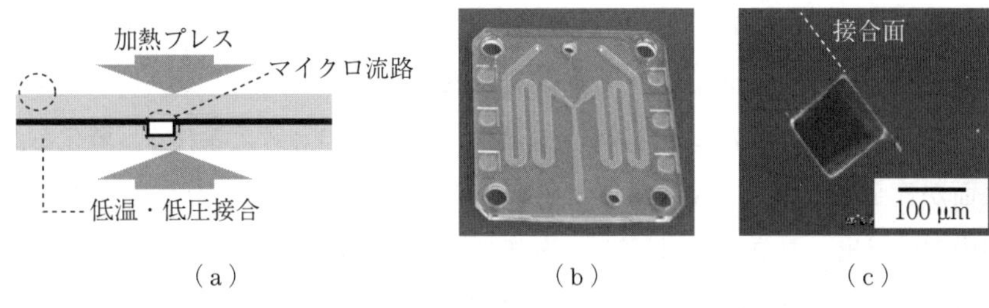

図 10.16 VUV 表面活性化接合 (a) 波長 172 nm の Xe エキシマランプにより表面改質した COP 部材を，改質面どうしを合わせて加熱プレスする。(b) COP 製マイクロ流路［VUV 照射条件：空気中，距離 5 mm，10 分間照射］［接合条件：接合温度：100℃，接合時間：10 分間，接合圧力：1.6 MPa］，(c) COP 製マイクロ流路の断面 SEM 像［VUV 照射条件：空気中，距離 5 mm，10 分間照射］［接合条件：接合温度：110℃，接合時間：10 分間，接合圧力：4.4 MPa］

(c) は，別のマイクロ流路プレートの断面 SEM 写真を示す。流路の変形がないことがわかる接合面の欠陥は，少なくともこの拡大率では見られなかった。

〔2〕 **無電解めっき前処理**　プラスチック表面の VUV 表面改質層は，接着性が高いだけでなく，さまざまな物質を吸着・吸収する機能を持つ。ここでは，無電解めっきの前処理（パラジウム触媒処理）に応用した例[66]を紹介する。**図 10.17** (a) は，VUV 処理した COP 基板をパラジウム触媒液に浸漬した試料の，断面 TEM 表面像である。直径 10 nm 以下のナノ粒子が，最表面から少し潜った位置に析出していることがわかる。XPS 分析から，このナノ粒子

図 10.17 酸素増感 VUV 処理した COP 基板への無電解ニッケルめっき (a) VUV 処理した COP 基板に Pd 触媒付けをした試料の断面 TEM 像。VUV 処理［空気中，照射距離 5 mm，20 分間照射］後，試料を Pd 触媒溶液［$PdCl_2$(10 mM) + HCl(0.1 mM) 水溶液］に 50℃ で 1 時間浸漬。(b) 無電解 Ni めっきした COP 基板。Pd 触媒付けした試料を，Ni-P 無電解めっき液に浴温 80℃ で 30 分間浸漬した。(c) COP 基板にフォトマスクを載せて VUV 処理後，Pd 触媒処理，無電解めっきを行った試料の光学顕微鏡写真。

は金属 Pd である可能性が高いと判断している。低分子量化した COP 表面改質層へ Pd^{2+} イオンが浸透し，表面改質層内部に多量に存在するアルコール性ヒドロキシ基やアルデヒド基によって還元されたものと考えられる。酸化した表面が貴金属イオンを還元するという，興味深い結果が得られた。改質 COP 層内部に析出した Pd ナノ粒子は，無電解めっき触媒として機能し，COP 基板を無電解めっき膜で被覆することができる（図（b））。

光を使うことで，微細加工を表面修飾と同時に行えるという利点が生まれる。エキシマランプ光をフォトマスクを通して試料表面に照射するだけで，μm レベルの微小領域を選択的に表面改質できる[67)～69)]。図（c）はその VUV マイクロ加工の例で，フォトマスクを用いてマイクロパターン化した VUV 処理工程を COP 表面に施し，さらに Pd 触媒処理，Ni-P 無電解めっきと順次行った結果である。VUV 照射領域だけに Pd 核発生が起こり，さらに，そこだけに無電解めっき膜が成長し，金属マイクロパターンが形成された。

10.2.5　光プロセスの特徴

光プロセスによる高分子表面処理について，VUV 光化学反応を中心に紹介した。プラズマプロセスと光プロセスの優劣は，素材の種類や表面改質の目的などに依存し単純に比較はできないが，光プロセスでは，波長選択によって表面化学反応を選択できる点，フォトマスクを介して光照射する，あるいは焦点を絞ったレーザー光を照射することで，局所的に反応励起し試料表面改質と微細加工を同時に行うことができる点が，ほかにはない特徴といえる。

******** 11.

炭素系薄膜

****

11.1　ダイヤモンド薄膜

11.1.1　工業用ダイヤモンド

ダイヤモンドといえば，ブリリアントカットされた光り輝く宝石，立て爪の指輪を多くの人が頭に思い描くであろう。しかし，宝石として広く珍重されるようになったのは，意外にも17世紀になってからといわれている。これは，地上で最も硬いダイヤモンドを，宝石として輝かせるための研磨技術がなかったためである。

この硬さゆえに，ダイヤモンドは工業的には非常に大きな意味を持つ材料である。宝石として用いられるのは，産出されるダイヤモンドのごくわずかにすぎず，大部分は工業用に古くより用いられている。高硬度・高強度な材料が多用される現在では，研磨や切削に不可欠な材料である。このため，産出される天然ダイヤモンドだけでは不足するような状況が生まれつつあり，ダイヤモンドを工業的に合成することの重要性が，ますます増してきているといえる。

11.1.2　ダイヤモンドの物性と応用

ダイヤモンドの物性と応用について，**表11.1**にまとめて示す[1)]。

前項で述べたように，ダイヤモンドの代表的な物性は，地球上の物質で最も硬いことである。この物性を利用して，研磨剤や切削工具が作られている[2)]。しかし，その用途は非鉄材料やセラミックスに限られている。これは，切削部

表 11.1　ダイヤモンドの物性と応用

（a）物　性

硬　さ	～ 10000 Hv
光透過性	225 ～ 3500 nm
ヤング率	1.22 GPa
屈折率	2.417
音　速	1.8×10^{4} m/s
熱伝導率	21 $\mathrm{W \cdot cm^{-1} \cdot K^{-1}}$
線膨張係数	$8 \times 10^{-7}\ \mathrm{K^{-1}}$
比抵抗	$1 \times 10^{16}\ \Omega \cdot \mathrm{m}$
禁制帯幅	5.45 eV
電子移動度	2200 $\mathrm{cm^{2} \cdot V^{-1} \cdot s^{-1}}$
正孔移動度	1600 $\mathrm{cm^{2} \cdot V^{-1} \cdot s^{-1}}$
化学反応性	不活性
動摩擦係数	低（$<\sim 0.1$）

（b）応　用

切削工具	Al-Si 合金，セラミックなど硬質材料
摺動部材	宇宙空間用，可動機械部品
保護膜	CD，DVD，レンズ
光学材料	レンズ，鏡，窓
ヒートシンク	レーザーデバイス，CPU など
音響材料	スピーカー，SAW フィルター
絶縁体	電子デバイス
半導体	高温用，大電流用，耐宇宙線用

の高温環境において，ダイヤモンド刃先と鉄系被削材が反応し，被削材内部に炭素が急速に拡散して，ダイヤモンド刃が急速に摩耗するためである。もちろん，切削部の温度が上昇しないような仕上げ加工などでは，鉄系被削材にもダイヤモンド工具は用いられている。

また，ダイヤモンドの特異な物性として，熱伝導率がある。ダイヤモンドの熱伝導率は物質中で最も大きく，熱伝導用材料として良く用いられる銅に比べても 5 倍近い。この特性を利用して，半導体レーザーなどのヒートシンクとして実用化している[3]。

以上のような応用は硬度や熱伝導率といった物性を生かした受動的なものであるが，半導体材料として能動的な応用も提案されている。現在の半導体基盤材料である Si は，ダイヤモンドと同じ 14 族元素であり，ダイヤモンド型の結晶構造である。ダイヤモンドは，バンドギャップが非常に大きいため，現在実用化されつつある SiC などと同じワイドギャップ半導体に位置付けられる。このため，高温半導体，高周波半導体としての優れた性能を発揮できる可能性を秘めている。残念ながら，現段階では本格的な実用化に向けての課題が山積している。一つには，大型の単結晶がいまだ得られていないことにあり，Siのような大量生産プロセスへの道筋が立っていないことである。他方には，天然界に，Bを不純物としたp形半導体は存在するものの，n形半導体は存在しない。B添加p形半導体膜[4]やP添加n形半導体膜[5]などの研究が行われてきているものの，まだ十分な物性を発現するところには至っていないのが現状である。ダイヤモンド半導体には，多くの課題もあるが，SiCなど他の物質を凌駕（りょうが）する物性を持つことは科学的に証明されており，近い将来のブレークスルーにより，必ずや実用化へと進むものと思われる。

11.1.3 合成の歴史

ダイヤモンドの合成の歴史は古く，錬金術の時代にさかのぼる。あまり知られてはいないが，この時代には金と同じくダイヤモンドも合成しようと試みられていた。錬金術とは，不老不死の薬となる「賢者の石」を探し求める術であり，この「賢者の石」が金やダイヤモンドを産み出す万能の薬品であると信じられていた。しかし，ご存じのように，錬金術の試みはすべて徒労に終わった。

科学的な考察のもと，ダイヤモンド合成の研究が始まるのは，ようやく19世紀になってからである。18世紀末に，太陽炉を用いてダイヤモンドを燃焼させたところCO_2が発生して石灰水が白濁することを，テナント（B. Tennant）が発見した。これにより，ダイヤモンドも黒鉛と同じく炭素から構成されていることが初めて明らかにされた。「ダイヤモンドと黒鉛の違いは何か？」を考察することによって，黒鉛からダイヤモンドが合成可能であると考えるのは自然な流れであった。19世紀初頭の技術であっても両者の差異が明確であったのは，密度である。低密度の黒鉛を圧縮すれば高密度ダイヤモンドが得られることに気がついたのであった。この原理に基づき，100年以上の努力が繰り返され，一部成功したと記録に残されているものもあるが，現在の学術知識に従えば，ダイヤモンドの合成は成功しなかったといえる。これは，密度変換に要する超高圧発生技術を開発し得なかったためである。

ようやく20世紀半ばになって，10万気圧以上の超高圧発生技術が開発されるに至り米国GE社によって炭素の P（圧力）-T（温度）状態図が作成され，ダイヤモンドの安定領域が明らかとなった。この学術的知見に基づいて，高温高圧法が開発された[6]。これにより，ダイヤモンドの熱力学的安定領域である高圧環境（約10万～20万気圧＝10～20 GPa），ならびに，原子拡散を促進するための高温環境（2000℃以上）を両立させるという技術的に難しい条件下において，ダイヤモンド粉末が合成され，ダイヤモンド砥粒として工業的に生産可能となった。また，この粉末に高温高圧を再度加えて焼結成形することにより焼結ダイヤモンドが合成され，工具用途に広く用いられている。現在，工業用途で用いられる合成ダイヤモンドの大部分は，高圧合成ダイヤモンドである。

一方，気相からダイヤモンドを合成しようとする試みも古くから行われている。歴史的な経緯をキーワードともに，**表11.2**に示す。高圧合成が成功する前から，気相合成が試みられていたことがわかる。しかし，一方では，高圧合成法の確立によって，気相を用いる合成方法では熱力学的に準安定状態であるダイヤモンドが合成されるはずがないと長い間にわたって信じられ，ダイヤモンドの気相合成は怪しい研究にすぎないとみなされていたようである。このような歴史的経緯ではあるが，現在の知識を持って過去の研究成果を再検討してみれば，1950年代から始まるソ連のデルヤギン（B. V. Derjaguin）の研究グループ[7]や米国のアンガス（J. C. Angus）ら[8]による研究はダイヤモンドの気相成長に成功していたと考えられる。高温高圧法とほぼ同時期に，気相成長法によるダイヤモンド合成に成功していたことになる。しかし，準安定物質であるダイヤモンドが低圧環境下において成長する反応機構を，学術的に説明しきれなかったために，気相成長法の成功が一般的には受け入れられなかったようである。現在においても，なぜダイヤモンドが気相合成可能であるのかは不明瞭な点が多い。

1980年代になって，ダイヤモンドの気相合成がようやく学術的に認められるようになる。これは，無機材質研究所（現 物質・材料研究機構）の瀬高ら

表 11.2 ダイヤモンド気相合成の歴史

1911	von Bolton	100℃, Hg vapor + C_2H_2, diamond epitaxy + a-C (little)
1917	Ruff	790℃, 14days, C_2H_2, Coal, CH_4, CO
1921	Tamman	Hg vapor, CCl_4, CBr_4, CI_4, 600 ～ 700℃
1947	Mellor	polymerization of adamantane, cyclopropane, CH_4
1955	Schmellenmeier	dc plasma, C_2H_2, diamond like carbon
1956	Derjaguin's Lab.	CCl_4, CBr_4
1958	Eversole Patent	diamond seeds, 0.1 ～ 1 Torr, 600 ～ 1600℃, graphite removal step
1960	Angus	additional H_2
1962	Siemens	glow + cyclopentane, 800 ～ 1000℃, catalysts (Si, Ti, Na, Ta, W + Co)
1965	Blanc	discharge + C_2H_2O, CO_2, CH_4
1965	Atchley	diamond seeds + electron beam heating, depo. on Si
1968	Derjaguin	organometallic (tetramethyle lead, dimethyl mercury, tetraethyle lead)
1968	Derjaguin	CCl_4, CBr_4, hydrocarbon, graphite removal cycle, temperature pulse
1969	Angus	Fe...whisker? 100 ～ 1000 times faster
1970	Angus	B doped
1970	Vickery	Pt or Pd catalyst, 95.5 vol.% H_2-4.5 vol.% CH_4, 6 μm/h
1976	Derjaguin	glow discharge
1976	Derjaguin	faceted crystal on non-diamond substrate, 425 ～ 1125℃
1979	Kamo, Sato, Setaka	filament CVD, microwave plasma CVD

の研究グループによる貢献が大きい。松本らによる熱フィラメント CVD 法[9]と加茂らによるマイクロ波プラズマ CVD 法[10]との二つの手法によってダイヤモンドの気相合成を行い，この堆積物をさまざまな手法により分析し，堆積物がダイヤモンドであることを示した。特に，^{12}C のダイヤモンド基板上に同位体である ^{13}C のダイヤモンドを合成し，ラマン散乱ピークが同位体シフトすることを示した。このことが，準安定環境下においても確かにダイヤモンドが成長している明白な証左であり，これによりダイヤモンドの気相合成の研究は学術界において市民権を得ることができたといえよう。1980 年代以降，気相合成の研究が華々しく行われていくが，この後の話は 11.1.4 項に述べる。

このほかのダイヤモンド合成方法には，爆縮合成法がある。これは，火薬などの燃焼時に発生する衝撃波による高圧を利用して，グラファイトを直接的に固相変態させる方法であり，非常に細かなダイヤモンド粉末を得ることができる。

ダイヤモンド合成に関連して，人工ダイヤモンドと人造（模造）ダイヤモンドという言葉が誤用されていることが多いことに触れておきたい。人造ダイヤモンドは，ダイヤモンドに似た物性を示す物質である立方晶 ZrO_2（キュービックジルコニア）であり，ダイヤモンドの代替品として宝飾用途に用いられている。しかし，広告などにおいて，人造ダイヤモンドと正確に示さず，人工ダイヤモンドと称していることがある。故意にかどうかは確かではないが，これは明らかな誤用であり，人工ダイヤモンドの研究がいかがわしいものであるように貶（おとし）めることに繋（つな）がる危険な行為である。

11.1.4 気 相 合 成 法

気相合成によって得られるダイヤモンドの走査型電子顕微鏡像を，**図 11.1** に示す。基板に前処理をしなければ，核生成密度が低いため単結晶粒子が得られる一方，基板に前処理を施すと，核生成が促進され単結晶粒子の成長に従って粒子が合体し膜状となる。このような成長様式は，Volmer-Weber 型と呼ばれる薄膜成長様式の一つである。しかし，通常の場合ではせいぜい 1 μm 程度の粒子が合体して薄膜を形成するのに対して，ダイヤモンドの場合では粒子サイズが大きい。これは，ダイヤモンドが持つ大きな表面エネルギーと低い核生成密度によるものと考えられている。核生成については，いまだ不明瞭な点が多い。

11.1.3 項で述べたように，1980 年代になって，ダイヤモンドの気相合成の

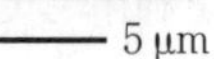

図 11.1　マイクロ波プラズマ CVD 法により Si 基板上に堆積した気相成長ダイヤモンドの走査型電子顕微鏡像

研究は非常に盛んに行われるようになる。特に我が国において，**図 11.2** に示す松本らによる熱フィラメント CVD 法と，**図 11.3** に示す加茂らによるマイクロ波プラズマ CVD 法によるダイヤモンド気相合成が報告されて以降，これら以外の各種の成長プロセスが開発されていった。おもなものに，rf プラズマ CVD 法[11]，電子衝撃併用熱フィラメント CVD 法[12]，直流プラズマ CVD 法[13]，大気圧 rf 熱プラズマ CVD 法[14]，dc プラズマジェット CVD 法[15]，燃焼炎法[16]，マイクロ波プラズマジェット法[17] などがある。これらのプロセス開発は，堆積速度の向上，堆積面積の拡大，核生成密度の増大などを目指したものであった。しかし，現在でも広く用いられているのは，やはり熱フィラメント CVD 法とマイクロ波プラズマ CVD 法を基本原理とするものである。

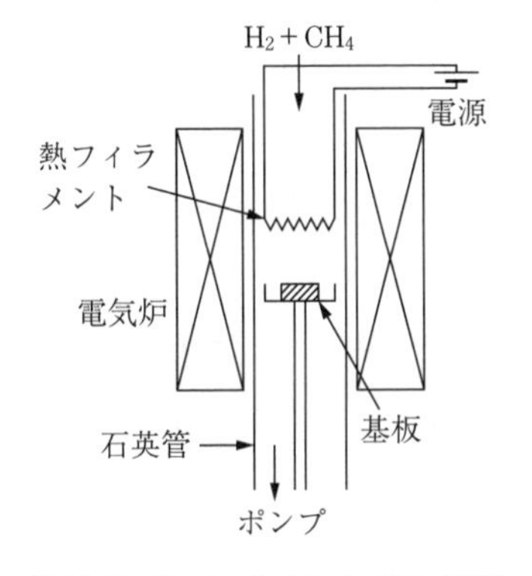

図 11.2　熱フィラメント CVD 装置

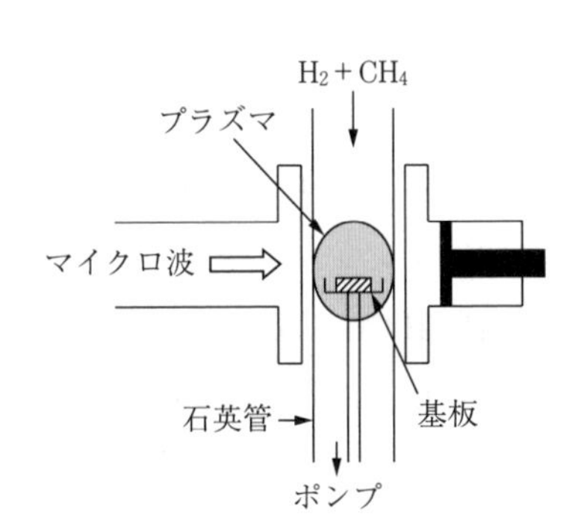

図 11.3　マイクロ波 CVD 装置
（無機材研型）

これらのプロセスにおいて用いられる反応ガス系を**表 11.3** に示す。どのプロセスをどの反応ガス系を用いても，基板上に成長するのは図 11.1 に示したものと同様である。堆積条件は，熱力学的な平衡状態に近い気相状態となる数～数十 kPa の雰囲気圧力，比較的高温である 700 ～ 1000℃の基板温度であり，どのプロセスであってもほぼ同等である。基板温度が高すぎればグラファイト状の炭素膜が得られ，基板温度が低すぎれば膜中に水素 H が多量に残存してポリマー状の膜が得られる。

無機材質研究所におけるダイヤモンド気相合成の際には，原料ガスであるメ

表 11.3　ダイヤモンド気相合成の反応ガス系

C-H（-Ar/He）系 C_xH_y（炭化水素）-H_2	条件：C/H<数 at.% 堆積速度：約 1 μm/h
C-H-O 系 CH_3OH（アルコール類）-H_2 $(CH_3)_2CO$（ケトン類）-H_2 CH_4-H_2-H_2O CH_4-H_2-O_2 CO-H_2 CO_2-CH_4-H_2	条件：1<C/O<1.5 堆積速度：3 ～ 50 μm/h
C-O 系 C_2H_2-O_2（燃焼炎法）	条件：C/O ～ 1.1 堆積速度：100 μm/h

タン CH_4 を水素 H_2 により希釈したガス系（C-H 系）が用いられた。その後，種々の炭化水素 C_xH_y が試されたが，C_xH_y の濃度によらず，原料ガス中の C/H 比が数 at.%以下であればダイヤモンドが堆積し，C/H 比が大きくなるとグラファイト状の炭素膜が堆積する。また，酸素 O が含まれる原料ガス系（C-H-O 系）も用いられている。もともとは，反応前駆体として当時考えられていた CH_3 ラジカルが発生しやすいと誤解して，メタノール CH_3OH やエタノール CH_3CH_2OH を原料ガスに用いたのが発端である[18]。このことは，お酒からダイヤモンドが合成されると一般新聞にも大きく報道された。C-H 系に比べて，堆積速度が大きいという特徴を持つ。この系においても，種々の酸素を含む原料ガスが試されたが，原料ガス中の C/O 比が 1 よりやや大きい程度であればダイヤモンドが堆積する。C/O 比が小さいと何も堆積せず，C/O 比が大きいとグラファイト状の炭素膜が堆積する。このことから，実際には，CH_3 ラジカルの生成とは関係がなく，理由は不明瞭ではあるものの，原料ガス中に含まれる酸素の存在により堆積速度が向上するという結論に至っている。燃焼炎法の場合も，広義には C-H-O 系といえるが，水素 H_2 などの希釈ガスを必要としていないため，C-O 系として別に区分している。原料ガス中の C/O 比を 1.1 前後に調整して還元雰囲気となる内炎内に基板を設置すれば，ダイヤモンドが堆積する。

現在の熱フィラメント CVD 法では，図 11.2 に示した電気炉を用いることなく，フィラメントからの輻(ふく)射熱を利用して基板温度を制御する形式が広く用いられ，広い面積に堆積可能とする金属製のチャンバー方式のものが多い。フィラメントに用いられる高融点金属（W や Ta など）が膜中に混入する危険性が高いことや，フィラメントと原料ガスとが反応して炭化物となりフィラメント寿命が短いことなどの欠点があるが，簡便なため産業用にも用いられている。

一方，無機材質研究所において開発されたマイクロ波プラズマ CVD 法は，従前からあるマイクロ波 CVD 装置とほぼ同じものである。電子レンジと同じ商用マイクロ波（2.45 GHz）を用いる限り，その波長に依存して堆積面積を ϕ50 以上にすることは困難である。また，石英管が還元性のプラズマと接触するため，Si が膜中に混入するという欠点もある。1990 年になって，これらの欠点を持たないエンドランチ型マイクロ波プラズマ CVD 装置を米国のバッハマン（P. Bachmann）が開発した。**図 11.4** に示すようにマイクロ波を円筒共振器へと導入し，マイクロ波反射端となるステージを基板ホルダーとして用いる形式である。この方式によって，石英からの Si 混入が減少し，また，堆積面積も用いるマイクロ波の波長程度に拡張することに成功した。現在では，この原理に基づくマイクロ波プラズマ CVD 装置が幅広く用いられている。現在，商用に販売されている装置では，最大 ϕ150 程度の面積に多結晶ダイヤモンド膜を堆積可能である。

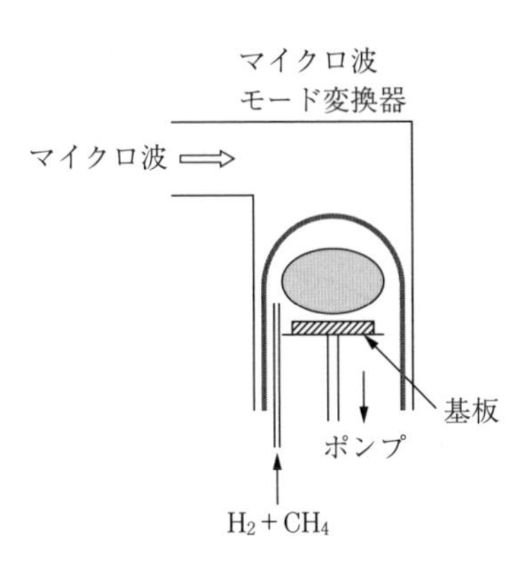

図 11.4　エンドランチ型マイクロ波プラズマ CVD 装置

11.1.5　気相合成の反応機構

種々のガス系やプロセスが用いられているにも関わらず，原料ガス種による堆積物への影響が少なく，また，基板温度の影響も画一的であることから，ダイヤモンドの気相合成の反応機構はすべてにおいて同一であると考えることができる。熱力学的にみれば準安定同素体であるダイヤモンドが，比較的熱平衡に近い気相環境において堆積されることは，学術的に非常に興味深い。

成長機構の解明を目指して，1980 年代後半から 1990 年代にかけてさまざまな研究が行われた。気相状態に関しては，気相種の熱平衡計算，ラジカル密度の発光分光法を用いたプラズマ診断[19]や電子密度・電子温度解析がなされた。また，気相種の基板表面への輸送過程について，反応速度論計算，基板到達するラジカルのフラックス測定[20]などが行われた。さらに，表面反応に関して，分子軌道法計算，粉末試料や単結晶表面を用いた超高真空中における表面科学モデル実験などが行われた[21), 22)]。

ダイヤモンド膜は，基板上にダイヤモンド粒子が核生成し，その粒子が成長し合体することによって形成される。核生成は，原料ガス濃度が高い場合にはダイヤモンド粒子表面に二次核生成することもあるが，**図 11.5** に示すように，ほとんどの核生成は堆積初期にのみ起こる。粒子合体が起きていない時点では，生成している単結晶粒子のサイズがほぼ等しいことからも，堆積初期のごく短い時間にのみ核生成していることがわかる。以降の反応機構では，粒成長と核生成にわけて示すこととする。

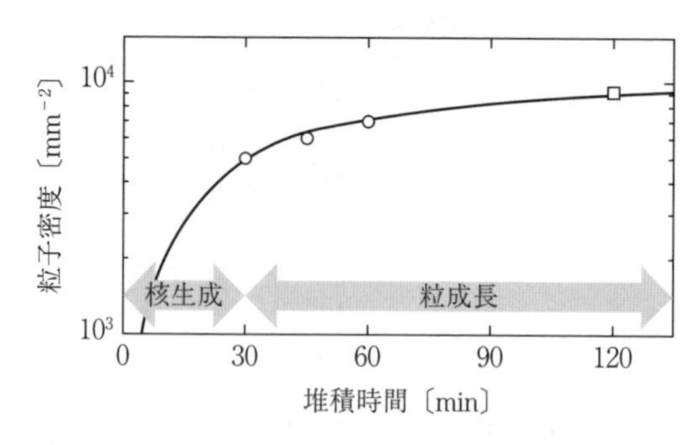

図 11.5　ダイヤモンド粒子密度の堆積時間による推移

〔1〕 **粒 成 長** まずは，多くのことが判明している粒成長について述べる。

前にも述べたように，ダイヤモンドの気相合成における気相状態は，熱力学的平衡状態に近い。固相共存の熱力学的平衡計算による，反応環境に存在する気相種の気相温度依存性を**図 11.6** に示す。熱力学的平衡計算であるので，ここでいう固相とは熱力学的安定相であるグラファイトを指す。この計算は，CH_4-H_2 ガス系に対して計算を行ったものではあるが，熱力学的には C-H ガス系全般に対して成立する。一般にプラズマ中の気相種の温度は明確ではないが，図 11.3 に示したマイクロ波 CVD 装置（無機材研型）のプラズマ発光から得られる C_2 ラジカルの回転温度や振動温度は，およそ 4000 K 前後である。おおまかに見れば，堆積中の気相反応は，4000 K の気相種から 1100 K の基板へと急冷する空間反応に匹敵し，当然のことであるが安定同素体であるグラファイトが形成される。ただし，原料ガスの反応率（ダイヤモンドへの転換率）はせいぜい数％であるので，どの気相種が前駆体であるかは明らかではない。

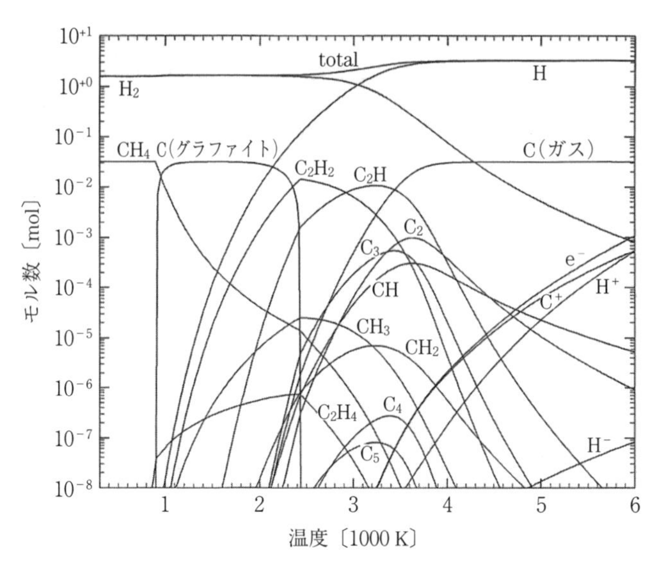

図 11.6 気相熱平衡計算（固相共存）による気相種の温度依存性（2% CH_4-H_2，6.7 kPa）

視点を変えて，基板温度と同等の1100 K一定として，同じ熱力学的平衡計算による気相種の原料ガス濃度依存性を見てみよう。この計算結果を**図 11.7**に示す。図からわかるように，CH_4濃度が0.2 vol.%以下になれば，グラファイトは安定相ではない。同じ計算をC-H-Oガス系についても行えば，C/O比が1を超えると，COが安定相となりグラファイトは堆積しない。これだけでは，なぜダイヤモンドが堆積するのかは不明であるが，表11.3に示したように，過剰の水素H_2にて希釈したC-Hガス系や，C/O比が1程度のC-H-Oガス系を用いればグラファイトは堆積しないことに対応している。このような気相反応環境であることを指して，グラファイト状炭素の析出をしないために原子状水素Hや酸素OをふくむOHのような分子のエッチング効果が重要であるといわれているが，この表現は学術的には正しくない。堆積反応の素過程をみれば，気相種の基板表面への付着と脱離はつねに起こり，複数同時に起こる素過程の中から一つの素過程のみを取り上げて強調するのはおかしい。最終的な堆積物にグラファイトが存在しないことは，反応環境においてグラファイト

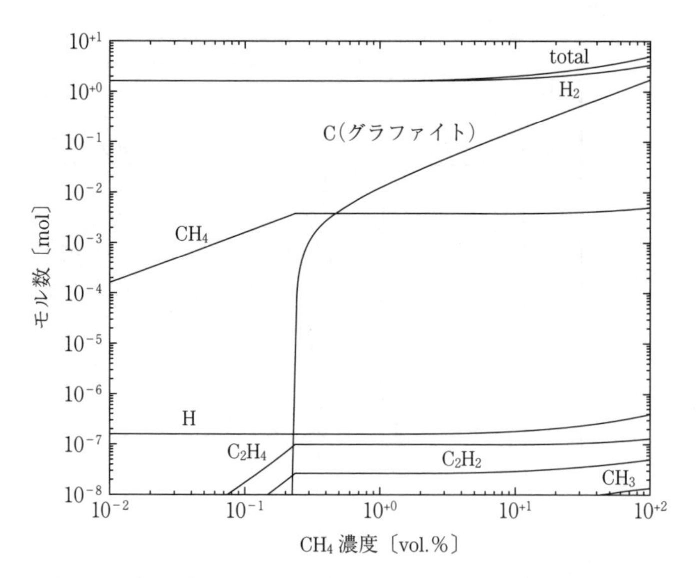

図 11.7　気相熱平衡計算（固相共存）による気相種の濃度依存性（CH_4-H_2，6.7 kPa，1100 K）

が安定相ではないことを意味している。

グラファイトが析出しない理由は明確になったが，では，なぜダイヤモンドが成長するのだろうか。これには表面反応を考える必要がある。表面科学的なモデル実験から，ダイヤモンド表面のC原子が持つダングリングボンドを水素原子Hや酸素原子Oが終端していることがわかっている。シリコンSi表面の場合にも，ダングリングボンドを水素が終端しているが，終端Hは比較的不安定であり200℃程度に加熱すると容易に脱離する。一方，ダイヤモンド表面の場合，終端Hは非常に安定であり，900℃近くに加熱しないと脱離を起こさない[22)]。終端Hが脱離すると表面原子配列の再構成が起こり，部分的に表面C原子の電子軌道がsp^3混成軌道ではなくなる。この再構成表面に原子状Hフラックスを吹き付けると，わずか数％のダングリングボンドにHが終端するだけで，表面C原子の電子軌道がsp^3混成軌道へと可逆的に戻る。この水素脱離の温度帯がまさしく気相成長時の基板温度である。このことから，H終端によりダイヤモンド構造の根幹であるC原子のsp^3混成軌道の安定化が図られていると考えられる。

以上のことから，ダイヤモンドの気相成長においては，つぎのような反応機構が推測される。

【前提条件】

・必要十分な量のH原子が反応場に存在する（過剰には必要ない）。

・基板上には，すでにダイヤモンドが核生成している。

・表面ダングリングボンドを水素Hが終端している。

【反応機構】

① 表面の終端Hは，つねに脱離と吸着を頻繁に繰り返している。

② 脱離している間に，表面に到達したラジカルC_xH_yが化学吸着する。

③ 化学吸着したラジカルにより表面成長する。

④ 成長した原子配列がグラファイト状であれば不安定となり，脱離する。

⑤ 成長した原子配列がダイヤモンド構造であれば，H終端によりsp^3混成軌道が安定化される。

⑥ ①に戻る。

このサイクルを繰り返すことにより，ダイヤモンドの粒成長が行われていると理解できよう。吸着と脱離との間隙をぬって成長が行われ，成長したものの一部は不安定化して脱離するために，成長速度が比較的遅い状況となるものと思われる。このような成長のモデルを**図 11.8** に示す。

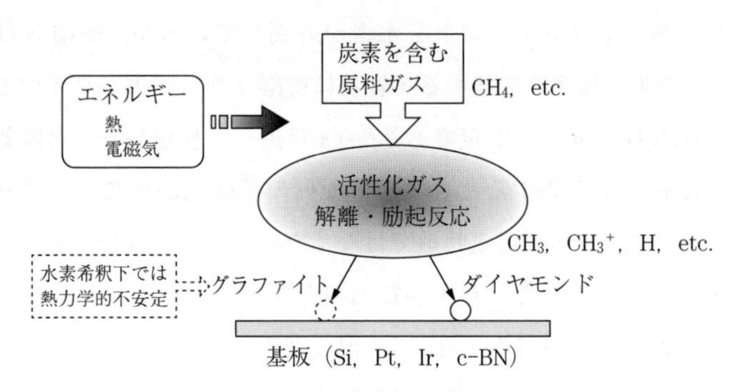

図 11.8　ダイヤモンドの気相合成反応モデル

〔2〕 **核　生　成**　粒成長に対して，異種基板上への核生成については，技術的に核生成を促進する方法は明らかになっているものの，学術的にはほとんどわかっていない。

不均一核生成の古典論に基づいて，ダイヤモンドが準安定相であることを無視して核生成を論じた研究もなされている。しかし，オストワルドの段階則に従って，いったん準安定相であるダイヤモンドが核生成しても，安定相であるグラファイトへと固相変態することになるため，理論的な展開が非常に困難である。なぜグラファイトへと固相変態することなく，ダイヤモンドとして安定するのかについては，学術的に解決されてはいない。

学術的な課題はともかくとして，基板上に核生成を促進する技術的手法についての検討がなされてきた。無機材質研究所においてダイヤモンド膜の気相合成が行われた当初から実施されていたのが，Blasting 処理（あるいは Scratching 処理）である[19]。これは，ダイヤモンドや SiC などの硬質粉体を用いて，基板表面を物理的に荒らす処理であり，傷つけ処理と呼ばれることもある。Si 基板上の核生成密度を図 11.5 に示したように $10^4\ \mathrm{mm}^{-2}$ 以上とすることが可能である。この処理により基板表面全体が数十 nm 周期，数 nm 程度の凹凸となるものの，この凹凸のサイズに比べて核生成密度が低く，物理的な形状が核生成サイトとなることは考えにくい。この処理の再現性を確保するために，エタノールなどの有機溶媒中にダイヤモンド砥粒を懸濁させた溶液を用いて，超音波振動による処理を行う方法が普及している。有機溶媒による基板の超音波洗浄と同等であるが，溶媒中に硬質粉体を投入する点のみが異なっている。また，いずれの Blasting 処理においても，用いる粉体をダイヤモンド砥粒とすると 2 桁ほど核生成密度が大きいことから，ダイヤモンド砥粒が残存していると考えられるが，残存しているかどうかについては明確な結論は出ていない。

逆に，残存するダイヤモンド微粒子を積極的に利用するのが，Seeding 処理である。爆縮合成法や高温高圧法などで合成した 1 μm 以下のダイヤモンド砥粒を用いて Blasting 処理と同様に物理的に表面を研磨した後，基板洗浄をすることなく，微細な研磨砥粒を表面に分散させる手法である。この場合は，準安定相であるダイヤモンドが基板表面に存在していることになるので，気相成長時に核生成するのではなく，種結晶を用いていることになる。

図 11.5 に示したように，堆積初期にのみ核生成が発生することから，核生成と粒成長それぞれに適した条件があると考えられたのが，高過飽和度処理である[23)]。これは，堆積初期の数分程度の短時間のみ原料ガス濃度を高くして核生成を促進させ，その後，ダイヤモンド粒子の成長に適した原料ガス濃度により粒成長させる二段階成長方式である。古典的な不均一核生成論によれば，核生成頻度は雰囲気の過飽和度に従って上昇する。ダイヤモンドが準安定物質であるため，ダイヤモンドの過飽和度は定義できないことから，単に原料ガス濃度によって制御する。これによっても，核生成密度を約 2 桁向上させることが可能である。Blasting 処理においても，ダイヤモンドではなく炭素質の残存があれば，堆積初期に残渣が気化して高過飽和度環境を基板近傍に形成すると考えられ，この結果として核生成が促進される可能性も考えられる。

高過飽和度処理とほぼ同時期に湯郷らによって提案されたバイアス印加処理（Bias Enhanced Nucleation：BEN）がある[24)]。これは，堆積初期の高過飽和度に加えて，基板に負バイアス印加をする方法である。図 11.3 のマイクロ波プラズマ CVD 装置の場合には，プラズマを挟んで基板に対向するように電極を挿入し，基板と電極の間に電界を印加する。核生成が促進される印加電界や原料ガス濃度の報告値はさまざまであり，同様の装置を用いていても統一的ではない。当初，BEN は，高速イオンが基板に衝突することによって発生する高圧効果であると説明されていた。しかし，ダイヤモンド気相合成が，平均自由行程が数 μm 程度の圧力環境下であることから，プラズマ中のイオン密度は低く，また，イオンが衝突時に高圧を発生するほどの並進運動エネルギーを印加電界から得ることも難しい。核生成密度の増加は，印加した dc 電圧によってプラズマ密度が増大したことに起因するのではないかと推測されている[25)]。

もちろん，ダイヤモンドを基板としたホモエピタキシャル成長[26)]や，結晶構造が類似し格子不整合も小さな立方晶窒化ホウ素 c-BN を基板としたヘテロエピタキシャル成長[27)]の場合には，核生成密度も高い。これらの場合には，基板面積がまだまだ小さく，実用的に大面積の薄膜を得ることは難しい。このため，ヘテロエピタキシャル成長による大型化が望まれている。

BEN を利用したヘテロエピタキシャル成長が考案されている[28), 29)]。この成長モデルを**図 11.9** に示す。非常に狭い BEN 条件範囲において，Si（100）上や SiC（100）上に，面内も含めて配向した核が比較的多く生成することが確認されている。（111）優先成長条件により配向核のみを成長させれば，配向していない核の成長が抑制される。その後，（100）優先成長条件により膜表面の平坦化を行えば，ダイヤモンド膜表面側から見れば異種基板上にダイヤモンドがほぼ（100）高配向成長した膜を得ることができる。Si（111）基板でも同様のことは可能であるが，（111）面は 3 回対称であるためアンチドメインが形成し，膜全体としてエピタキシャルな成長を行うことは困難である。BEN による核発生促進条件や BEN を利用したエピタキシャル成長について，小橋が文献 30）に詳しくまとめている。

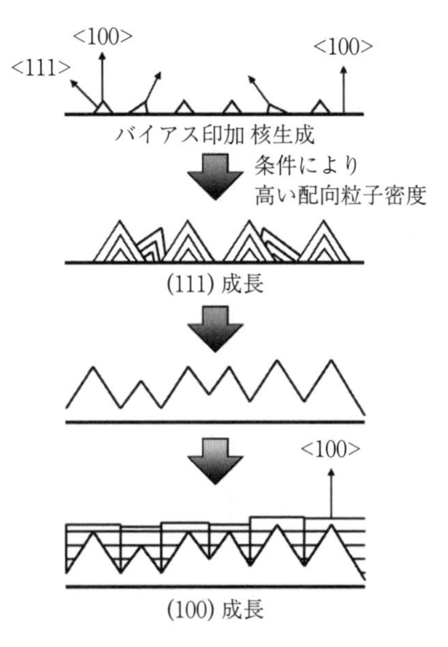

図 11.9　バイアス印加法を用いた高配向性膜の成長モデル

核生成点から転位が高密度に発生していることも透過電子顕微鏡観察から確認されている。ダイヤモンド膜の欠陥密度の低減のためにも，核生成現象について学術的に明らかにしていくことが望ましい。

11.1.6　ダイヤモンド薄膜の今後の課題

ダイヤモンドの気相合成が明らかとなって，少なくとも 30 年が経過している。新たな素材が実用化されるまでの期間は比較的長いとはいえ，そろそろ本格的に材料として実用化されなければならない時期である。気相合成ダイヤモンド多結晶膜は実用的に使われ出しているものの，その商業規模はまだまだ小さい。商業規模が大きくなると期待される半導体材料の実用化に向けて，ホモエピタキシャル成長膜を用いた電界効果トランジスタや発光素子などの研究も盛んに行われている。また，近年では，バイオ用途への応用の研究も進められている。

しかし，今後の実用化に向けてまだまだ解決していかねばならない課題が多い。主なものには，つぎのようなものがあるだろう。

① 3インチ径以上の大型単結晶膜の育成

② 原子レベルの平坦性を得る研磨技術の開発

③ 低抵抗n形ドーピング

④ 結晶欠陥密度の低減

⑤ 低コスト化

これらのうちのいくつかの課題については，すでに検討が始まっている。これによって，貴婦人が欲しがる「宝石の王様」ではなく，技術者が使いたがる「材料の王様」となってくれることを願っている。

11.2　ダイヤモンドライクカーボン（DLC）

11.2.1　ダイヤモンドライクカーボンとその作製方法

〔1〕 **DLC とは**　DLC（diamond-like carbon）膜は，炭素を主成分とする硬質膜であり，1971年にAisenbergとChabotが発表した論文[31]で，「Diamondlike carbon」という名前で呼ばれたのが最初である。Aisenbergらはイオンビームを併用した方法により作製し，主成分が炭素であり，透明，高硬度，化学結合状態などダイヤモンドと類似した特性を有していた。その後世界各国において多くの研究が行われ，さまざまなDLC膜が作製された。DLC膜の硬度に関する明確な規定はなく，数GPaからダイヤモンド程度の超硬質膜までDLCと呼ばれている。DLCの一般的特性として，高硬度，低摩擦係数，耐摩耗性，環境遮断性，化学的に不活性などの特性があり，我が国においては産業での利用が進んでいる。例えば，切削工具，自動車・機械部品などの摺動部品，金型，ガスバリアなどでは不可欠な位置付けにある[32]。

DLCはアモルファス構造の膜であり，化学結合的には，sp^3混成軌道とsp^2混成軌道が短範囲で混ざった構造となっている。作製法により膜中の水素の含有量が異なり，CVD法では膜原料として炭化水素ガスを用いるため，炭化水素分子中の水素が膜中に化学結合を形成して含まれ，PVD 法では通常グラファイトを用いるため，水素含有量はわずかである。DLC にさらに特性を付与するために，フッ素，ケイ素，金属元素などを添加することも行われている。DLC の構造と特性については Robertson[33] がまとめており，歴史については Bewilogua ら[34] がまとめている。また，文献 35）にも特集がある。

本節では，DLC の作製方法，構造および物理的・化学的特性，機械的特性について述べる。

〔2〕 **プラズマ CVD 法による DLC 作製**　　プラズマ CVD 法の概略図を**図 11.10** に示す。メタンあるいはアセチレンなどの炭化水素ガスを真空チャンバー内に導入し，チャンバー内アンテナへの高周波電力印加により生成したグロー放電を用いて炭化水素ガスプラズマを作り，基材にコーティングする方法である。CVD 法の特徴は，真空雰囲気下で気化できる炭化水素系化合物であればいずれのガスも用いることができ，また，大面積および立体物にコーティングすることができる。DLC の密着性あるいは耐熱性を付与するために，テトラメチルシランなど含ケイ素化合物を原料ガスとして併用することが行われている。

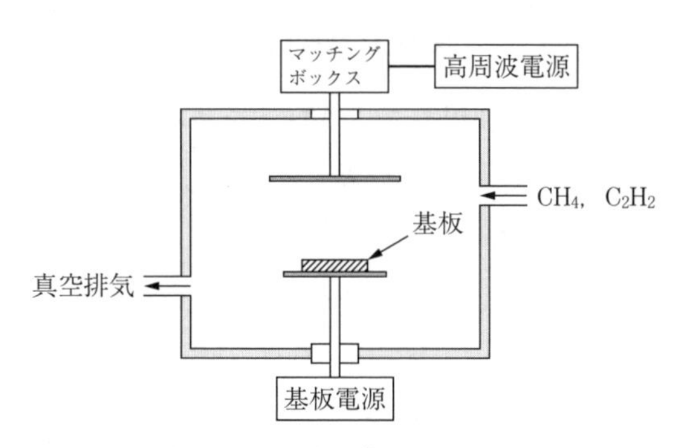

図 11.10　プラズマ CVD 装置

〔3〕 **プラズマベースイオン注入法による DLC 作製**　　プラズマにさらした基材に－20 kV 程度の高電圧パルスを印加することにより，プラズマ中の正イオンを吸引加速し，その運動エネルギーで基材に衝突させイオン注入するこ

とを基本原理としている。**図 11.11** に装置の概略図を示す。高周波電力により原料ガスプラズマを作り，同時に基材に対して，接地しているチャンバーに対し負のパルス電圧をパルス電源から印加している。効率的なイオン注入を行うためは，パルス電圧印加時に立ち上がりの早い電源が必要である。この方法はプラズマベースイオン注入（PBII）あるいはプラズマソースイオン注入（PSII）などと呼ばれている。DLC は密着性にとぼしく，多くの成膜法において，密着強度を付与するためにチタン，クロムなどの活性金属の中間層を必要とするが，PBII 法では，最初にメタンイオン注入を行うことにより炭素系膜のみで優れた密着性を得ることができる特徴がある。

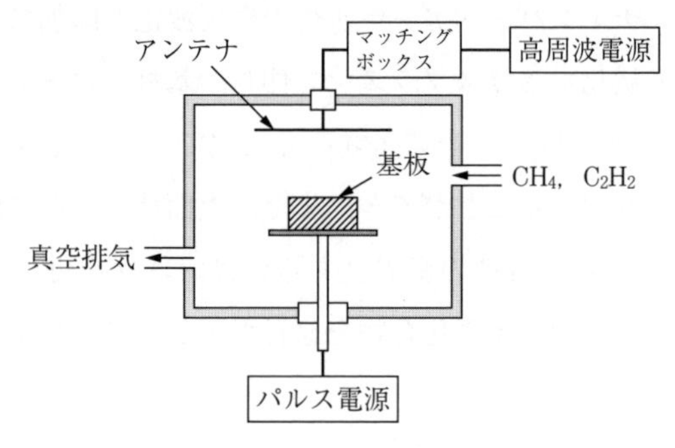

図 11.11　PSII 装置

多くのプラズマ生成法が利用でき，CVD 法を基本とした PBII 法では，立体物や大面積に DLC をコーティングできる。しかしながら，水素を含むため硬度は 30 GPa 程度が限界である。一方，アークイオンプレーティングなど PVD 法を基本とした PBII 法を用いると，水素を含まない高硬度 DLC を作製することができる。

〔4〕 **スパッタ法による DLC 作製**　　スパッタ法は，固体表面にイオンを衝突させ，イオンの運動エネルギーを用いて固体原子を弾き飛ばし，対面する位置に置いた基板上に製膜する技術であり，PVD 法の一つである。装置の概略図を**図 11.12** に示す。スパッタターゲットにはグラファイト板が用いられる。また，スパッタ用ガスとしては，通常不活性で質量がある程度大きいアル

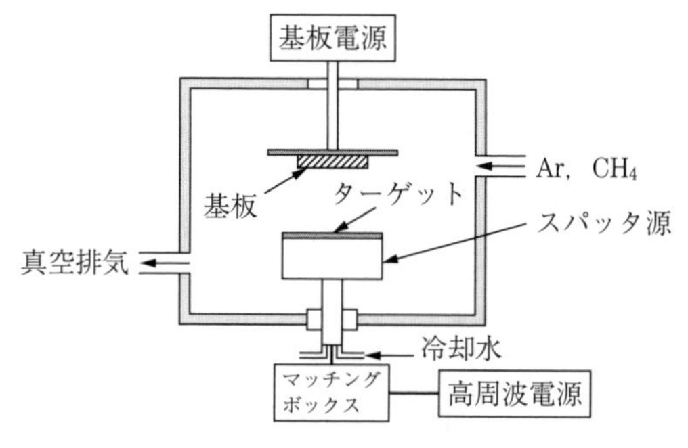

図 11.12 スパッタ装置

ゴンガスが用いられる。スパッタ源は高密度プラズマを生成させるために永久磁石が内蔵されていることから，マグネトロンスパッタ源と呼ばれている。高周波電力あるいは直流電力をスパッタ源に給電することによりアルゴンプラズマが励起され，グラファイトターゲットをスパッタし，DLC が成膜できる。原料ガス中に水素を含まないため，水素フリーの DLC を作ることができる。

通常のマグネトロンスパッタ源では，スパッタ源に内蔵されている外部磁場と内部磁場の強度が同じで，磁力線がターゲット表面で閉じているため，励起したプラズマはターゲット表面に留まっている。これに対し，アンバランスドマグネトロンスパッタ（UBMS）法では，外部磁場と内部磁場の強度が異なり，すなわち非平衡であり，外部磁場の磁力線が基板表面に到達しているため，アルゴンプラズマの一部が基板近傍まで拡散している。これにより成膜中のアルゴンイオンによるアシスト効果が付加され，密着性改善ならびに高硬度 DLC の作製が可能となる。アルゴンガスに加えメタンガスを導入することにより DLC の特性を制御することができる。

〔5〕 **アークイオンプレーティング法による DLC 作製** PVD 法による立体物への水素フリーの硬質 DLC 作製法としてアークイオンプレーティング法がある。**図 11.13** に概略図を示す。グラファイトカソードとアノードとの間のアーク放電により炭素源を蒸発イオン化させコーティングするもので，イオン化率が高く蒸発速度も速いことから，高硬度膜を高速成膜することができる。

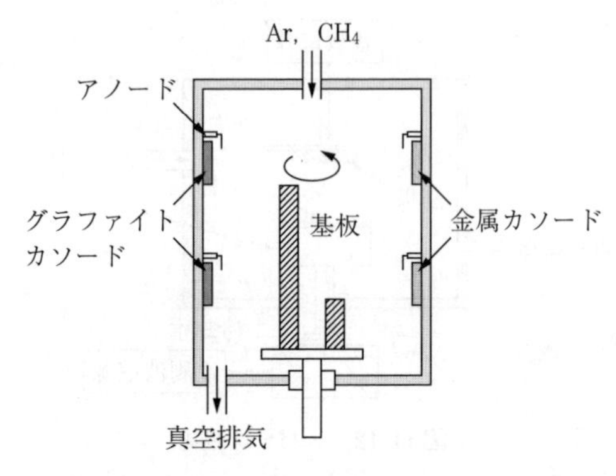

図 11.13　アークイオンプレーティング装置

金属蒸発源は，DLC に密着性を付与するための中間層を形成するために必要である。

アーク放電によりドロップレットが生成し，DLC 生成と同時に付着し膜質を低下させるので，電磁コイルによりイオンを偏向させるようにしたフィルタードアーク蒸発源が開発されている。

11.2.2　物理的・化学的特性

〔1〕 **DLC の構造と組成**　DLC は，Ⅳ族最高位元素である炭素（carbon：C）からなる炭素系材料の一つである。炭素材料の中で，ダイヤモンド（diamond）や黒鉛（graphite，グラファイト），グラフェン（graphene），カーボンナノチューブ（carbone nanotube：CNT），フラーレン（fullerene）は規則配列構造であるのに対し，DLC は不規則配列構造，いわゆる非晶質（amorphous，アモルファス）構造をとる。DLC の炭素は，ダイヤモンドの 3 次元ネットワークを構成する sp^3 混成軌道を持つ炭素と，黒鉛やグラフェンの 2 次元ネットワークを構成する sp^2 混成軌道を持つ炭素が混在しており，sp^3 と全結合との結合比 $sp^3/(sp^3+sp^2)$ は 0 ～ 100％の幅広い分布を持つ。sp 混成軌道の存在は確認されていない。

DLC は不規則配列構造であるため，へき開面やすべり面は存在せず，硬さの割に低弾性であるため変形追随性に優れることから，TiN や CrN といった結晶性の高い他のハードコーティングとはまったく異なる機械的特性を示す。DLC は，まったく水素を含まない水素フリー DLC（hydrogen free amorphous carbon）と最高で 50 at.%の水素を含む水素含有 DLC（hydrogenated amorphous carbon）に大別される。炭素の sp^3 結合比と水素含有量は，密度や電気特性，光透過性，耐食性，はっ水性などの物理・化学的特性，さらに硬さや摩擦・摩耗特性といった機械的特性に関わる最も重要な構造的因子である。DLC の実用的な性能を向上させる目的として，Si や W，Cr などの第 3 元素を含有させることもある。これらは金属含有 DLC（metal-doped DLC）と呼ばれる。DLC は成膜プロセス中に生じた高い内部応力が残留しており，密着性の確保を目的として，金属や化合物などの中間層や傾斜層が施されることが多い。

〔2〕 **DLC の膜質とその分類**　現在，DLC をいくつかのタイプ別に分類し，その分類法を国際標準にしようとする活動が進められている[36)]。その DLC 標準化活動において，2012 年度版としてまとめられたアモルファス炭素膜の分類図を**図 11.14** に示す。

ここでは，アモルファス炭素膜のうち sp^3 結合比と水素含有量を基準に，DLC を 4 タイプに分類している。タイプ I はテトラヘドラルアモルファスカー

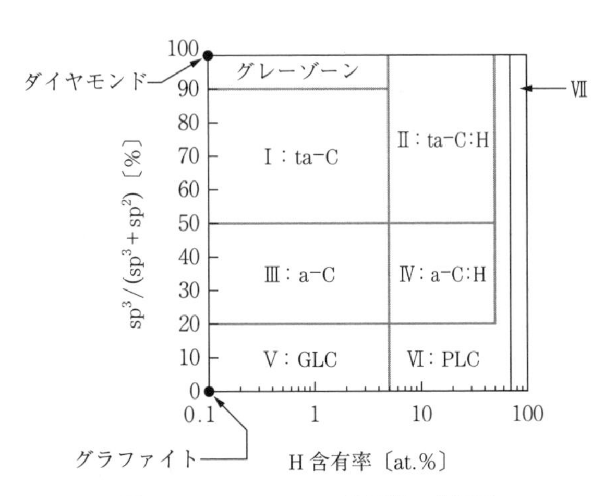

図 11.14　アモルファス炭素膜の分類図

ボン（tetrahedral amorphous carbon：ta-C），タイプⅡは水素化テトラヘドラルアモルファスカーボン（hydrogenated tetrahedral amorphous carbon：ta-C:H），タイプⅢはアモルファスカーボン（amorphous carbon：a-C），タイプⅣは水素化アモルファスカーボン（hydrogenated amorphous carbon：a-C:H）である。タイプⅤはグラファイト状炭素膜（graphite like carbon：GLC），タイプⅥはポリマー状炭素膜（polymer like carbon：PLC）に相当し，DLCの範疇に含めないとしている。Ⅶの領域は膜として存在しない。また，Siを含有させたSi-DLCはDLCの範疇としている。sp^3結合比は，X線吸収端近傍構造分析（X-ray absorption near edge structure：XANES）や固体核磁気共鳴法（solid-state nuclear magnetic resonance：NMR）により，水素含有量は，反跳電子検出法（elastic recoil detection analysis：ERDA）や共鳴核反応法（resonance nuclear reaction analysis：RNRA）により決定される。

〔3〕 **密　　度**　DLCの密度は，ダイヤモンドが$3.52\,g/cm^3$，グラファイトが$2.26\,g/cm^3$であるのに対して，$1.4 \sim 3.5\,g/cm^3$との報告がある。DLCタイプによって異なり，密度と硬さには高い相関が指摘されている[37)]。成膜時の基板にかかる負バイアス電圧に大きく依存する。密度の測定には，X線反射率法（X-ray reflectivity：XRR）が用いられるが，測定されるのは真密度であり，見かけ密度でないことに注意を要する。

〔4〕 **平 滑 性**　CVD法で作成されたa-C:Hは，一般的に算術平均粗さ$Ra = 0.01\,\mu m$以下のような超平滑性を示すが，カソーディックアーク法で作製したta-Cは，ドロップレットと呼ばれる数μm程度の未溶融炭素粒子が多く存在するため，表面粗さは$Ra = 0.1\,\mu m$以上と粗面化する。一方，物理的および電気磁気的なフィルターによりドロップレットを除去することで，$Ra = 1\,nm$以下の超鏡面を作り出すことも可能である。高い平滑性は，DLCの最大の特徴である低摩擦性の材料因子として寄与が大きい。

〔5〕 **耐 食 性**　DLCは，ほとんどの酸およびアルカリに不溶である。グラファイトが硝酸と反応してメリト酸を生成することが知られおり[38)]，100℃における60％濃硝酸に対する耐食性はsp^3結合比の大きい膜で，若干高い

傾向にあることが調べられている[39]。

〔6〕 **凝着性** DLCは，ダイヤモンドと同様に高温域において鉄と反応性が高いため，切削加工などには利用できない。一方，アルミニウムや銅といった非鉄金属に対しては親和性が低いために，凝着を起こしにくい性質を有する。この特性を利用して，アルミニウム加工工具および金型，ICリードフレーム曲げ金型，ペットボトル用金型，粉末成型金型などに実用化されている。非鉄金属の切削工具には，高硬度かつ耐摩耗性にも優れたta-Cが多用されている[40]。

〔7〕 **耐熱性** 大気中での酸化開始温度はa-C:Hが300～400℃であるのに対し，ta-Cは450℃以上である。非球面レンズ成形用金型は，比較的高温での耐熱性と高い寸法精度が要求されるため，FCVA（filtered cathodic vacuum arc）法で超硬基材上に作製した超平滑なta-Cが採用されている。

〔8〕 **耐プラズマ性** DLC膜は，酸素プラズマとの反応性が高く，金属と比較し数十倍のエッチングレートを有することから，DLC膜の選択的な除去が可能である。金型や工具の素材が損傷することなくDLC膜のみを除去することができ，リサイクルが可能となることから，半永久的に使用が可能となり，コストダウンの効果を得ることができる。

〔9〕 **はっ水性** DLCは，すべてのタイプで高いはっ水性を示す。膜中の水素量と接触角には相関性がなく，むしろ密度と表面構造に相関性があると考えられている。Fを含有させたDLCは，さらにはっ水性が高く，ゴムや樹脂成形での金型の防汚性および離型性が向上する。しかしながら，Fの添加量が増加すると硬度が著しく低下する[41]。

〔10〕 **ガスバリア性** 高周波プラズマCVD法でポリエチレンテレフタレート（polyethylene terephthalate：PET）上にほんの数秒間で成膜された極薄a-C:Hの酸素透過率は，温度23℃において0.0019 cc/（day･bottle）であり未コートの0.0578 cc/（day･bottle）に比べて著しく低い[42]。炭酸ガスや香気など各種の気体を遮蔽することができることから，飲料用PETボトルや味噌カップなどのプラスチック食品包装容器に応用されている。

〔11〕 **生体適合性**　DLCは，機械的特性だけではなく化学的安定性に優れており，毒性がないことから生体材料への適用が期待されている。生体適合性として，生体細胞適合性だけでなく血小板粘着特性，血液凝固特性といった血液との相互作用の制御が重要となる。細胞適合性については，DLCの成膜手法によらず，膜密度1.5～2.0 g/cm^{3}かつsp^{3}結合比10～50%のDLCが，細胞増殖促進効果を見込める可能性が高いとした[43]。中谷らは，冠静脈ステント表面にプラズマCVDにより強靭な傾斜化Si-DLCを成膜し，さらにその表面をO^{2+}やNH_3プラズマ処理によりカルボキシル基とアミノ基を導入，最適化することで，血液適合性を向上させた[44]。純国産技術によるこのDLC搭載ステントは，2010年より欧州で販売されている。現在，生体材料として，人工臓器，カテーテル，ガイドワイヤー，歯科材料，手術器具などへの開発が進められている。

〔12〕 **電気的特性**　a-C:Hおよびta-Cは，絶縁体であり，低い誘電率を示す。この特性を利用して，LSI相間絶縁膜やPDP（plasma display panel）電子放出デバイスに利用される。含有水素量の低減や金属元素添加によって導電性を付与することが可能であり，電子部品などの帯電防止用保護膜や電極保護膜として利用されている。

〔13〕 **熱 伝 導 性**　ダイヤモンドの持つ非常に高い熱伝導率2000 W·m^{-1}·K^{-1}に対して，DLCは0.2～30 W·m^{-1}·K^{-1}と低く，グラファイトの0.4～2.1 W·m^{-1}·K^{-1}に近い。

〔14〕 **音 響 特 性**　高い弾性率を有する材料は音伝播性が向上する点に着目して，イヤホン用スピーカ振動板など音響機器へ実用化されている。

〔15〕 **光学的特性**　a-C:Hは黒色，ta-Cは本来透明であるが干渉色を呈していることが多い。分光エリプソメトリーによると，波長λ=550 nmにおけるDLCの屈折率nはn=1.5～2.7であり，消衰係数kは，k=0～0.9と範囲に分布する。タイプによってn，kの範囲を分類することができるとしている[45]。屈折率nはsp^{3}結合と，消衰係数kはsp^{2}結合とそれぞれ相関があるとし，DLCタイプ分けを行う新たな手法として標準化が期待される。a-C:H

は，波長の増加とともに透過率が増加し，赤外領域では良好な透過率特性を持つ。サングラスの紫外線カット膜や赤外線バーコードリーダー用ガラスの保護膜として使用されている。また，a-C:H は，ピアノブラックと呼ばれる光沢感のある黒色を呈しており，腕時計や刃物，キーケース，アクセサリーなどの装飾部品に適用されている。

11.2.3 機械的特性

DLC には，TiN や CrN などの従来のハードコーティングにはない優れた特徴が数多く見出されている。中でも，高い硬さと優れた摩擦特性（低摩擦係数，固体潤滑性）は，最も魅力的で代表的な特徴であり，他の材料には見られない DLC 特有の優れた機械的特性といっても過言ではない。

DLC に関する 1998 年以降の公表論文を，特性評価に関するキーワード検索から分類した結果[46] によると，全体の約半数が「硬さ」と「摩擦」を取り扱っており，両特性に対する関心度の高さがうかがえる。現在，DLC は多数のアプリケーションに採用されている。代表的な応用例であるハードディスク，切削工具，金型，自動車部品などは，すべてこの DLC の高い硬さと優れた摩擦特性を最大限に活用したものである。

本項では，DLC の機械的特性として，硬さと摩擦特性を取り上げ概説する。

〔1〕 硬　さ　通常，DLC は薄い「膜」として形成されるため，硬さを評価する方法としては，ナノインデンテーション法が一般に用いられる。ナノインデンテーション法の測定原理などの詳細については，文献 47）などがあるのでそれらを参照されたい。

一般的な DLC のナノインデンテーション硬さは 10 ～ 25 GPa である。この値は TiN などのハードコーティング膜と同程度で，“diamond-like＝ダイヤモンドのように”硬い（～ 100 GPa）というわけではない。ただし，一般的な表面材料としては十分硬質であり，DLC がトライボロジー応用材料として注目される理由の一つとなっている。

DLC 全体としては，0.5 ～ 90 GPa と広範な硬さが報告されている。この理由は，DLC が広範な組成と構造を有するアモルファス炭素膜の総称であり，DLC に分類されている物質が多岐にわたるためである。現在，我が国では，DLC をいくつかのタイプ別に分類して整理し，その分類法を国際標準にしようとする活動が進められている[39]。また，これまでの機械的応用例から，硬さ 10 GPa 以上を DLC と定義することも提案されている。

DLC は，一般に $sp^3/(sp^3+sp^2)$ 結合比が高いほど，また，水素濃度が低いほど硬質であると認識されている。これは，ta-C＞a-C＞ta-C:H＞a-C:H の順に硬さを整理できるとする文献や，硬さと $sp^3/(sp^3+sp^2)$ 結合比や水素濃度との間に明瞭な相関を認めたとする報告があることによる。実際には，さまざまな DLC の硬さを $sp^3/(sp^3+sp^2)$ 結合比や水素濃度で整理しようとすると，うまくいかない場合が多い。**図 11.15** に，各種 DLC の硬さを水素濃度で整理した結果[48] を示す。全体的には，硬さと水素濃度との間におおむね相関があるように見える。しかし，相関から大きく外れるものや，水素濃度が 13 ～ 22 at.%程度の領域では，同じ水素濃度でも硬さが著しく異なるものもあり，単純に相関があるということは難しい。

DLC は真空プロセスにより形成されるアモルファス炭素膜である。このため，硬さには，$sp^3/(sp^3+sp^2)$ 結合比や水素濃度だけでなく，構造内の自由体積，すなわち密度や内部応力なども影響を及ぼしている。一般的には，同じ成

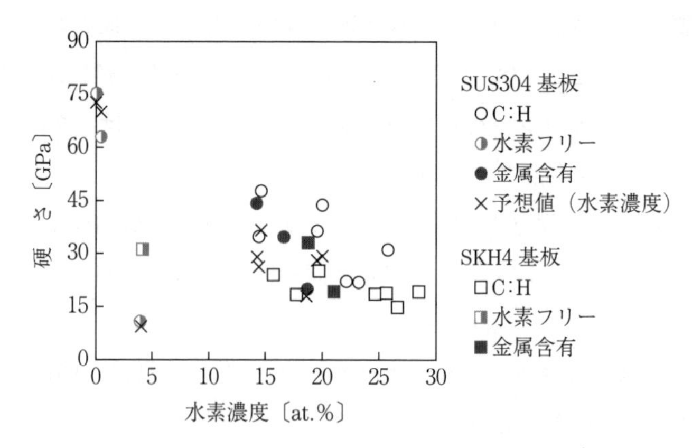

図 11.15　各種 DLC 膜の H 含有率と硬さの関係[48]

膜装置を用いて成膜条件を変えて形成したDLC間では，諸物性が密接に関連して変化するため，硬さと $sp^3/(sp^3+sp^2)$ 結合比や水素濃度との間に明瞭な相関が認められやすくなる。しかし，異なる成膜法や装置で形成したDLC間では，これらの中の一つの因子のみで硬さを議論することは危険である。

材料の硬さをナノインデンテーション法で評価する際には弾性率の値も得られる。一般に，良好な摩擦・摩耗特性を維持するには，弾性率 / 硬さ（E/H）の値が低いほうが良いとされている。DLCの E/H は10程度であり，多くの金属材料が200～300，セラミックスが10～20であるのに比べるとかなり低い値である。DLCが優れたトライボロジー特性を示す要因の一つとして，この低い E/H も挙げられる。

〔2〕 **摩擦特性**　一般に，DLCとセラミックス材料や鋼との無潤滑下での摩擦係数は0.1程度である。これは鋼どうしの油中などの潤滑下における摩擦係数に匹敵するほどの低い値である。

現代社会において，潤滑の適正化による経済効果は10兆円規模にのぼると試算されており，国内総生産の数％に匹敵する。これは，摩擦だけで膨大なエネルギーが消費されていることを示している。また，自動車業界では環境問題を背景とする CO_2 排出量削減という至上命題から，数％の燃費向上にもしのぎを削っている。このような背景から，摩擦特性に優れたDLCは，救世主ともいえる夢の材料としても脚光を浴びている。昨今のDLC技術の急速な実用展開は，このような社会情勢が後押ししている側面が大きい。

DLCが低い摩擦係数を示すメカニズムとしては，硬質であることと，他のハードコーティング膜に比べて表面がきわめて平滑であることから，相手攻撃性が小さく，掘り起こし効果が少ないという基本的な見解など，いくつかのモデルが提唱されている。それらの中でも，摩擦過程において相手材にグラファイト状の移着膜が生成され，これが低いせん断力を示すとする説と，水素含有DLCどうし，または水素含有DLCと移着膜との摩擦の場合には，水素で終端された表面が化学的に安定であり，それらの摩擦面に反発力が発生することによるとする説の二つが定着しつつある。その一方で，DLCは環境によって異なるトライボロジー特性を示すことに注意が必要であり，大気中における湿度の影響，酸素，水素などの雰囲気ガス中や真空環境での特性が報告されている。

図 11.16 に，これまでに提案されてきたDLCの摩擦メカニズムを湿度に対して一つにまとめた概略図[49]を示す。水素を含まないta-CのようなDLCの場合，乾燥あるいは真空環境を含む不活性雰囲気では，表面のダングリングボンドは環境物質によって終端されることなく維持されている。したがって，それによる強い相互作用，付着力のために高い摩擦係数が発現する。摺動によって摩擦面はグラファイト化するが，湿度が高くなるにつれて，ダングリングボンドが水分などで終端され，付着力が減少して摩擦係数は徐々に低下していく。

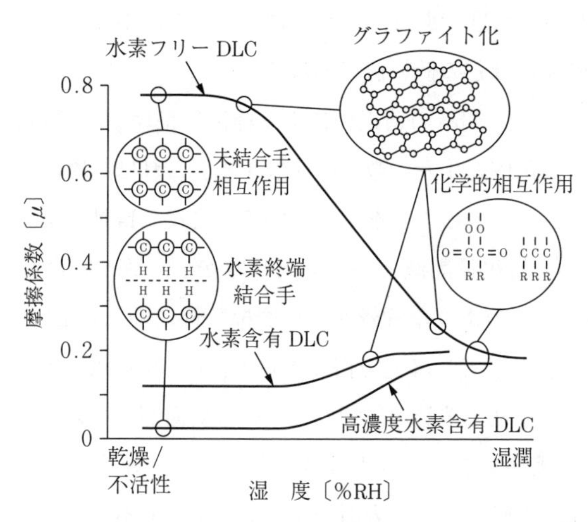

図 11.16　湿度に対するDLCの摩擦特性および摩擦機構[49]

水素を含有するDLCの場合には，乾燥あるいは真空環境を含む不活性雰囲気では，表面は水素によって終端されてプラス電荷を帯びており，それらの摺動では界面に反発力が生じて低い摩擦係数が発現する。特に，水素を過剰に含有したDLCでは，摺動による水素脱離を膜内の水素が補うために，つねに強い反発力が生成され，きわめて低い摩擦係数を示す。また，これについては，久保が分子動力学法を用いて説明しているように，摩擦によって離脱した水素が摩擦界面においてガス化することによって，強い反発力が生み出されるとする説も提案されている[50)]。しかし，湿度が高くなると，摺動によって摩擦面がグラファイト化するとともに，水素の脱離でダングリングボンドが生成されるが，これを水分などが終端するようになり，反発力が低減し，摩擦係数は次第に上昇する。そして，高い湿度環境では，DLCの水素含有量に関係なく，ほぼ同程度の摩擦係数を示すようになる。

一方，Siなどの第3元素を含有するDLCの場合には，摩擦メカニズムはまったく異なる。Siを含有するDLCを摩擦すると，通常のDLCより低い摩擦係数が発現する。この場合も，通常のDLCと同様，摩擦相手材には移着膜が生成されるが，グラファイト化は起こらず，摩擦面にSi-OH基や吸着水膜が存在することが確かめられている[51)]。すなわち，Si含有DLCの低摩擦係数には水分が直接関与している。

これ以外に，雰囲気の清浄度が摩擦特性に影響を及ぼすとの報告もあり，DLC摩擦特性には，DLCの種類や摩擦環境などさまざまな因子が複雑に絡み合って関与する。したがって，DLCの摩擦メカニズムを統一的に取り扱うことは難しい。

DLCが実際に使用される機械部品などは，無潤滑ではなく潤滑下で用いられることが多い。特に，自動車関連部品へのDLCの適用・開発過程においては，各種エンジンオイル潤滑下での摩擦特性が調査されている。**図11.17**に，種々のコーティング膜の無潤滑およびエンジンオイル中での摩擦特性評価結果を示す[52)]。一般に広く形成される水素を含有するDLC（a-C:H）は，無潤滑下／エンジンオイル潤滑下ともに，摩擦係数がほとんど変わらず，この値は表面処理なしの潤滑下での摩擦係数と変わらない。これが，DLCが優れた摩擦特性を示す夢の材料として期待されながら，潤滑下で使用される各種摺動部材には急速に普及しなかった原因の一つといわれている。しかし，図11.17に示したように，水素フリーDLC（ta-C）は，潤滑下での摩擦係数がさらに低くなる。エンジンオイル中には耐酸化性，粘度調整など，性能を得るための

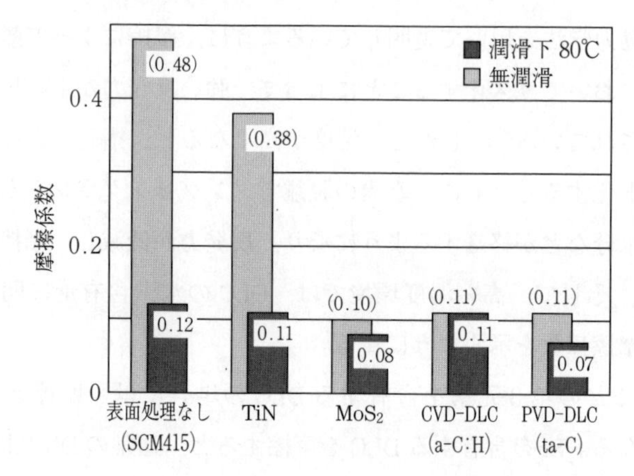

図 11.17　無潤滑下およびエンジンオイル潤滑下における各種コーティング膜のピンオンディスク試験結果[52)]

種々の添加剤が混合されており，これらの添加剤の影響が DLC の種類によって異なることを示している。ta-C などの水素フリー DLC は，表面にダングリングボンドがより多く存在するため，添加剤などの効果が高くなると考えられる。

図 11.18 は，PAO（poly-alpha-olefin）基油に，摩擦調整剤である GMO（glycerol-mono-oleate）を添加したものと，グリセリン単体潤滑下での各種材

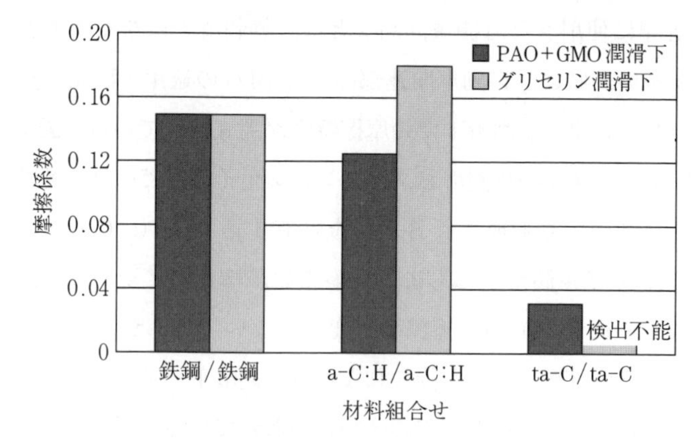

図 11.18　PAO＋GMO およびグリセリン潤滑下での各種組合せによる摩擦係数[52)]

料の組合せによる摩擦特性を示す[52]。ta-C/ta-C の組合せ摺動では，PAO＋GMO 潤滑下で 0.03 という非常に低い摩擦係数を示し，グリセリン単体潤滑下ではさらに低く，試験機の検出限界 0.01 を下回る超低摩擦係数が発現している。この値は，ころがり摩擦に匹敵するほぼ摩擦ゼロともいえるきわめて低い値である。この特性は，DLC の種類だけではなく，DLC に適したエンジンオイルを探索する目的から見出された。この成果は自動車エンジンのバルブリフターに採用され，自動車の燃費向上に大きく貢献している。

11.3 窒化炭素薄膜

11.3.1 窒化炭素とは

炭素系材料は，ダイヤモンドグラファイトをはじめ，フラーレンやナノチューブ，気相合成で得られる DLC（diamond-like carbon，ダイヤモンド状炭素膜）などのさまざまな構造を有しており，多岐にわたる応用が期待されている。一方，炭素系材料に異種元素を添加することにより，電気的特性や耐高温酸化性などの特性の改善が可能である。

特に，炭素に窒素を含有した窒化炭素（C_3N_4）は，天然には存在しない物質であり，1989 年に Liu と Cohen により β-Si_3N_4 の Si を C に置き換えた構造の物質を提案し[53), 54)]，その C-N 結合距離は 0.147 nm，格子定数は a＝0.644 nm，c＝0.427 nm であり，第一原理計算から体積弾性率を算出したところ 427 GPa であった。これはダイヤモンドについての実測値 442 GPa に匹敵する高い値である。この報告以来，窒化炭素は多大な研究が行われており，三方晶型（α 型），六方晶型（β 型），立方型（cubic 型），菱面体型（γ 型），黒鉛型（graphitic 型），擬立方晶型（pseudocubic 型），スピネル型（spinel 型）および欠陥閃亜鉛鉱型（ZB 型，defect zinc-blende 型）などさまざまな構造が予測されている[55)～57)]。また各窒化炭素の体積弾性率は，α 型では 189 ～ 449 GPa，β 型では 250 ～ 451 GPa，cubic 型では 425 ～ 496 GPa と計算予測されており[66)～73)]，いずれの結晶構造においても高硬度を有する可能性がある。

前述のようにβおよびcubic型窒化炭素は，ダイヤモンドをしのぐ硬度を有する可能性を秘めており，化学的安定性および熱伝導性も高いことからハードコーティング材料などへの応用や，工業用ダイヤモンドに置き換わる材料として期待されている。しかし，ダイヤモンドをしのぐ硬度を有する窒化炭素はいまだ得られておらず，各種手法により窒化炭素合成が試みられている。

これまでに窒化炭素の合成には高温高圧合成や有機合成法，PVD，CVDといったダイヤモンド合成と同様の手法により合成が検討され，結晶質および非晶質の窒化炭素が得られており，高硬度[58]，低摩擦特性[59]，電界電子放出特性[60), 61]，水素吸蔵特性[62]，蛍光体特性[63]，低誘電体特性[64]，光触媒[65]などさまざまな特性が明らかとなっており幅広い応用が期待されている。

11.3.2　窒化炭素の合成

〔1〕 **高温高圧合成**　最初の人工ダイヤモンドおよびc-BNは，触媒を用いた高温高圧合成により作られたため，窒化炭素についても同様に高温高圧合成が試みられている。炭素と窒素を含む化合物[66]~[68]を原料とした高圧合成では，いずれも完全に炭素と窒素に分解したとしている。また，炭素-窒素ポリマーの衝撃波プロセスでは，60 GPaを超える高圧と高温下でダイヤモンドと窒素が得られている[69]。1-シアノグアニジンを炭酸ガスレーザーで加熱したダイヤモンドアンビル中，高圧高温（$P>27$ GPa，$T>1700$℃）で反応させることにより結晶性化合物が得られたが[70]，欠陥ウルツ鉱型構造の$C_2N_2(NH)$の組成の化合物であったとしている。

〔2〕 **有 機 合 成**　窒素雰囲気中で酸化セレン（SeO_2）触媒を用い，*N*, *N*-ジエチル-1, 4-フェニレン-ジアンモニウムサルフェイトを加熱して試料を作製し，粒径が5～50 nmのc-C_3N_4微細結晶が，アモルファスマトリックス中に約25％含まれていることが透過型電子顕微鏡（TEM）観察により報告されている。試料全体の組成はCN_x（$0.2<x<0.5$）であるが，電子エネルギー損失分光法（EELS）で評価した微細結晶の組成はC_3N_4の理論組成に近く，ナノインデンテーション測定で得られる荷重-変位曲線から，硬度（*H*）とヤン

グ率（E）を算出した結果，$H \sim 35$ GPa，$E \sim 190$ GPa となり，ダイヤモンド膜の $H \sim 100$ GPa，$E \sim 1000$ GPa には及ばなかった。しかし，窒化炭素膜は85％以上の高い弾性回復性を示した。さらに，窒化炭素膜の H/E 比は，ダイヤモンド膜の値より高く，硬度と弾性をあわせ持つ優れた材料であるといえる[71)]。また，溶剤として塩化リチウムと塩化カリウムの塩の溶解物を使用し，ジシアンジアミドを温度凝縮させ，graphitic-C_3N_4 を作製したと報告されている[72)]。

〔3〕**低圧合成**　低圧合成の中では，気相法であるスパッタリング，レーザーアブレーション，イオンプレーティング，イオン注入，ダイナミックミキシング，プラズマ CVD，熱フィラメント CVD など，さまざまな PVD 法および CVD 法が利用されている。一般に PVD により作製された膜は窒素含有が少なく非晶質である[58)]のに対して，CVD では窒素含有量が多く，α-C_3N_4 単層あるいは α-C_3N_4 と β-C_3N_4 の混合といった結晶性の窒化炭素が得られている[73), 74)]。

ここでは，CVD 法の一つであるマイクロ波プラズマ CVD による窒化炭素合成について述べる。

11.3.3 マイクロ波プラズマ CVD による窒化炭素の合成

マイクロ波プラズマ CVD は，無電極放電であるため装置構造が簡単であり，不純物の混入が少なく，長時間の合成においても条件の安定化が可能であるという長所を有しており，ダイヤモンド合成にも用いられている。そこで，窒化炭素の合成には，一般的にダイヤモンド合成に用いられる無機材質研究所型マイクロ波プラズマ CVD 装置を用いた。

図 11.19 にマイクロ波プラズマ CVD 装置の概略図を示す。石英管上部から反応ガスを供給し，下部から真空ポンプにより排気し，減圧された石英管にマイクロ波を導くことによりプラズマを発生させ，基板上に窒化炭素を析出させる。反応ガスに CH_4-N_2 系反応ガスを用いて，CH_4/N_2 濃度を 1 ～ 10％と変化させた。合成圧力を 4.3 kPa，マイクロ波出力を 150 W あるいは 200 W で Si

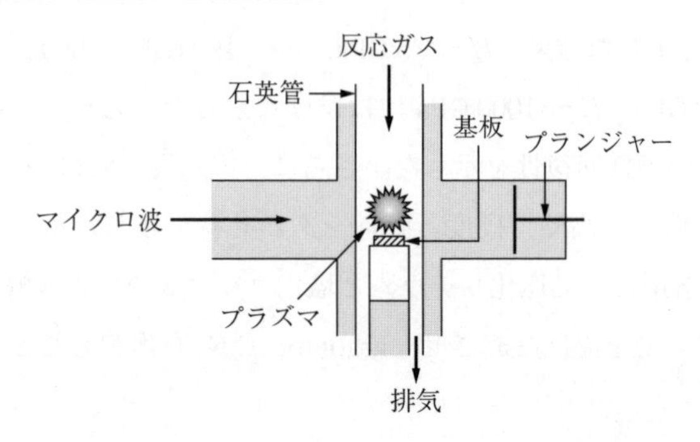

図 11.19　マイクロ波プラズマ CVD 装置の概略図

基板上に合成した。また，生成物の評価は走査型電子顕微鏡（scanning electron microscope：SEM）による表面観察，X 線回折，（X-ray diffraction：XRD）による結晶構造解析，オージェ電子分光（Auger electron spectroscopy：AES）による表面元素分析および X 線光電子分光（X-ray photoelectron spectroscopy：XPS）による化学結合状態分析，ラマン分光分析による分光学的評価を行った。

図 11.20 に CH_4 濃度 1%および 7%，マイクロ波出力 200 W で合成した生成物の SEM 像を示す。1 辺の長さが 0.5 μm，長さ 2 ～ 3 μm 程度の晶癖を持つ生成物が観察される。これに対して，図 11.20 の CH_4 濃度 7%，マイクロ波出力 200 W で合成した生成物は，直径 0.1 μm 以下で長さ 1 μm 程度のウィスカーが降り積もったような表面を呈しており，CH_4 濃度の増加に伴い，表面形態は

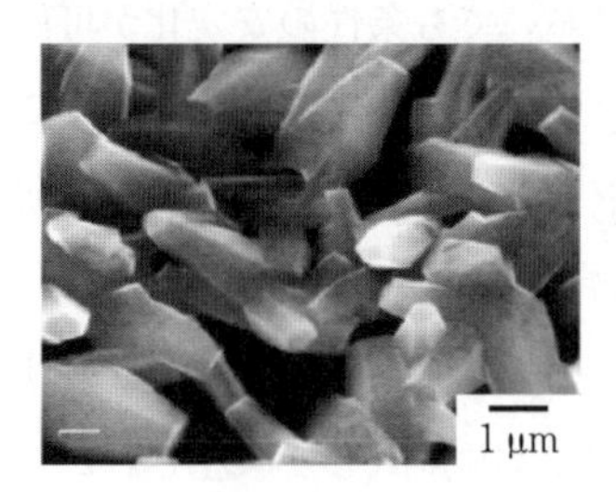

（a）　CH_4 濃度 1%
マイクロ波出力 200 W

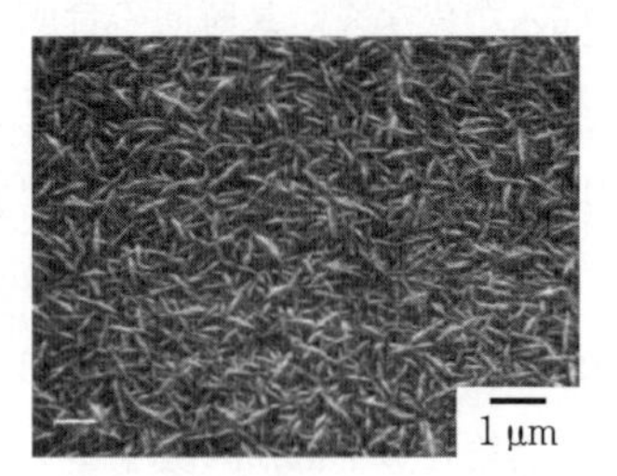

（b）　CH_4 濃度 7%
マイクロ波出力 200 W

図 11.20　CH_4 濃度 1%および 7%，マイクロ波出力 200 W で合成した生成物の SEM 像

結晶からウィスカー状に変化することが明らかとなった。ラマン分光分析の結果ではCH_4濃度1%では基板であるSiのピークのみが認められ，得られた生成物はダイヤモンドやグラファイトなどの結晶性の炭素ではないことがわかる。また，アモルファスカーボンのピークも認められず，非窒化炭素成分が少ないことも考えられる。

図11.21にCH_4濃度3%，マイクロ波出力150 Wで合成した生成物のX線回折パターンを示す。α-C_3N_4の（301），（401）および（312）面とβ-Si_3N_4が認められ，結晶性の窒化炭素が得られていることがわかる。一方，CH_4濃度の増加に伴い窒化炭素のピークは低くなり，ダイヤモンドの（111），（220），（311），および（400）のピークが現れ，CH_4濃度の上昇に伴い生成物は結晶性のα-C_3N_4からダイヤモンドへと変化することが明らかとなった。

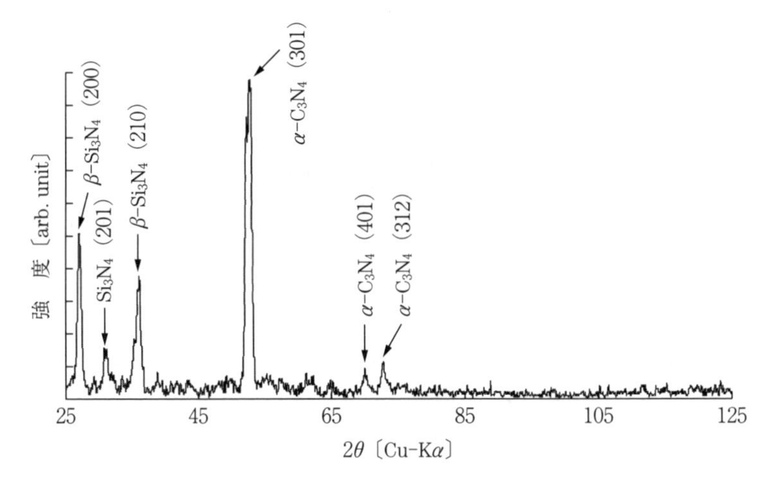

図11.21 CH_4濃度3%，マイクロ波出力150 Wで合成した生成物のX線回折パターン

図11.22にCH_4濃度3%および7%，マイクロ波出力200 Wで合成した生成物のAESスペクトルを示す。低CH_4濃度の生成物ではCおよびNの含有のほかに，OおよびSiの含有も認められた。このSiは，基板であるSiの検出のほかに，反応中での基板温度が1125～1253 Kと高温であるために，Siの表面へ

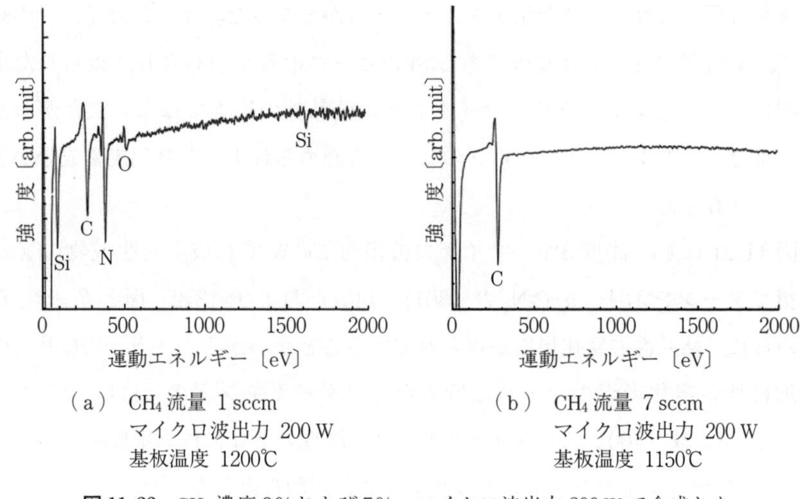

（a）　CH_4 流量 1 sccm
マイクロ波出力 200 W
基板温度 1200℃

（b）　CH_4 流量 7 sccm
マイクロ波出力 200 W
基板温度 1150℃

図 11.22　CH_4 濃度 3% および 7%，マイクロ波出力 200 W で合成した生成物の AES スペクトル

の高温拡散によるものと考えられる。O は，大気中で基板を取り出した際の吸着に起因することが考えられる。高 CH_4 濃度の生成物のでは C のみが認められた。AES スペクトルより算出した窒素含有量は，CH_4 濃度 1%，マイクロ波出力 200 W で合成した試料は 57.6% であるが，CH_4 濃度 3%，5%，7% ではそれぞれ 59.5%，25.1%，0% であり，CH_4 濃度の増加に伴い減少した。

また，XPS で測定した生成物の XPS スペクトルでは，CH_4 濃度 1% で合成した生成物では C と N の結合が認められるが，5% で合成した試料では C と N の結合は特に認められず，低 CH_4 濃度の領域でのみ C と N の結合が認められた。

マイクロ波プラズマ CVD による CH_4-N_2 系反応ガスからの窒化炭素合成では，低 CH_4 濃度領域で晶癖を有する結晶性 α-C_3N_4 の合成が可能である。

11.3.4　窒化炭素の電界電子放出特性

電界電子放出（field emission：FE）とは，固体表面に強い電界がかかると，電子を固体内に閉じ込めている表面のポテンシャル障壁が低くかつ薄くなり，電子がトンネル効果により真空中に放出される現象である[75]。電子放出素子として従来の電子源では，加熱して熱励起により電子を引き出す熱陰極を用いていたが，電界電子放出による電子源は熱フィラメントとは異なり加熱を必要としない冷陰極電子源である。また，炭素系材料は物理的および化学的に安定であり，比較的低い電界強度において電子放出が観測されるため，電子放出材としても盛んに研究が行われている。そこで，CVD ダイヤモンド，DLC，窒化炭素，CN_x などの炭素系材料の FE 特性評価を目的とし，電界電子放出測定装置を用いて各種炭素系材料の FE 特性について検討した。

FE 特性の測定には，陰極として各種炭素系材料を用いた。CVD ダイヤモンドは CH_4-H_2-N_2 系と，CO-H_2 系でマイクロ波プラズマ CVD，CH_4-H_2 系で改良型マイクロ波プラズマ CVD での低温合成および熱フィラメント CVD により合成した。DLC は DC プラズマ CVD[†1] および RF マグネトロンスパッタリング[†2] を用いて作製した。窒化炭素の合成はマイクロ波プラズマ CVD を用いた。反応ガスには CH_4-N_2 系を用い，CH_4 流量を 2 sccm および 10 sccm（CH_4/N_2 濃度 1％および 5％）とした。CN_x は反応性 RF マグネトロンスパッタリングを用いて，スパッタガスを Ar：N_2＝1：1，1：5 と作製した。FE 特性測定は電界電子放出測定装置を用いた。ロータリーポンプおよびターボ分子ポンプにより 10^{-5}Pa（10^{-7}Torr）程度まで排気されたチャンバー内に陰極（試料）と陽極（ITO）をグラスファイバーにより絶縁および極間距離（50 μm）をとり固定した。電源は直流電源を用い，極間に電圧を 0 V から 1 kV と印加し，放出電流を測定した。

図 11.23 に各種炭素系材料の FE 特性および**表 11.4** に FE 特性のしきい値電界および最大電流密度を示す。最大電流密度は電界強度が 20 V/μm においての電流密度である。炭素系材料のしきい値電界および最大電流密度は，しきい値電界が高い材料で最大電流密度が低いことがわかり，作製条件や作製方法の違いによりしきい値電界および最大電流密度が異なることがわかる。

---

† 1　dc プラズマ CVD とも書く。
† 2　rf マグネトロンスパッタリングとも書く。

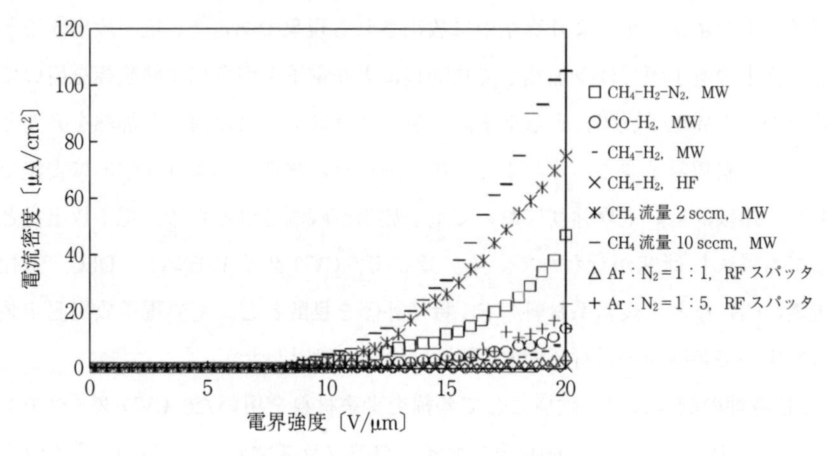

図 11.23　各種炭素系材料の FE 特性

表 11.4　FE 特性のしきい値電界および最大電流密度

試　料	ガス，手法	しきい値電界〔V/μm〕	最大電流密度〔μA/cm²〕
ダイヤモンド	CH_4-H_2-N_2，MW[†1]	9.0	47
	CO-H_2，MW	10.5	14
	CH_4-H_2，MW	13.0	14
	CH_4-H_2，HF[†2]	17.5	1
DLC	CH_4，DC プラズマ[†3]	—	—
	Ar，RF スパッタ[†4]	17.0	1
窒化炭素	CH_4 流量 2 sccm，MW	8.5	75
	CH_4 流量 10 sccm，MW	7.5	105
CN_x	Ar：N_2＝1：1，RF スパッタ	16.0	5
	Ar：N_2＝1：5，RF スパッタ	11.5	23

†1　MW：マイクロ波プラズマ CVD
†2　HF：熱フィラメント CVD
†3　DC プラズマ：DC プラズマ CVD
†4　RF スパッタ：RF マグネトロンスパッタリング

電界電子放出が始まるしきい値電界強度は窒化炭素が 10 V/μm 以下であり，低い電界強度でも電子放出することがわかる。これは，他の炭素系材料と比較してV族である窒素を含有していること，および CH_4 流量が 2 sccm では結晶性窒化炭素であること，CH_4 流量が 10 sccm ではモルフォロジーがウィスカー状であることといった結晶性および形状効果がこのしきい値電界の低下の原因と考えられる。また，CVDダイヤモンドを比較した場合も，反応ガスにN_2を含んだ反応ガス系で作製したCVDダイヤモンドでしきい値電界が低く，しきい値電界は窒素と関係あることが予想される。また，最大電流密度に関しても，しきい値電界強度と傾向は同様であり，N_2を含んだ反応ガス系で作製した窒化炭素およびダイヤモンドでの電流密度が高く，窒素含有がFE特性に影響を及ぼすことが明らかである。

前述の結果より，CVDダイヤモンドに比べ窒化炭素は低電界強度での電子放出および高い電流密度が得られることからFE特性に優れ，窒素含有による自由電子の導入がFEに効果的であり，表面モルフォロジーもFE特性に影響していることが考えられる。

11.3.5 窒化炭素のトライボロジー特性

DLCに窒素を含有した非晶質窒化炭素（CN_x）は，相手材にSi_3N_4およびSUJ2（高炭素クロム軸受鋼鋼材）を用い窒素雰囲気中において0.01以下の非常に低い摩擦係数を示すこと[59), 76)]やC系薄膜であるにも関わらず，鉄系材料に対しDLCに比べ優れた耐摩耗性や低相手材攻撃性なども報告されている[77), 78)]。そこで，マイクロ波プラズマCVDにより合成した窒化炭素のトライボロジー特性に及ぼす合成時のCH_4濃度の影響について検討した。

トライボロジー特性評価を行う窒化炭素は，前述のマイクロ波プラズマCVD装置を用いてCH_4/N_2濃度を1%，2%，3%で合成した。また，CH_4/N_2濃度が1%，2%，3%の生成物のAESより算出した窒素含有率は31%，40%，48%と異なる。基板であるSiおよび生成物のビッカース硬さ（Hv）は基板であるSiはHv1142程度の硬さであるのに対し，CH_4濃度1%の生成物ではHv1291，CH_4濃度2%の生成物ではHv1228およびCH_4濃度3%の生成物ではHv1445であった。

生成物のトライボロジー特性は，ボールオンディスク型摩擦試験機を用いた。ボール材に直径が4.76 mmのSUJ2およびSi_3N_4を用い，回転半径を2.4

mm，回転数を 247 rpm，すべり速度を 62 mm/s，摩擦距離を 35 m とし，荷重を 0.1 N として大気中で行った。

基板である Si および生成物と摩擦係数の関係から，Si の摩擦係数は相手材が SUJ2 で 0.50，Si_3N_4 で 0.38 であり，いずれの生成物の摩擦係数は相手材 SUJ2 の場合に 0.7 程度であり，相手材 Si_3N_4 の場合に 0.4 という値を示した。

基板である Si および生成物のボール材の比摩耗量の関係より，CH_4 流量を増加することにより相手材 SUJ2 の場合には比摩耗量が減少し，相手材が Si_3N_4 の場合には比摩耗量が増加した。窒素含有率が高い生成物では，SUJ2 に対して比摩耗量が低いことから鉄に対する反応性が低下していることが考えられる。

図 11.24 に基板である Si および生成物と摩耗痕最大深さの関係を示す。生成物の摩耗痕最大深さは相手材 SUJ2 の場合に CH_4 流量 3 sccm の生成物で 0 μm と最も低い値を示している。また，相手材 SUJ2 および Si_3N_4 を用いた場合に CH_4 流量を増加させることで生成物の摩耗痕最大深さは減少し，相手材 SUJ2 の場合にいずれの生成物も Si と比較して摩耗特性の改善が認められる。相手材 SUJ2 の場合では，CH_4 流量 3 sccm の生成物で摩耗が認められず，生成物が高窒素含有率であるために相手材との凝着力が低下し，生成物の硬度が向上しているためと考えられる。

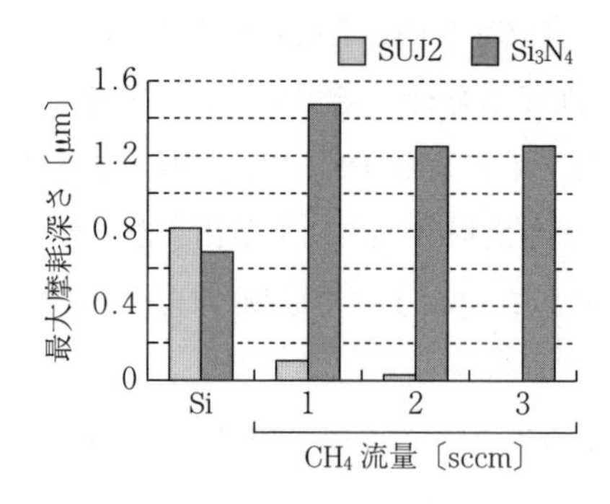

図 11.24　Si および生成物と摩耗痕最大深さの関係

11.3.6 窒化炭素の今後の展望

現在まで窒化炭素はダイヤモンドと比べて低硬度であるが，それ以外の優れた特性が明らかとなっており，今後の新たな特性の解明や応用が期待される。さらに，窒化炭素は高い弾性回復を示し，硬度（H）とヤング率（E）の比はダイヤモンドよりも高く，硬度と弾性をあわせ持つ優れた材料であることも報告されており[56]，前述の結果から窒素含有率の高い皮膜は比較的高硬度であり耐摩耗性も高く，適切な相手材を用いて弾性領域の面圧力で摩擦することにより，ゼロ摩耗の実現が可能であると考えられ，既存の材料にはない新奇な材料として期待される。加えて，今後のさらなる研究によりいまだ得られていないダイヤモンドをしのぐ硬度を有する窒化炭素の合成が望まれる。

11.4 ナノカーボン

炭素材料の代表として挙げられる黒鉛は最もやわらかい結晶の一つであり，電気的に良導体で不透明である。また，もう一つの代表であるダイヤモンドは最も硬い結晶の一つであり，絶縁体で透明である。このように，炭素系材料は物性，構造とも多様性に富んでおり，魅力のある物質である。

炭素材料の中でも，nm の大きさの結晶構造を有するものをナノカーボンと呼んでいる。フラーレン，カーボンナノチューブ，グラフェンが代表的なナノカーボンの例である（**図 11.25**）。これ以外にも金属原子をかごの中に取り込んだ金属内包フラーレン，円錐形のナノホーン，カーボンナノコイル，ナノチューブの円筒内にフラーレンを内包したピーポッド，カーボンナノウォール，ナノ結晶ダイヤモンドなど，さまざまな物質が存在する。フラーレン，カーボンナノチューブ，グラフェンは明確な結晶構造を持っており，それぞれ 0 次元，1 次元，2 次元の構造体である。いずれも炭素原子間が sp^2 結合で構成されている。これに対してナノ結晶ダイヤモンドは sp^3 結合で構成されている。ナノカーボン研究が一大ブームになったのは 1985 年のフラーレンの発見が契機となったといっても過言ではない。実はその 15 年も前に 12 個の五員環

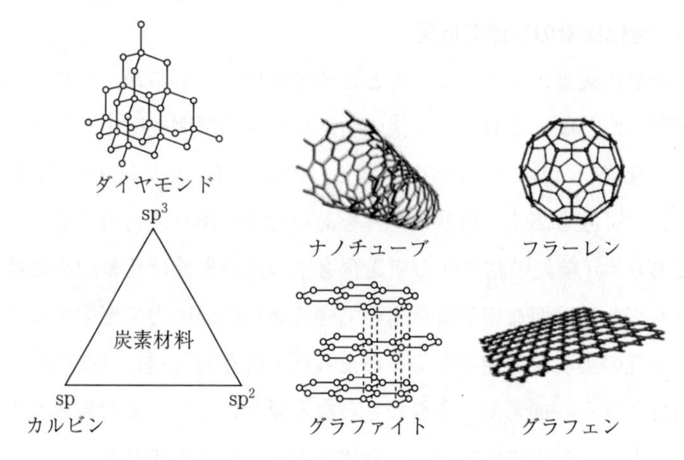

図 11.25　さまざまな形態を持つ炭素の同素体

と 20 個の六員環を持つサッカーボールの形をした多面体分子が豊橋技術科学大学の大澤により提案されていた[79]。しかしこの提案は和文誌のみにしか掲載されず，欧米の研究者に知られることはなかった。安定的な合成方法が見つからなかったこともあり，Kroto と Smalley，Curl らがレーザー蒸発クラスター分子線質量分析装置中に炭素原子が 60 個の分子（バックミンスターフラーレン）を発見するまで 15 年を要した。この名称は，幾何学形状が一見して Buckminster Fuller が設計したドームの形と似ていることに由来している。

本節では，近年研究が盛んに行われているカーボンナノチューブとグラフェンについて紹介する。

11.4.1　カーボンナノチューブ

カーボンナノチューブ（carbon nanotube：CNT）は，1991 年に NEC 筑波研究所の飯島によって，グラファイト電極のアーク放電で生じたススの中から発見された[80]。飯島は透過型電子顕微鏡で発見しただけではなく，電子線回折によりその構造を正確に決定した。CNT はグラフェンシートを円筒状に丸めた中空円筒構造の結晶で，直径 0.7 ～ 70 nm，長さが数十 μm 以下の物質である。高いアスペクト比（長さと直径の比）から，比表面積は 100 ～ 1000 m^2/g

といわれている。グラフェンシート1枚が円筒状になったものを単層CNT（single walled carbon nanotube：SWNT），単層CNTが同軸管状に詰まったものを多層CNT（multi walled carbon nanotube：MWNT）と呼んでいる。多層CNTでは，特に透明導電フィルムにも応用されている二層のものを二層CNT（double walled carbon nanotube：DWNT）と呼んでいる。

SWNT特有の電子的特性は，グラフェンシートを縦に巻いた場合，横に巻いた場合，斜めに巻いた場合で性質が異なる。つまり（0, 0）と書かれた格子点をどこと重ねて巻くかでSWNTは半導体的になったり金属的になったりする（**図11.26**）。これは，グラフェンシートの巻き方を示すパラメータであるカイラルベクトル（$\boldsymbol{C}=(n, m)$）によって分類することが可能である[81]。例えば（0, 0）と（5, 0）を重ねるように巻いた場合は半導体的な性質を持ち，（0, 0）と（3, 3）を重ねて巻いた場合は金属的な性質を持つ。また，$(n, 0)$ のSWNTをジグザグ型，(n, n) のSWNTをアームチェア型，それ以外をカイラル型と総称する。

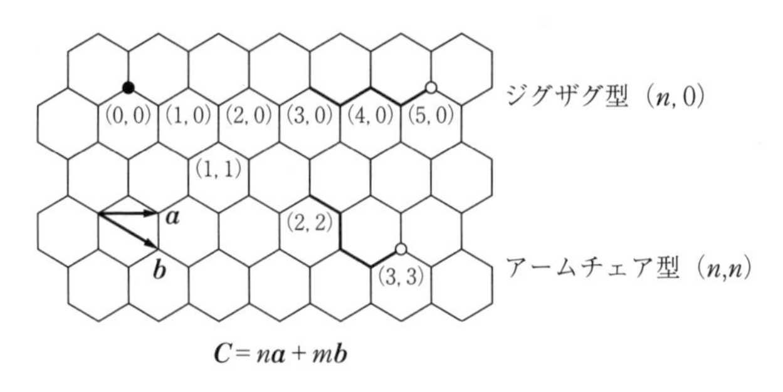

図11.26　カイラルベクトル $\boldsymbol{C}$，基底ベクトル $\boldsymbol{a}$，$\boldsymbol{b}$，およびカーボンナノチューブの構造

表11.5に示すように，CNTは銅に近い電気伝導性，銅の10倍の高熱伝導特性，高機械強度，細長いなどの特性が電子材料としての特徴であり，複合材料やトランジスタ，透明導電膜，キャパシタ，燃料電池，ドラッグデリバリーシステム（DDS）など幅広い応用が期待されている。

CNTの合成にはレーザーアブレーション法，アーク蒸発法，化学気相成長

表 11.5　カーボンナノチューブ（CNT）とその他材料の電気伝導性および熱伝導性

伝導材料	電気伝導性〔S/m〕	熱伝導性〔$W \cdot m^{-1} \cdot K^{-1}$〕
カーボンナノチューブ	$10^6 \sim 10^7$	＞3000
炭素繊維（PAN系）	$6.5 \sim 14 \times 10^6$	8 ～ 105
炭素繊維（ピッチ系）	$2.0 \sim 8.5 \times 10^6$	1000
銀	6.1×10^7	420
銅	5.9×10^7	400

法（CVD法）があり，多くの場合，触媒となる金属を用いるのが一般的である。レーザーアブレーション法では，1200℃の管状炉で不活性ガスを流しながら炭素棒をレーザー照射することによりMWNTが得られる。また，金属触媒含有の炭素棒を用いるとSWNTが得られる。アーク蒸発法では，ヘリウムやアルゴン，メタン，水素などの雰囲気ガス中で炭素電極をアーク放電で蒸発させた際に陰極堆積物の中にMWNTが含まれる。炭素電極にNiやCo，Y，Feなどの金属触媒を混ぜた電極を用いるとSWNTが得られる。これらの合成方法は比較的容易にSWNTが得られる方法として研究の場で使われてきたが，合成量の少なさから大量合成には不向きであった。これらに代わって研究が進められているのがCVD法である。これは，触媒金属のナノ粒子とメタンやアセチレンなどの炭化水素を500～1000℃で熱分解してCNTを得る大規模生産向けの合成方法である。ここでは代表的なアルコールCVD法，HiPco法，DIPS法，スーパーグロース法を紹介する。

アルコールCVD法[82]では，典型的な炭素源として低圧のエタノール蒸気を用いる。エタノール以外のアルコール類（メタノールやブタノールなど）やエーテル類（ジエチルエーテルやジメチルエーテルなど）でも容易にSWNTが合成できる。アルコールCVD法の特徴としては，高品質のSWNTが得られ，広い合成温度領域（500～900℃），低圧での合成，少ない副生成物，そして高い安全性が挙げられる。

SmalleyらによるHiPco法[83]はhigh pressure carbon monoxideの略で，一酸

化炭素と触媒金属となる気体状のフェロセンを反応器内に送り込み，温度1000℃，圧力100気圧程度の反応条件でSWNTを合成するものである。このHiPco法によりSWNTの大量合成が可能になった。ところが，気体状の触媒金属を用いるためSWNT合成後の触媒金属回収が難しく，さらに触媒金属の40 wt.%以上がSWNT中に取り込まれることから，高純度のSWNTを得るには精製が必要である。

DIPS法はdirect injection pyrolytic synthesisの略で直噴熱分解合成法ともいわれる。触媒（あるいはその前駆体）と反応促進剤を含む炭化水素系の溶液をスプレーで霧状にし，高温の加熱炉に噴霧することによって流動する気相中でSWNTを合成する方法である。縦型の反応器を用いて原料を直接スプレーして供給することから，原料が液状であればどんなものでも反応させることができ，原料調製段階の組成比のままで反応を行うことができるため，反応の解析が容易であるという利点もある。そのため触媒としてフェロセンや逆ミセル法で調製した金属超微粒子触媒，逆ミセルそのものを利用したナノカプセル型触媒などさまざまな形態の触媒を適用することが可能である。産業技術総合研究所の斎藤らは，分解温度の異なる複数の原料を組み合わせて用いることによってSWNTの生成反応場の精密制御を行い，生成物の結晶性（グラファイト化度）を大幅に向上し，従来の量産技術と比較して不純物濃度と構造欠陥を10分の1以上低減するとともに，生成物純度が97.5%まで向上した改良直噴熱分解合成法（eDIPS法）の開発に成功している[84)]。

スーパーグロース法[85)]は2004年に産業技術総合研究所の畠らによって開発されたCVD法の一つであり，通常のSWNT合成雰囲気に極微量（ppmオーダー）の水分を添加することで，通常は数秒の触媒寿命が数十分になり極微量の触媒から従来法の3000倍の時間効率で大量のSWNTを合成する方法である。開発当初はシリコン基板上に触媒を形成し，微量の水分を添加しながらCVDを行うことでマッチ棒の先端位の高さのSWNTフォレスト（**図11.27**）の合成に成功しており，2006年には高価なシリコンウェハーを用いず，Ni-Ce-Fe系合金薄膜上に超高効率で合成することに成功している。国内企業とと

図 11.27　SWNT フォレスト

もに量産技術の開発を進め，2011 年には 1 日に 600 g の生産能力を持つ量産実証プラントが建設されている。実証プラントでは金属箔基板上に触媒層をコーティングし，これを連続 CVD 合成炉に送り込むことで，SWNT を連続的に成長させることができる。種々の合成条件を最適化することで，50 cm×50 cm の金属箔基板全面に SWNT フォレストを均一かつ緻密に成長させ，成長した SWNT は剝離装置により自動で根元から切断することで基板から分離・回収される。

CNT は，透明導電フィルム，透明導電塗料，薄膜トランジスタ，キャパシタ，LSI のビア配線などその特性を生かした広範囲への応用研究が進められている。最近ではハイヒールで踏んでも壊れない CNT 製トランジスタ[86)] が開発されており，CNT 製品の普及が目前に迫っている。

11.4.2 グラフェン

グラフェンは 2010 年に Manchester 大学（英国）の Andre Geim と Konstantin Novoselov がノーベル物理学賞を受賞した材料としても知られている。「二次元物質グラフェンに関する革新的実験」が授賞理由である。蜂の巣状の炭素原子格子で構成されたグラフェンは，1940 年代から理論的に存在が考えられていた。しかしながら安定した試料作製方法が見つかっていなかったために，その特性は十分に調べることができなかった。2004 年，ノーベル賞を受賞した二人はテープにグラファイトの薄片を貼り付け，テープの粘着面で薄片を挟むように折り，再びテープを引き剝がす。これを繰り返すことによって薄片を剝がし，薄くしていくことでグラフェンを作製することに成功した。

グラフェンは原子一層分の厚みしかない炭素のシートで，結晶構造内にほとんど欠陥を持たず，常温でも化学的に安定な材料である。優れた屈曲性を有し，一層のグラフェンの移動度は室温（300 K）で $10000\ \mathrm{cm^2 \cdot V^{-1} \cdot s^{-1}}$，低温（～5 K）で $200000\ \mathrm{cm^2 \cdot V^{-1} \cdot s^{-1}}$ という大変優れた値を有する。また，可視光領域（550 nm）での透過率は 97.7%[87] で，熱伝導度はダイヤモンドの2倍以上の $5000\ \mathrm{W \cdot m^{-1} \cdot K^{-1}}$[88] といわれている。そのため，グラフェンは透明導電膜，テラヘルツデバイス，高周波デバイス，標準抵抗デバイス，放熱シートなどのさまざまな応用が検討されている。中でもグラフェン透明導電膜は酸化インジウムスズ（ITO）透明導電膜では困難なフレキシブル用途などでの利用が期待されている。さらに，インジウムの資源問題解決の観点からも，グラフェン透明導電膜は有望視されている。

グラフェンの作製方法は Geim らが試みた機械的剝離法のほかにも，いくつか知られている。**表 11.6** は機械的剝離法を含むグラフェンの代表的な作製方法である。酸化グラフェンの還元は，複合材料や導電ペーストなどバルク応用に有利な手法である。酸化グラフェンは Hummers 法を改良した方法[89] が広く

表 11.6　グラフェンの代表的な作製方法

	機械的剝離法	SiC 熱分解法	酸化グラフェン還元	熱 CVD	プラズマ CVD
結晶性	◎	○	×	○	○
サイズ	×	△	◎	○	○～△
コスト	○	×	○	△	◎
長　所	簡単な方法で高結晶性のグラフェンが得られる	SiC 基板上に直接デバイスを形成することが可能	塗布プロセスが可能なため，大面積にグラフェンを形成できる	低コストで大面積に合成でき，転写も可能	低温で高速成膜が可能である
短　所	大きな結晶が得られない	SiC 単結晶が高価であり，転写が難しい	完全に還元することが難しく，抵抗が高い	1000℃もの高温が必要であることと，転写プロセスが必要	低温ほどサイズが小さい

利用される。酸化によりグラファイトの層間に酸素含有基が付加され，親和性のある水分子が浸透することにより層間が広がり，単層に剝離しやすくなる。水酸基など多数の官能基で修飾されるために水中に分散でき，分散液を大面積に塗布することが可能である。しかし，酸化プロセスにおいてグラフェンのπ共役が壊され導電性を失っているため，ヒドラジンによる還元や水素中での熱処理による還元を行う必要がある。米国 Rutgers 大学では，スピンコート法を用いた塗布法で 12 インチサイズの透明導電膜の形成に成功している[90]。

SiC 熱分解法は SiC（シリコンカーバイド）の単結晶基板を真空中や不活性ガス雰囲気中で 1000℃以上に加熱し，表面の Si を選択的に昇華させることによって得る方法である[91]。グラフェンは基板に対してつねにエピタキシャルな関係を保ちながら成長するために，結晶性の良好なグラフェンが得られる。また半絶縁性の SiC 単結晶上にグラフェンを直接形成することができるため，転写工程を必要とせずデバイスが作製できる長所がある。短所としては，SiC 基板が高価であることと，SiC 基板以外の基板への転写が困難な点が挙げられる。

大面積で高品質なグラフェンを合成する方法としては，最近は遷移金属表面への CVD 法が主流である。遷移金属表面を用いたグラファイト形成技術開発は長い歴史を有する[92]。さらにグラフェンを透明電極として利用するには金属基材上に形成したグラフェンを基材から剝離し，透明基材に転写する必要があり，これを考慮した最初の報告は 2008 年のニッケル箔を基材とする熱 CVD である[93]。この手法では炭素源としてメタンを用い，合成温度は 1000℃であった。ニッケルは炭素を高濃度に固溶する性質があり，分解したメタンはニッケル箔にいったん固溶する。そのあと急速冷却し，固溶した炭素をニッケル表面に析出させてグラフェンを形成する。炭素の析出量でグラフェンの厚さが変わり，冷却法にさまざまな工夫がなされている。合成後にニッケル箔を硝酸溶液などで溶かしてグラフェンを基材から分離し，必要な基材に転写する。

ニッケルを利用した熱 CVD の報告の翌年，銅箔を基材とする合成法が開発された[94]。銅への炭素の固溶量はニッケルと比較して無視できる程度である。銅の表面の触媒作用により，ニッケル基材より容易に数層のグラフェンが合成できる。透明電極など透過率を保持するためにグラフェンを数層に限定したいときには，銅は都合の良い基材である。この銅を基材とする熱 CVD で 30 インチのグラフェン透明導電膜が試作された[87]。ドーピングを施して四層重ねることによりシート抵抗 30 Ω で可視光透過率 90% という高性能が報告され，以降 CVD グラフェンの指標となっている。

工業生産の視点で熱 CVD の課題は 1000℃ という高温の成膜温度と 30 分程度の合成時間であり，ロール to ロールなどの高スループットを実現するため，装置に対する熱負荷低減と合成時間の短縮が求められている。ソニーの研究グループ[95] は搬送用のローラーを通電加熱用の電極に用いることで基板となる銅箔のみに直接高熱をかけ，品質の向上と大量生産の両立を図った。真空装置内にメタンと水素ガスを流し，ローラーに大電流を加えると，ローラー間の銅箔が 1000℃ 近くまで加熱され，基板表面にグラフェンが成長する。高温で合成されるために結晶性に優れ，装置全体を加熱するわけではないので，コストも抑えられるという長所がある。また，産業技術総合研究所のグループ[96] は炭素源の分解にプラズマを用いることにより，合成温度の低温化を実現している。こちらも基板には銅箔を用い，メタン，アルゴン，水素の混合ガス中でグラフェンの合成を行っている。プラズマ源に表面波励起マイクロ波プラズマを採用することにより 300℃ 程度の低温合成を達成している（**図 11.28**）。

グラフェンの透明電極としての応用は，静電容量タッチパネル，太陽電池電極，超薄型ヒーターなど，さまざまな試作例が報告されている。さらに有機発

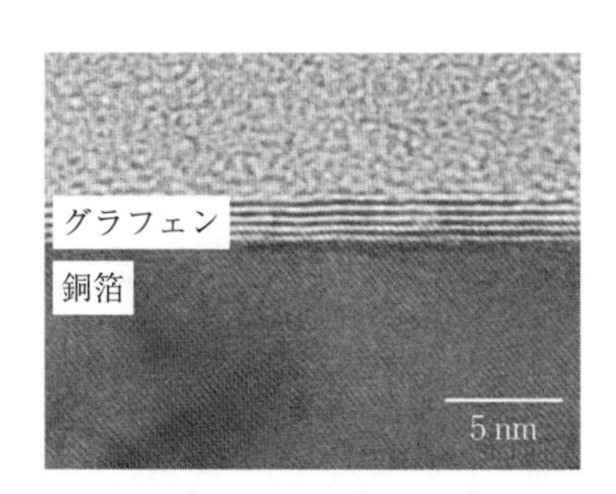

図 11.28　銅箔上に成長したプラズマ CVD グラフェンの断面透過型電子顕微鏡像

光ダイオード（OLED）への適用も検討されている。抵抗の低いITOでさえもさらなる低抵抗が求められる分野だけに，高品質CVDグラフェンの指標とされるシート抵抗30Ω，可視光透過率90%ではOLEDへの適用が困難と考えられてきた。それにも関わらずグラフェン電極で数mm角の小面積OLEDでITO以上の発光効率が示されており[97]，フレキシブル発光デバイスへの展開が期待される。

グラフェンのCVD合成には真空装置が必要であり，生産性の向上や低コスト化が課題である。究極の薄さに加えて，フレキシブル性，耐環境性など他の性能とあわせて総合的にどれだけ優位性をアピールできるかが実用化のポイントである。

********* 12.

ドライプロセスと医療

****

12.1　ドライプロセスによる人工股関節部材の高機能化

日本は現在，世界で有数の超高齢社会を迎えており，加齢とともに歩行などが難しくなる人々も増える傾向にある。高齢者の歩行が困難となる原因の一つに大腿骨頸部骨折が挙げられる。骨粗しょう症で骨が脆くなっている高齢者が転倒などにより発生する骨折で，要介護の原因の一つともなっている。世界における発生件数は1990年には166万件で，アジア地域が半分を占めていたが，2050年には626万件に達し，大半はアジアで増加するといわれている[1)]。日本では2012年には19万件，2030年には30万件に達するといわれている。このような人々にとっても健康寿命（80～85歳）達成に向けて歩行などを支援する，使い心地が良く，かつ長期にわたって安心して使える人工股関節などの開発に期待が高まっている。ここではドライプロセスによる生体機能材料の創製および人工股関節用医療部材への応用可能性について概説する。

生体骨は皮質骨と海綿骨によって構成されている（**図12.1**）[2)]。皮質骨は骨細胞が規則的に配列した層板骨がハーバス管を中心に同心円状にオステオン（骨単位）を形成している。ハーバス管は皮質骨内を縦に走り，横に連絡するフォルクマン管と連結し骨の外表面ならびに骨髄内につながり血液など体液を運んでいる。層板骨はコラーゲン線維のまわりに水酸アパタイト（hydroxyapatite, $Ca_{10}(Po_4)_6(OH)_2$：以下HApと表記）微結晶がc軸方向に成長している。一方，海綿骨には層板形成はないが3次元網目構造からなり，その

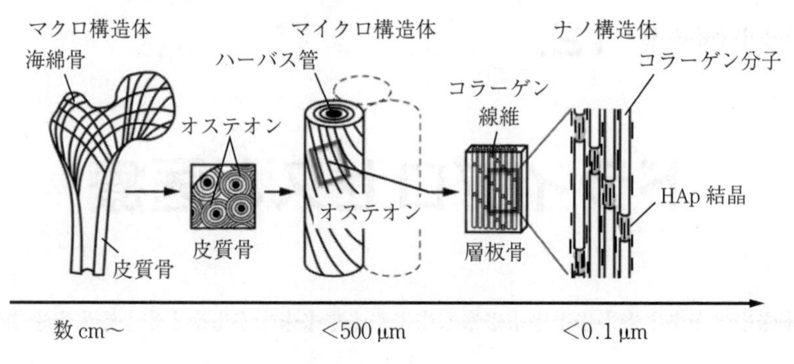

図 12.1　骨の構造[2)]

配列は力学的に最も剛性を保つ方向に一致している。

現状の人工股関節は 1960 年代に Charnley が考案した人工関節の概念に基づいて，生体骨に適合する形状や表面性状，摺動面の材質の組合せなどについて長年にわたって開発・改良がなされてきた[3)]。人工股関節の模式図を**図 12.2** に示す。寛骨臼側のソケットはアウターシェル（金属）およびライナー（高分子あるいはセラミックス）からなり，骨頭はセラミックスあるいは金属，ステムには金属が用いられている。ステムと生体骨との固定には骨セメント（高分子，ポリメチルメタクリレート）あるいは HAp が使われている。骨セメント

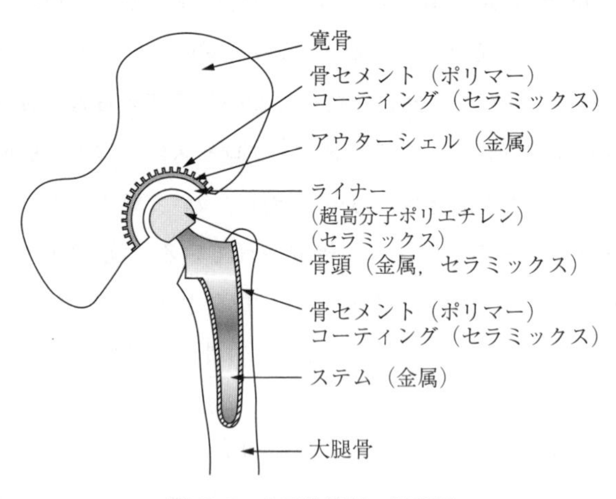

図 12.2　人工股関節の模式図

は生体骨の形状に対する適応性に優れているが，生体骨とは化学的に結合することがなく，長期間の使用により緩みが発生する事例もある。一方，HAp は生体骨と直接結合する生体適合性を有することから，ステム表面に HAp をコーティングしたセメントレスタイプの人工股関節を使用するケースが増えている。

現在，日本で使用されている人工股関節の 85％は欧米からの輸入であり，必ずしも日本人の体型や生活様式に合った製品ではない。特に 70 ～ 80 歳代で骨粗しょう症の高齢者向けにデザインされた製品はない。超高齢社会を迎えた日本にとって，長期に安心して使える日本人用高齢者対応の人工股関節の開発が望まれている。開発課題として**図 12.3** に示すように

① 部材界面・表面の高機能化による高度生体親和性付与技術

② 骨質改善用治療薬の活用技術

③ 骨組織と形態・力学的適合性を有する関節部材創製技術

の開発が挙げられる。

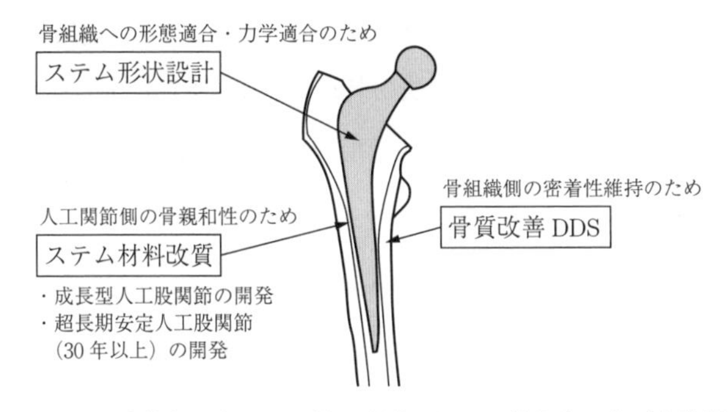

図 12.3　高齢者用人工股関節の開発のために統合すべき要素技術

12.1.1 部材界面・表面の高機能化による高度生体親和性付与技術の開発

表 12.1 に無機系生体材料の力学的特性を示す。望ましい人工股関節は機械的強度が生体骨の 3 ～ 5 倍あり，生体骨と強固に結合する表面を有すること，さらに 20 ～ 30 年にわたり安定に使用できるものであるといわれている。

表 12.1　無機系生体材料の力学特性と熱膨張率

材　料	熱膨張係数〔10^{-6} K^{-1}〕	破壊靭性値〔$MPa\cdot m^{1/2}$〕	弾性率〔GPa〕	曲げ強度〔MPa〕
水酸アパタイト	13.7	0.69 ～ 1.16	80 ～ 98	113 ～ 196
チタン合金（Ti-6Al-4V）	9.5	37.8	105 ～ 124	—
骨（緻密骨）	—	2.2 ～ 12	15.8	160 ～ 180

セメントレスタイプの人工股関節の開発の契機となったのは，1980 年代後半に Geesink ら[4] が直流プラズマ溶射で 50 μm の HAp 膜を Ti 基材表面に形成したインプラントを犬の大腿骨に埋入して 3 か月後の引抜き強度（生体骨との結合強度に対応）が 50 MPa と高い値を得たことに始まる。これ以降，HAp 膜とステムとの密着強度ならびに生体骨との結合強度の増加に向け，プラズマをはじめとするドライプロセス技術を用いた人工股関節用の皮膜形成技術の研究開発が活発化した。その際，生体内で HAp 膜は数 μm/ 年程度の速度で溶解すると予想され，20 年程度安定に使うためには膜厚は 50 μm 以上が望ましいといわれていた。

筆者ら[5] はこれを達成するために新しく高周波熱プラズマ溶射法を開発した（**図 12.4**）。高周波熱プラズマ溶射法の特徴は図に示すように通常の直流プラ

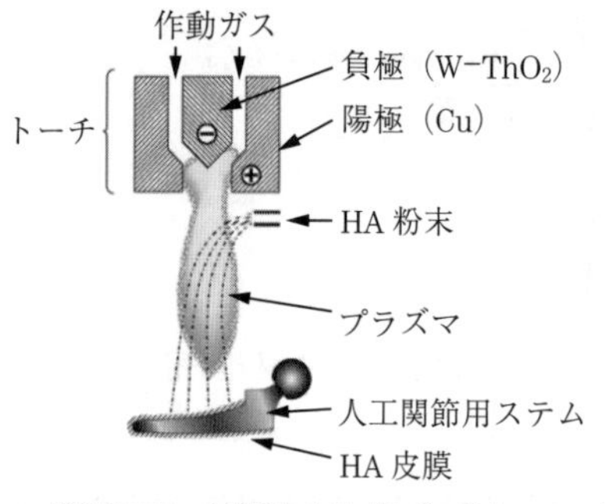

電極間のアーク放電によるプラズマ発生
○ 高い溶射速度
△ 作動ガスの制約
△ 高温領域が狭い
× 電極の損耗によるコンタミネーション

（a）　直流プラズマ溶射

作動ガス
HA 粉末
トーチ
コイル
プラズマ
人工関節用ステム
HA 皮膜

無電極放電によるプラズマ発生
○ 広い超高温領域が可能
○ 幅広い作動ガス（酸化，還元雰囲気，反応性など）
◎ 電極からのコンタミネーションなし

（b）　高周波熱プラズマ溶射

図 12.4　代表的なプラズマ溶射法

ズマ法に比べ，高純度の膜が得られ，反応性ガスが使用でき，高温領域が広いことである。本装置を用いてHAp/Ti複合皮膜を以下の実験条件で作製した。周波数4 MHz，入力10～30 kWでArプラズマガスに1～3%のO_2あるいはN_2ガスを添加して発生させた高周波熱プラズマの上部の中心に，平均粒径80 μmのHApおよび50 μmのTi粉末のそれぞれの供給量をコントロールして導入することで複合皮膜を作製した。複合皮膜の概念を**図12.5**に，電子顕微鏡写真（SEM像）を**図12.6**に示す。全体で150 μm，傾斜組成的にHAp/Tiが形成され，Ti基材から遠ざかるに従ってHAp層が多くなり，HAp層がメインの膜厚は約100 μmである。

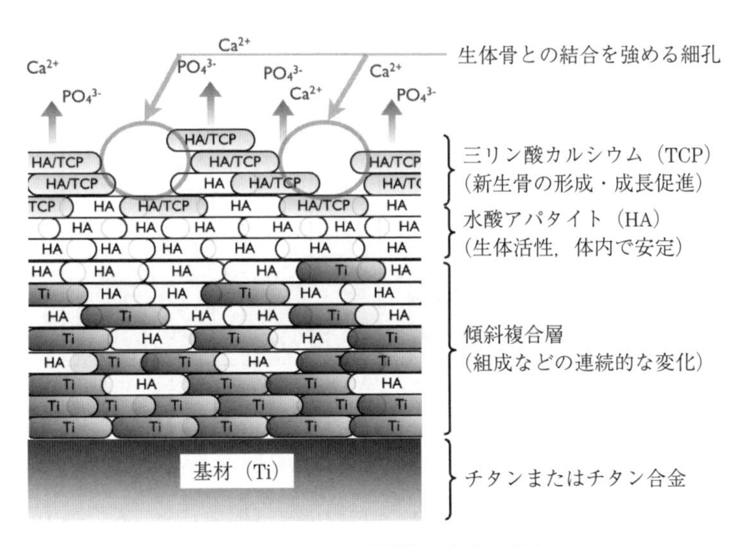

図12.5 HAp/Ti傾斜複合皮膜の概念

1%程度の窒素ガスが存在すると基材との密着強度は増加し，最大で65 MPaとなった（**図12.7**）[6]。傾斜組成的に膜が形成されることで膜内に発生する残留応力が軽減されたことに加え，基材のTi近傍に積層するTi粒子の表面近傍にTiNなどの窒化物相が生成し，これを介してTi粒子が結合することで密着強度の増大につながったと思われる。犬の大腿骨に埋入したHAp/Ti傾斜複合皮膜の引抜き強度（骨との結合強度）は3か月後で35 MPaと，市販品[7]に

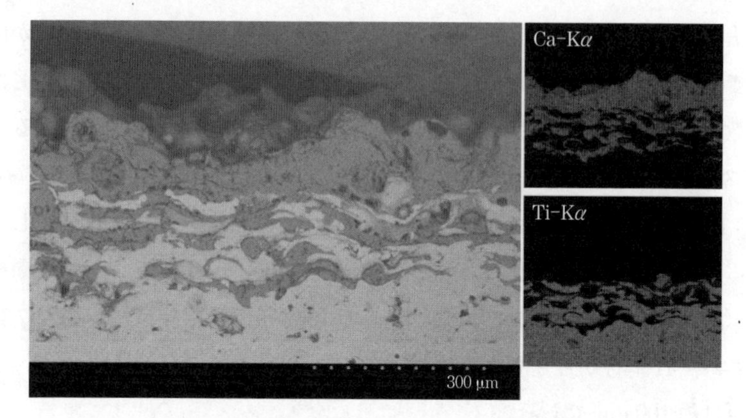

図 12.6　HAp/Ti 傾斜複合皮膜の SEM 像および EDX マッピング

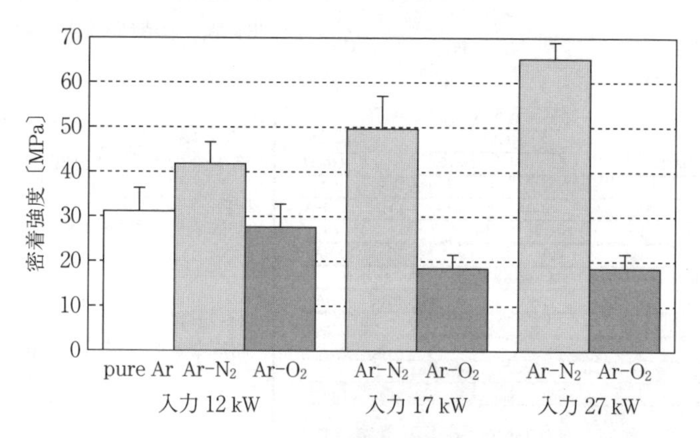

図 12.7　HAp/Ti 傾斜複合皮膜の密着強度に及ぼす窒素ガス添加の効果

比べ膜厚が 3 倍であるにも関わらず，2 倍程度まで増加していた（**図 12.8**）[8]。

プラズマ溶射により形成された HAp 膜は形成条件を整えることにより HAp 結晶の c 軸が皮膜の表面に対して垂直方向に強く配向した構造にすることも可能である[9]。HAp 結晶の優先成長方位は c 軸方向であり，溶射時に基材の垂直方向への温度勾配に対応して優先成長方位である c 軸方向に結晶成長したと考えられる。生体内では HAp の結晶面の性質の差が巧みに利用されている。例えば，人歯のエナメル質の表面はアパタイト結晶が c 軸に配向した構造を取ることで，その表面には唾液に対して耐溶解性を示す HAp の c 面が現れてい

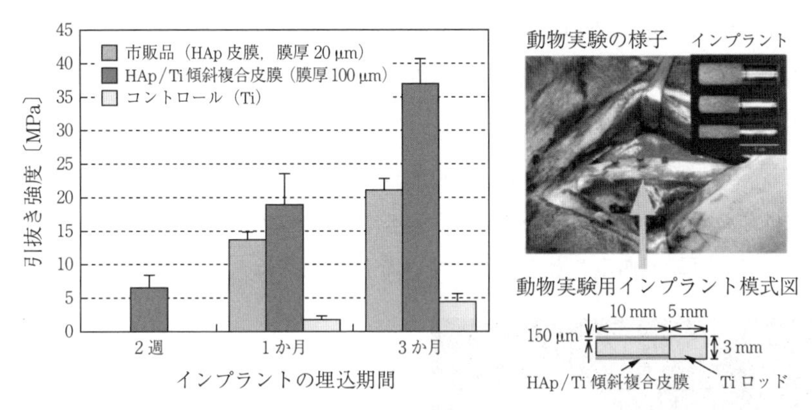

図 12.8　犬の大腿骨に埋入した HAp/Ti 傾斜複合皮膜の引抜き強度

る[10]。このような HAp 結晶の異方性や結晶面の性質を利用することで有用な生体材料の開発も期待できる。

プラズマ溶射法により Ti 基材表面に形成した各種 HAp 皮膜の犬の大腿骨に対する引抜き強度を**表 12.2** に示す。筆者らのデータ[8]（HAp/Ti 傾斜複合皮膜）以外はすべて直流プラズマ法で形成された HAp 皮膜の犬の大腿骨に対する結合強度を示す。12 週後の引抜き強度は Geesink らの値[4] が 54.8 MPa とトップであるが，膜厚は 50 μm である。Wang らの結果[12] に見られるように，膜厚が

表 12.2　各種 HAp 皮膜の犬の大腿骨に対する引抜き強度

週	Cook *et al.*[11]	Geesink *et al.*[4]	Wang *et al.*[12] HAp coating 50 μm	Wang *et al.*[12] HAp coating 200 μm	Nakashima *et al.*[7]	**HAp/Ti[8] 傾斜複合皮膜**
2						**6.05**
3	3.99					
4			10.15	8.21	14.31	**18.72**
6	7.00	49.6	13.14	10.59		
8			14.31	10.24		
12	7.27	54.8	13.97	9.24	23.61	**35.74**
HAp の膜厚〔μm〕	50	50	50	200	20	**100**
埋入部位/実験動物	大腿骨/犬	大腿骨/犬	大腿骨/犬	大腿骨/犬	大腿骨/犬	**大腿骨/犬**

50 μm から 200 μm に増加すると骨との結合強度は著しく低下する。一方，筆者らの膜厚は 100 μm と Geesink らの皮膜の 2 倍であるにも関わらず，骨に対する引抜き強度は 35.7 MPa と十分に高い値となっている。3 ～ 5 μm/ 年の HAp 膜の溶解を考慮すれば，20 ～ 30 年の長期にわたって安定に使用できる可能性は高い。当該皮膜についてはステムやアウターライナーの形状にも強固に皮膜が形成可能であることを確認している（**図 12.9**）。

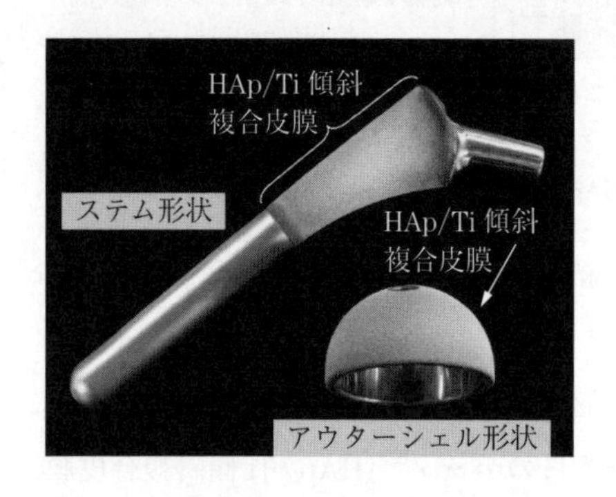

図 12.9　HAp/Ti 傾斜複合皮膜を形成した人工股関節コンポーネント

12.1.2　骨質改善用治療薬の活用技術の開発

現在，高齢者に人工股関節を使用する場合，骨粗しょう症などで骨密度が低下しているケースが多く，ステムを生体骨に固定するために高分子の骨セメントが使用されている。しかし，手術時に液体状の骨セメントを髄腔内へ注入する際に血圧の急激な低下によるショック症状を起こして亡くなるケースも発生しており，4 年間で 30 名程度の高齢者が亡くなっている（**表 12.3**）。このような危険を避けるため，HAp 皮膜を形成した骨セメントを用いない，セメントレスの人工股関節を適用するケースが増え，その割合は 2000 年では 56%，2010 年には 83%となっている。

セメントレスタイプの人工股関節において，ステム部材と生体骨を強固に結合させるためには生体骨側の骨密度が高いことが必要であり，骨粗しょう症などで生体骨の骨密度が低い患者に対しては骨粗しょう症治療薬などを用いて骨密度を高めることが望まれる。林ら[13] は骨粗しょう症を示すラットに対し，

表 12.3　人工股関節置換術に伴う事故報告内訳

骨セメント使用による重篤な健康被害について

期間：2001.4-2005.3　　医薬品・医療機器等安全性情報 No.216（2005.8.25）
事例：　　厚生労働省医薬品食品局

死　亡	女性	25（69～92 歳） うち，骨粗しょう症：8
	男性	1（96 歳）
	性別不明	1（82 歳）骨粗しょう症
意識障害	女性	3（75～82 歳） うち，骨粗しょう症：2
肺血栓	女性	2（69 歳，79 歳）
	合計	32

筆者らが開発した HAp/Ti 傾斜複合皮膜をラットの大腿骨に埋入した後に骨密度増加剤を投与し，所定期間後に引抜き強度を測定した。骨粗しょう症モデルにおいて，薬剤非投与群では HAp/Ti 傾斜複合皮膜の場合においても健常ラット（コントロール）に比べて固定性が低下するが，薬剤投与群ではコントロールと同等レベルの固定性が得られた（**図 12.10**）。骨粗しょう症においてセメントレスタイプの人工股関節を適用する場合は骨粗しょう症治療薬の併用が有効であると考えられる。今後，ドラッグデリバリーシステム（DDS）を活用して骨粗しょう症治療薬が集中して HAp 膜の表面近傍で作用するような機

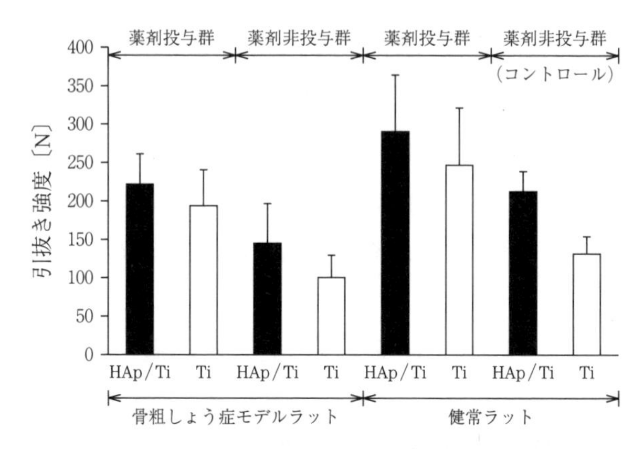

図 12.10　骨粗しょう症モデル動物のインプラントの固定性に及ぼす骨形成促進剤の効果（黒は HAp 膜あり）

能を付与した表面高機能化手法の開発が望まれる。

12.1.3　形態・力学適合関節部材の開発

欧米からの輸入品の割合が85%を占める人工股関節については必ずしも日本人向けのデザインになっているとはいえない。高齢者の関節の形態を測定，類型化し，これに基づいて日本人の高齢者により適合した人工股関節を製造することが望まれる。産業技術総合研究所では大学病院などと連携して数年前から高齢者の骨形態計測を進めており，約150例のデータを収得している。今後，データを増やすとともに，日本についで高齢化が進んでいるアジアの国々と連携し，アジア型高齢者対応人工股関節の開発に発展させることが望まれる[14)]。

近年，レーザーならびに電子ビームを活用した積層造形技術による各人の骨形態に適した人工関節部材の創製研究が活発化している。国内ではナカシマメディカル（株）がTi-6Al-4V粉末を原料に用い，3Dプリンターの一種で金属造形の可能な電子ビーム積層造形技術により，表層が緻密体で内部が多孔体からなる低弾性・高衝撃吸収性を兼備した未来型人工股関節部材の試作に成功している[15)]。

世界で有数の超高齢社会にある日本では健康寿命（80～85歳）達成に資する医療機器・部材の開発に高い関心が集まっている。骨粗しょう症などを有する高齢者の人々に適した形態および生体骨と強固に結合し，長期にわたって安心して使える人工股関節の開発は日本人のみならず，高齢化が急速に進んでいるアジアの人々にも期待されている。ドライプロセスによる医療機器・部材の表面高機能化ならびにカスタムメイド化技術の発展が望まれる。

12.2　ドライプロセスと医療

12.2.1　大気圧プラズマの医療応用への展開

最近，大気圧においても分子（ガス）の温度が，電子の温度よりも低い，非平衡大気圧プラズマが開発され，表面処理などのドライプロセスに応用されている。また，パルス電界の印加方法，電極構造の工夫やガス流量の制御によって，分子の温度を室温近傍まで下げることが可能になり，常温常圧の大気圧プラズマが開発されるに至っている。その結果，人体に熱的な損傷を与えないで，プラズマを照射することが可能になり，さまざまな医療効果が報告されるようになってきた[16)～18)]。具体的には，滅菌，がん治療，創傷治療，止血，火傷治療，遺伝子注入，再生医療などにおいて，画期的な医療効果が示されるようになった。従来から，放射線やレーザーなどの粒子線を人体に照射することで，がんなどを局所的に死滅させる医療が施されている。一方，プラズマはラジカル，イオン，電子，光の集合体であり，照射方法によっては，高い電界が同時に生体に印加される。これらの化学的かつ電気的な刺激に対して，細胞や生体組織は特異な感受性を有しているために，これまでには見られなかったような生体現象が発現し，これらを医療へ応用するという研究が始まっている。

12.2.2 大気圧プラズマによるがん治療の歴史

大気圧プラズマの医療応用で真っ先に考えられたのが医療器具の滅菌である。有毒ガスを用いず，常温で安価に滅菌できることから次世代の滅菌法として期待されている。

プラズマを菌の殺傷のためだけではなく，がん細胞などの培養細胞に照射し影響を調べるために利用し始めたのは比較的最近のことである。2004 年にオランダの E. Stoffels らがプラズマニードルと呼ばれるペン型の大気圧プラズマ発生装置を用いて CHO 細胞と呼ばれる培養細胞に照射したところ，CHO 細胞がディッシュから剝がれるという現象を報告した[19)] ことがその始まりといわれている。

それから数年以内に同じグループや米国のグループがプラズマ照射によりプログラム細胞死として知られるアポトーシスを誘導することを報告し[20), 21)]，大気圧プラズマはうまく制御すれば，細胞をただやみくもに殺傷するのではなく，細胞に組み込まれた細胞死のプログラムを実行させることにより，がん細胞を細胞死へと導くことができることが示され，その後世界中でさまざまな種類のがん細胞に対してプラズマ照射が行われるようになった。

プラズマは電子，イオン，ラジカル，電界などから構成され，どれも細胞・組織に何らかの影響を与える要因として考えられる。一方でフリーラジカルの生物学では活性酸素種（ROS）や活性窒素種（RNS）を検出する方法や，ROSやRNSが細胞・組織などへ与える影響がかなり研究されていた。このような背景においてプラズマ医療においてフリーラジカルの生物学の手法が用いられるようになり，プラズマを照射した培養細胞からROSが検出されたという報告が多く公表された[22),23)]。さらにはプラズマ照射による細胞・組織へのDNA酸化損傷や脂質過酸化などがフリーラジカルの生物学的手法を用いて測定されるようになり[24)]，プラズマ照射の生体に対する安全性を評価することが可能となった。

大気圧プラズマを用いたがん治療の有用性をさらに際立たせたのは，プラズマ照射によるがん細胞の選択的殺傷効果であった。現在スタンダードとされている手術療法，放射線療法，抗がん剤療法を駆使してもがん細胞を選択的に殺傷することは非常に困難である。名古屋大学で開発された医療用超高電子密度大気圧プラズマ発生装置[25)~27)]（**図12.11**）やその他の大気圧プラズマ装置を用いてがん細胞の選択的な殺傷効果が報告され[28)]（**図12.12**），プラズマは第4のがん治療法として注目されることとなった。

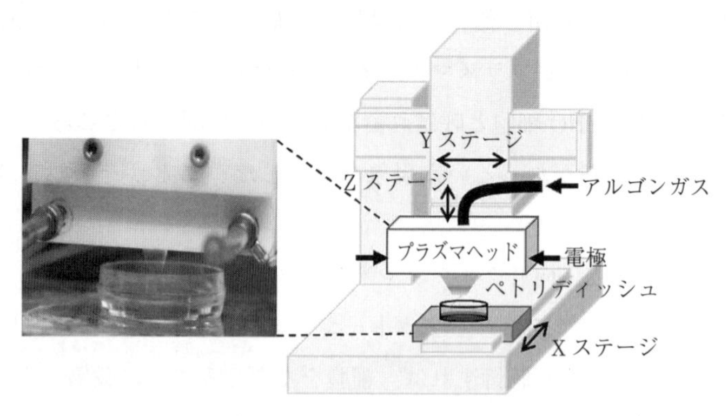

図12.11　医療用超高電子密度大気圧プラズマ発生装置[28)]

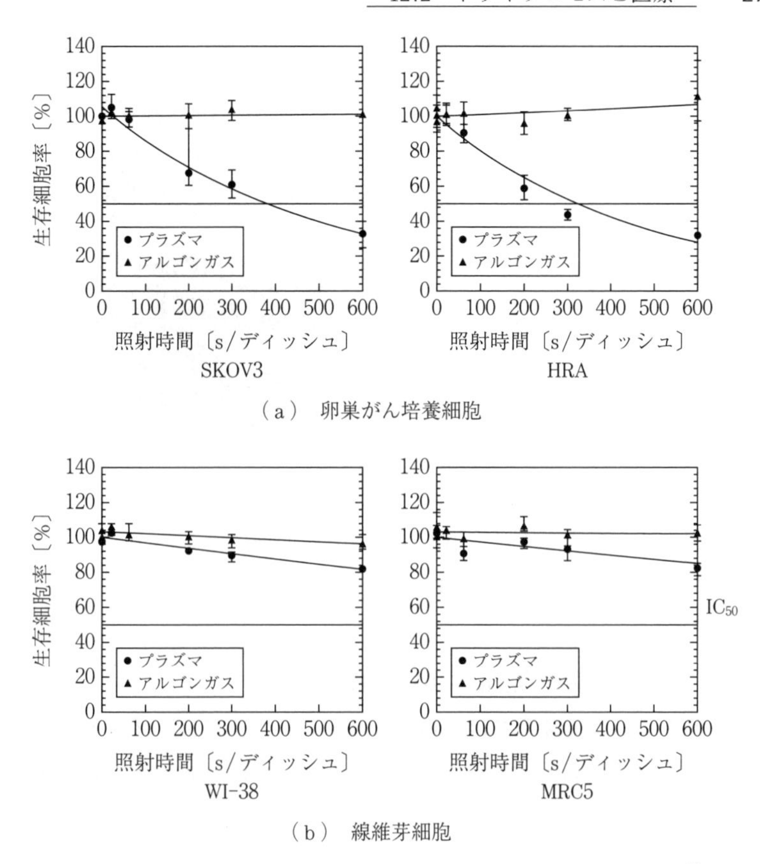

図 12.12　超高電子密度大気圧プラズマによる卵巣がんの選択的殺傷[28)]

プラズマがん治療の臨床応用に向けて動物実験は必須である。2010 年ごろになると皮下腫瘍モデルマウスを用いたプラズマによる腫瘍縮小効果が報告されるようになった[29)〜31)]。皮下腫瘍モデルマウスを用いた動物実験はプラズマがん治療の臨床応用に向けた重要な第一歩であるが，今後より臨床に近い条件でプラズマの有効性を調べるためには，疾患モデル動物でのプラズマの効果の検討がより望ましい。

メラノーマは皮膚などに発生するメラノサイト由来の悪性腫瘍である。メラノーマ自然発症モデルマウス（RET トランスジェニックマウス）は，メラノサイト系の良性腫瘍が自然発生し悪性のメラノーマへと転化する。このような

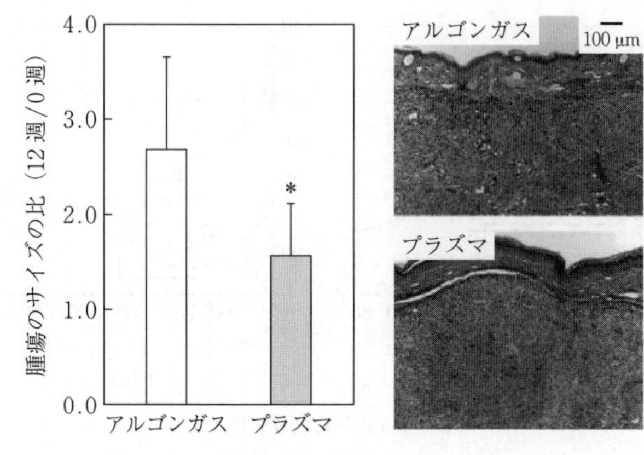

図 12.13　超高電子密度大気圧プラズマによるメラノーマの治療[32)]

マウスを用いて，超高電子密度大気圧プラズマ照射によるメラノーマの腫瘍縮小効果が見出された[32), 33)]（**図 12.13**）。

12.2.3　プラズマ活性溶液によるがん治療

培養細胞を用いた実験系では，細胞は培養液中に存在し，プラズマの効果としては，細胞に直接的に作用する効果とプラズマと培養液との反応産物が細胞に影響を及ぼす間接的な効果が考えられたが，プラズマ照射された培養液が抗腫瘍効果をもたらすことが発見され，この溶液は「プラズマ活性溶液（plasma-activated medium：PAM）」と名付けられ[34)]（**図 12.14**），プラズマがん治療の新たな道が開かれた。

卵巣がんや胃がんは初期の固形がんとして認められるものは外科的手術による切除，パクリタクセルやシスプラチンなどの抗がん剤により治療され得るが，より進行してくると腹腔内へ播種し，このようながん性腹膜炎の治療は現状のがん治療法ではきわめて困難である。最近，プラズマ活性溶液は卵巣がんや胃がんにおいても有効であることが示された[31), 35), 36)]が，プラズマ活性溶液を腹腔内に投与することにより播種性のがんを殺傷できれば，将来腹膜播種の治療が可能になるかもしれない。

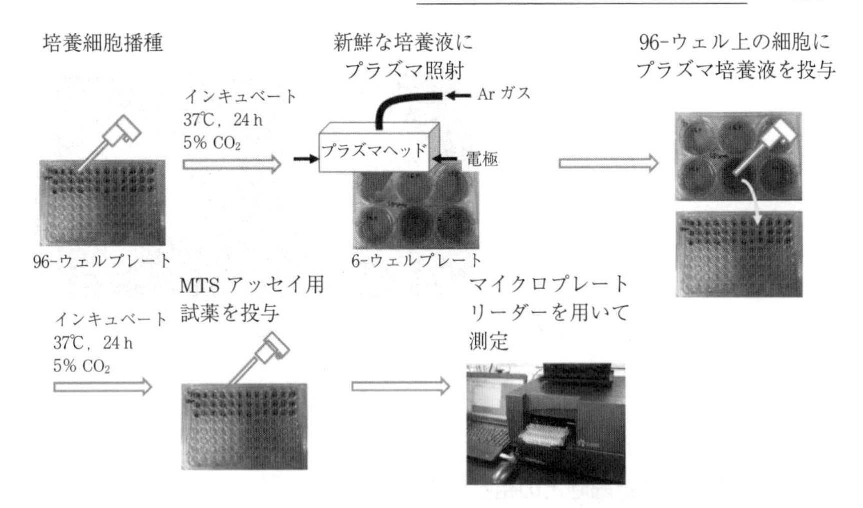

図 12.14　超高電子密度大気圧プラズマによるプラズマ活性溶液の生成

また，抗がん剤による治療で問題になっているのは，抗がん剤に耐性を持ったがん細胞による再発である。最近の研究で抗がん剤に耐性を持つ卵巣がん細胞に対してもプラズマ活性溶液は効力を発揮することが報告された[31]（**図 12.15**）。これらの研究成果により，プラズマ活性溶液は再発性のがんや播種性のがんなど進行度の高いがんに対する画期的な治療法として有望視されている。

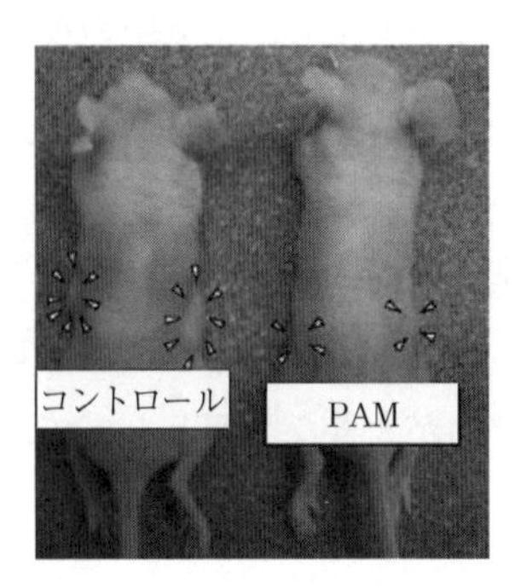

図 12.15　プラズマ活性溶液による抗がん剤耐性卵巣がんの腫瘍縮小[31]

プラズマ活性溶液の有効性はがん治療のみならず，さまざまな疾患に応用し得る。加齢黄斑変性は網膜の下の脈略膜から新生血管ができ視力の低下を招く病気である。最近，レーザーにより人工的に誘起された脈略膜新生血管にプラズマ活性溶液を投与することにより新生血管を抑制することが報告され，プラズマ活性溶液が加齢黄斑変性の治療にも有効であることが示された[37]（**図 12.16**）。加齢黄斑変性のメカニズムはがんと似ているため，がん治療に有効な治療法が有効であることは想像に難くないが，プ

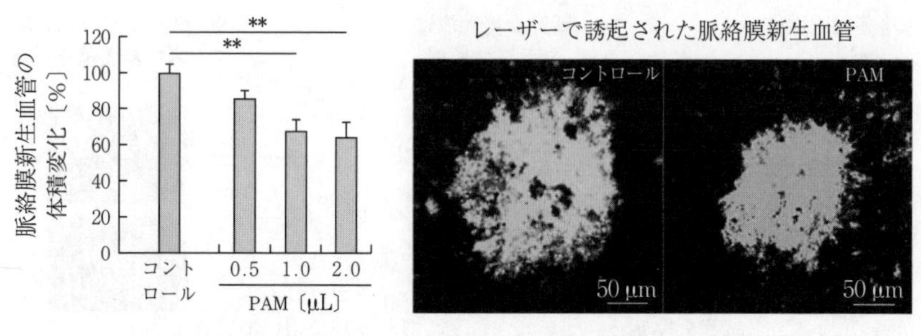

図 12.16　プラズマ活性溶液による加齢黄斑変性の治療[37)]

ラズマ活性溶液の応用範囲を広げたのはきわめて意義深い。

12.2.4　プラズマと細胞との相互作用

大気圧プラズマからは電子，イオン，ラジカル，光（紫外線，真空紫外線）などが発生し，空気中の窒素，酸素，水と反応しながら，酸素ラジカル，一酸化窒素，ヒドロキシルラジカルなどの短寿命ラジカルを生成し，さらに溶液と反応して過酸化水素，硝酸イオン，亜硝酸イオンなどの長寿命の反応生成物を生じる（**図 12.17**）。プラズマ活性培養液が抗腫瘍効果を保持できる時間は，4℃で 8 ～ 16 時間と推定されており，このような活性を維持するメカニズムの解明が大きな課題となっており，現在活発に研究されている。

これらの気相・液相中のどのような分子がどの程度細胞や組織の生理的活性

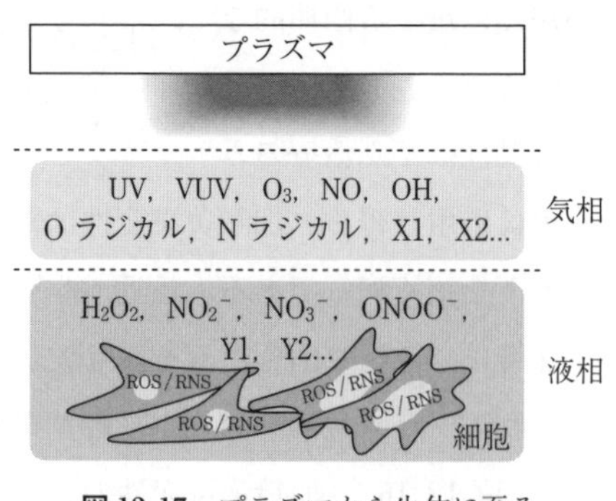

図 12.17　プラズマから生体に至るまでの反応生成物[38)]

に寄与しているのかはいまだ決定的な結論に至ってはいないが，プラズマ照射された細胞内にはROSが誘導されることが報告されており，ROSスカベンジャーである *n*-acetyl cystein（NAC）によりプラズマの効果が抑制されることから，プラズマに誘起される細胞内ROSが細胞の生理的活性に重要な役割を果たしていると考えられる。

細胞は外界からのさまざまな刺激を受けて，細胞成長，細胞死，細胞形態の変化などさまざまな生理的活性を示す。それらの反応は細胞内シグナル伝達と呼ばれる細胞内シグナル伝達物質の情報伝達リレーにより行われると考えられている（**図12.18**）。細胞膜上に存在する受容体分子が外界からの刺激を受け取ると，分子構造の変化，受容体による多量体の形成などを経て，細胞内シグナル伝達分子の細胞膜への移行などを伴いながら，シグナル伝達分子のリン酸化などにより外界からの刺激を細胞内へと伝達する。

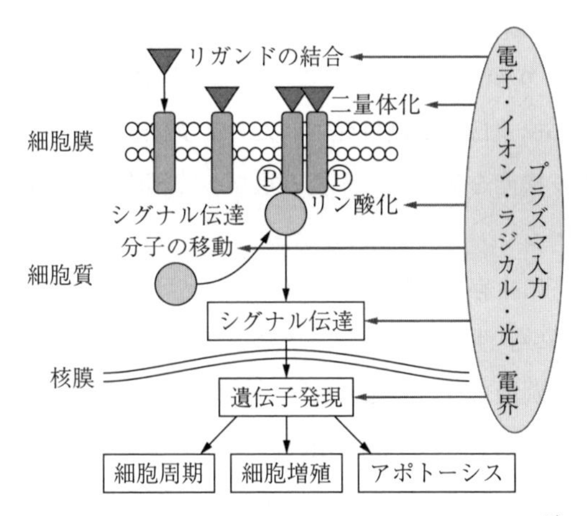

図12.18 プラズマ刺激による細胞内シグナル伝達[38)]

リン酸化されたシグナル伝達分子は活性化状態となり，他のシグナル伝達分子をリン酸化などして，下流のシグナル伝達分子を活性化する。下流のシグナル伝達分子は核内に移行して，転写因子などを活性化し外界の刺激に応じた遺伝子発現を行う。あるいは細胞骨格制御因子と作用して細胞形態の変化をもたらす。

このようなシグナル伝達経路は一般に複数存在し，複雑な制御を受けながら最終的な細胞応答を決定していると考えられている。すなわち複数のシグナル伝達経路がフィードバック制御などを伴い複雑に絡み合って，シグナリングネットワークを形成している。これらの仕組みを理解するためにはシステムとしての理解が必須である。

細胞内のシグナリングネットワークは複雑であるが，プラズマ・細胞システムは複数の入力からなるさらに複雑なシグナリングネットワーク系である。プラズマ入力が細胞内シグナリングネットワークのどこに作用するのかを明らかにすることで，作用機序を理解することが臨床応用のために必須であり，現在のプラズマ医療科学の課題である[38]。

12.2.5　プラズマがん治療の作用機序

がんは遺伝子の病気であるといわれるように，正常細胞の遺伝子に突然変異が起こることによりがん細胞が生じる。突然変異により*RAS*遺伝子や*MYC*遺伝子などのがん原遺伝子が活性化されたり，*TP53*のようながん抑制遺伝子が突然変異により機能を失うことが積み重なって細胞のがん化が引き起こされると考えられている。

がん細胞では特に生存・増殖シグナリングネットワークの遺伝子に異常が生じていることが多い。生存・増殖シグナリングネットワークとは，細胞外からの増殖因子などの刺激を受け，細胞分裂・細胞成長を促進しアポトーシスを抑制するシグナル伝達経路で，PI3K-AKTシグナル伝達経路とRAS-MAPKシグナル伝達経路が主要なシグナル伝達経路である。例えば，多くの脳腫瘍細胞には成長因子受容体や*PTEN*遺伝子に突然変異が見られ，生存・増殖シグナリングが恒常的に活性化されている。

超高電子密度大気圧プラズマ発生装置により作成したプラズマ活性溶液を脳腫瘍培養細胞に投与するとアポトーシスが誘導される。脳腫瘍培養細胞で活性化されているPI3K-AKTシグナル伝達経路とRAS-MAPKシグナル伝達経路がプラズマ活性溶液により抑制されることから，プラズマ活性溶液により脳腫瘍

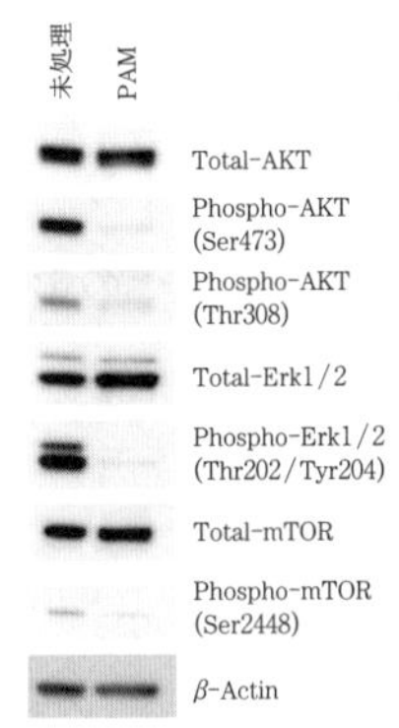

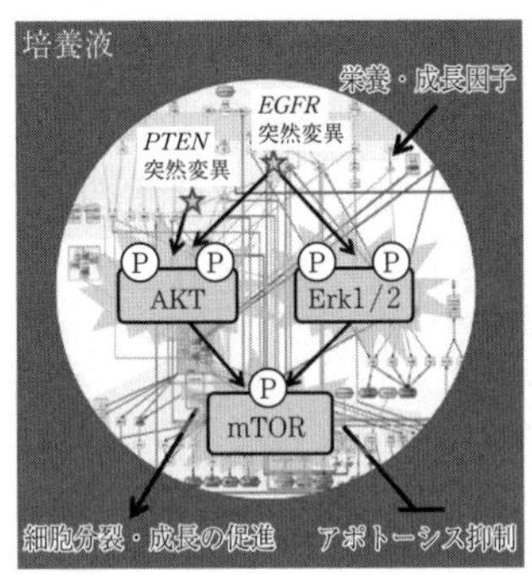

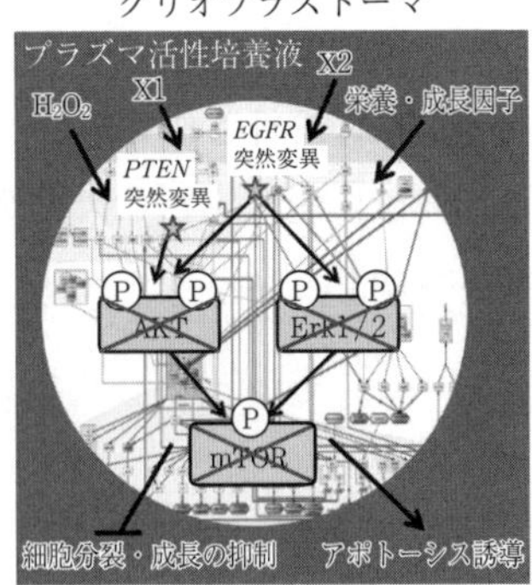

図 12.19 細胞内分子機構[38)]

培養細胞の生存・増殖シグナリングネットワークを抑制することによりアポトーシスが誘導されるという細胞内分子機構が構築された[39)]（**図 12.19**）。

脳腫瘍培養細胞に *EGFR* 遺伝子や *PTEN* 遺伝子に突然変異が生じていることが多いのに対し，非小細胞性上皮性肺がん細胞 A549 では野生型の *EGFR* 遺伝子と *PTEN* 遺伝子を発現している。その代わりに A549 細胞では *K-RAS* 突然変異を有しており，恒常的に RAS-MAPK シグナル伝達経路を活性化している。

A549 細胞においてプラズマ活性溶液と細胞障害のシグナリングネットワークとの相互作用が詳細に解析され，カスパーゼ非依存性のアポトーシスのシグナリングネットワークに作用して細胞死がもたらされることがわかった[40)]。

プラズマ活性溶液から細胞内に流入した過酸化水素などの ROS が，ミトコンドリアの膜電位差を下げたり，Bcl2/Bax の発現量比を下げたり，PARP-1 の活性化や AIF の放出，NAD^+ と ATP を下げたりなどの，小胞体ストレスに伴う反応を介してミトコンドリアの機能を弱める。さらに TRPM2 の上昇を介してカルシウムイオンの細胞内への流入を導きアポトーシスに至るという細胞内分子機構が提唱された。

以上の結果からもわかるように細胞の種類によってプラズマあるいはプラズマ活性溶液によってもたらされる細胞応答の細胞内分子機構は異なる。プラズマあるいはプラズマ活性溶液の条件によっても細胞の応答はさまざまである。これまでの研究から，プラズマ入力から細胞応答に至るまでの諸過程の分子機構が詳細に解析されてきた。引き続き，細胞の有するシグナリングネットワークの特徴に注目して，プラズマあるいはプラズマ活性溶液が及ぼす細胞への影響を解明し，統一的な学理が構築されると期待される。

引用・参考文献

1章

1）表面技術協会 編：ドライプロセスによる表面処理・薄膜形成の基礎，コロナ社（2013）

2）（株）アルバック 編：新版 真空ハンドブック，オーム社（2002）

3）松田七美男：気体分子運動論の基礎，J. Vac. Soc. Jpn., **56**, 6, p.199（2013）

4）西川 勝：気体分子運動論，共立出版（1983）

5）山科敏郎，広畑優子：真空工学，共立出版（1991）

6）Gordon M. Barrow，藤代亮一 訳：バーロー物理化学（上）第6版，東京化学同人（1999）

7）真空技術基礎講習会運営委員会 編：わかりやすい真空技術 第3版，日刊工業新聞社（2010）

8）林 義孝：真空技術入門，日刊工業新聞社（1987）

9）稲吉さかえ：気体放出，J. Vac. Soc. Jpn., **57**, 8, p.229（2014）

10）中山勝矢：新版 真空技術実務読本，オーム社（1994）

11）麻蒔立男：薄膜作成の基礎 第4版，日刊工業新聞社（2005）

12）湯山純平，末次祐介：排気と真空ポンプ，J. Vac. Soc. Jpn., **56**, 6, p.210（2013）

13）土佐正弘：真空用材料，J. Vac. Soc. Jpn., **57**, 8, p.295（2014）

14）阿武聰信，川東利男，楠元芳文，中島謙一，蔵脇淳一：一般教養 現代物理化学，培風館（1988）

15）金原 粲，藤原英夫：応用物理工学選書3 薄膜，裳華房（1979）

16）吉田貞史：応用物理工学選書3 薄膜，培風館（1990）

17）JIS Z 8126-2:1999 真空技術—用語—第2部：真空ポンプ及び関連用語

18）JIS Z 8126-3:1999 真空技術—用語—第3部：真空計及び関連用語

19）秋道 斉：種々の真空計とそれぞれの計測原理，J. Vac. Soc. Jpn., **56**, 6, p.220（2013）

20）キヤノンアネルバ（株）製品カタログ

21）浜田一彦：コンパクトなガス分析装置で見えないガスを見える化，J. Vac. Soc. Jpn., **56**, 6, p.234（2013）

2章

文献なし

3 章

1）G. Sauerbrey：Z. Phys. **155**, 206（1959）
2）C. Lu and O. Lewis：J. Appl. Phys. **43**, 4385（1972）
3）表面技術協会 編：ドライプロセスによる表面処理・薄膜形成の基礎，コロナ社（2013）
4）高山光男，早川滋雄，瀧浪欣彦，和田芳直：現代質量分析学，p.3，化学同人（2013）
5）日本質量分析学会出版委員会 訳：マススペクトロメトリー，p.5，丸善出版（2012）
6）日本質量分析学会出版委員会 訳：マススペクトロメトリー，pp.163-164，丸善出版（2012）
7）高山光男，早川滋雄，瀧浪欣彦，和田芳直：現代質量分析学，p.81，化学同人（2013）
8）日本質量分析学会出版委員会 訳：マススペクトロメトリー，p.554，丸善出版（2012）
9）H. Amemiya：Jpn. J. Appl. Phys. **57**, 887（1988）
10）堤井信力：プラズマ基礎工学，内田老鶴圃（1986）
11）例えば，M. A. Lieberman et al.：Principles of Plasma Discharges and Materials Processing，John Wiley & Sons（1994）
12）菅井秀郎：プラズマ吸収プローブによるプロセスプラズマの電子密度測定，プラズマ・核融合学会誌，**78**，10，pp.998-1006（2002）
13）http://www.nissin-inc.co.jp/product/index.html（2016 年 8 月現在）
14）http://www.aceknack.com/page10.php（2016 年 8 月現在）
15）H. Kokura, K. Nakamura, , I. Ghanashev and H. Sugai：Jpn. J. Appl. Phys. **38**, 9A（pt. 1）, pp.5262-5266（1999）
16）K. Nakamura, M. Ohata and H. Sugai：J. Vac. Sci. Technol., **A 21**, 1, pp.325-331（2003）
17）I. Liang, K. Nakamura and H. Sugai：Appl. Phys. Express, **4**, p.066101-1（2011）
18）Y. Liang, K. Kato, K. Nakamura and H. Sugai：Jpn. J. App. Phys., **50**, pp.116101（1-6）（2011）
19）A. Pandey, K. Nakamura and H. Sugai：Appl. Phys. Express, **6**, p.056202-1（2013）
20）A. Pandey, W. Sakakibara, H. Matsuoka, K. Nakamura and H. Sugai：Appl. Phys. Lett., **104**, pp.024111（1-4）（2014）
21）プラズマ・核融合学会 編：プラズマの生成と診断，コロナ社（2004）
22）プラズマ・核融合学会 編：プラズマ診断の基礎と応用，コロナ社（2006）
23）山本 学，村山精一：プラズマの分光計測，学会出版センター（1995）
24）J. S. Chang，R. M. Hobson，市川幸美，金田輝男：電離気体の原子・分子過程，東京電機大学出版局（1982）

25）後藤基志，村上 泉，藤本 孝：J. Plasma Fusion Res., **80**, 45（2004）
26）佐々木浩一：分光研究，**56**，224（2007）
27）鈴木康正，清水三郎：窒化物薄膜作製用活性窒素源の開発，ULVAC Technical Journal, **47**, 30（1997）
28）Y. Sakamoto, M. Takaya：Thin Solid Films, **475**, 198（2005）
29）NIST Atomic Spectra Database：http://www.nist.gov/pml/data/asd.cfm（2016年8月現在）
30）P. W. B. Pearce and A. G. Gaydon：The Identification of Molecular Spectra, John Wiley & Sons, Inc., New York（1976）
31）Atomic and Molecular Numerical Databases：http://dbshino.nifs.ac.jp/（2016年8月現在）
32）Databases for Atomic and Plasma Physics, Plasma Laboratory-Weizmann Institute of Science：http://plasma-gate.weizmann.ac.il/directories/databases/（2016年8月現在）
33）G. ヘルツベルグ，奥田典夫 訳：分子スペクトル入門，培風館（1975）
34）Hans R. Griem：Spectral Line Broadening by Plasmas, Academic Press（1974）
35）Se Youn Moon, W. Choe, Han S. Uhm, Y. S. Hwang and J. J. Choi：Phys. Plasmas, **9**, 4045（2002）
36）Muyang Qian, Chunsheng Ren, Dezhen Wang, Jialiang Zhang and Guodong Wei：J. Appl. Phys., **107**, 063303（2010）
37）Lin Yang, Xiaohua Tan, Xiang Wan, Lei Chen, Dazhi Jin, Muyang Qian and Gongping Li：J. Appl. Phys., **115**, 163106（2014）
38）M. Cirisan, M. Cvejić, M. R. Gavrilović, S. Jovićević, N. Konjević and J. Hermann：J. Quantitative Spectroscop. Radiat. Transfer, **133**, 652（2014）
39）Kenji Sawada and Takashi Fujimoto：Phys. Rev. E, **49**, 5565（1994）
40）K. Kano, M. Suzuki and H. Akatsuka：Plasma Sources Sci. Technol., **9**, 314（2000）
41）M. Sode, T. Schwarz-Selinger, W. Jacob and H. Kersten：J. Appl. Phys., **116**, 013302（2014）
42）B. B. Sahu, Kyung Sik Shin, Su. B. Jin, Jeon G. Han, K. Ishikawa and M. Hori：J. Appl. Phys., **116**, 134903（2014）
43）I. P. Smyaglikov, N. M. Chekan, I. P. Akula, I. L. Pobol and J. Rajczyk：Vacuum, **90**, 165（2013）
44）B. deB. Darwent：Nat. Stand. Ref. Data Ser., Nat. Bur. Stand.（U. S.）, **31**,（1970）
45）Yosuke Ichikawa, Takeshi Sakamoto, Atsushi Nezu, Haruaki Matsuura and Hiroshi Akatsuka：Jpn. J. Appl. Phys., **49**, 106101（2010）
46）N. C. M. Fuller, Irving P. Herman and Vincent M. Donnelly：J. Appl. Phys., **90**, 3182（2001）
47）Shigeaki Sumiya, Yuko Mizutani, Ryohei Yoshida, Masaru Hori, Toshio Goto,

Masafumi Ito, Tsutomu Tsukada and Seiji Samukawa：J. Appl. Phys., **88**, 576（2000）
48）P. Jamroz and W. Zyrnicki：Diamond Relat. Mater., **14**, 1498（2005）
49）Boom Soo Kim and Sang Jeen Hong：Trans. Electrical and Electronic Mater., **13**, 139（2012）

4章

1）H. A. Macleod：Thin-Film Optical Filters；Fourth Edition, CRC Press（2010）
［日本語版］小倉繁太郎 監訳，東海光学（株）訳：光学薄膜原論，アドコム・メディア（2013）
2）小檜山光信：光学薄膜の基礎理論 増補改訂版，オプトロニクス社（2011）
3）李 正中，（株）アルバック 訳：光学薄膜と成膜技術，アグネ技術センター（2002）

5章

1）榎本祐嗣，三宅正二郎：薄膜トライボロジー，東京大学出版会（1994）
2）日本トライボロジー学会固体潤滑研究会 編：固体潤滑ハンドブック，養賢堂（2010）
3）森 誠之，三宅正二郎 監修：トライボロジーの最新技術と応用，シーエムシー出版（2007）
4）大竹尚登 監修：DLC の応用技術，シーエムシー出版（2007）
5）日本学術振興会薄膜第 131 委員会 編：薄膜ハンドブック，p.1115，オーム社（2008）
6）日本学術振興会薄膜第 131 委員会 編：薄膜ハンドブック，p.1118，オーム社（2008）
7）大竹尚登：トライボロジスト，**46**，p.534（2001）
8）角館洋三：ニューダイヤモンド，**22**，1，p.20（2006）
9）E. C. Cutiongco, D. Li, Y. W. Chung and C. S. Bhatia：Trans. ASME, **118**, p.543（1996）
10）N. Umehara, K. Kato and T. Sato：Proc. Inter. Conf. on Metallurgical Coatings and Thin Films, p.151（1998）
11）T. Yoshida：Diamond Films and Technol., **7**, 2, p.87（1997）
12）Z. Yu, K. Inagawa and Z. Jin：Surf. Coat. Technol., **70**, p.147（1994）
13）S. Watanabe, S. Miyake and M. Murakawa：Trans. ASME, J. Tribology, **117**, p.629（1995）
14）玉木昭平：セラミックス，**24**，p.533（1989）
15）S. Miyake, M. Wang, T. Saitoh and S. Watanabe：Surf. Coat. Technol., **195**, p.214（2005）

16) G. Bejarano, J. M. Caicedo, E. Baca, P. Prieto, A. G. Balogh and S. Enders：Thin Solid Films, **494**, p.53（2006）

17) M. Keunecke, K. Bewilogua, E. Wiemann, K. Weigel, R. Wittorf and H. Thomsen：Thin Solid Films, **494**, p.58（2006）

18) W. D. Sproul：Science, **273**, p.889（1996）

19) T. Zehnder and J. Patscheider：Surf. Coat. Technol., **133**, **134**, 138（2000）

20) A. Czyzniewski：Thin Solid Films, **433**, 180（2003）

21) 伴　雅人：表面技術，**58**，23（2007）

22) D. Neerinck, P. Persoone, M. Sercu, A. Goel, C. Venkatraman, D. Kester, C. Halter, P. Swab and D. Bray：Thin Solid Films, **317**, 402（1998）

23) J. E Sundgren. J. Birch, G. Hakansson, L. Hultman and U. Helmerson：Thin Solid Films, **193**, **194**, 818（1990）

24) U. Helmerson, S. Todorova, S. A. Bernett, J. E. Sundgren, L. C. Markert and J. E. Grren：J. Appl. Phys., **62**, 481（1987）

25) W. D. Munz, D. B. Lewis, P. E. Hovsepian, C. Schonjahn, A. Ehiasarian and I. J. Smith：Surf. Coat. Technol., **17**, 15（2001）

26) 中山　明，瀬戸山　誠，吉岡　剛：真空，**37**，929（1994）

27) 三宅正二郎，関根幸男，渡部修一：機論（C 編），**65**，258（1999）

28) G. Binnig, H. Rohrer, Ch. Gerber and E. Weibel：Surface Studies by Scanning Tunneling Microscopy, Phys. Rev. Lett., **49**（1）, pp.57-61（1982）

29) G. Binnig, C. F. Quate and Ch. Gerber：Atomic Force Microscope, Phys. Rev. Lett., **56**（9）, pp.930-933（1986）

30) 表面技術協会 編：ドライプロセスによる表面処理・薄膜形成の基礎，コロナ社（2013）

31) 森田清三：走査型プローブ顕微鏡のすべて，工業調査会（1992）

32) 森田清三：原子間力顕微鏡のすべて，工業調査会（1995）

33) R. Kaneko, S. Oguchi, T. Miyamoto, Y. Andoh and S. Miyake：Micro-tribology for magnetic recording, STLE Special Publication SP-29, pp.31-34（1990）

34) R. Kaneko, S. Umemura, Y. Andoh, M. Hirano, T. Miyamoto and S. Fukui：Recent progress in microtribology, Wear, **200**, pp.296-304（1996）

35) S. Umemura, Y. Andoh, S. Hirono and R. Kaneko：Wear durability and adhesion evaluation methods for ultrathin overcoat films by atomic force microscopy, IEICE Trans. on Electronics, **E81**-C（3）, pp.337-342（1998）

36) 梅村　茂，廣野　滋，安藤康子，金子礼三：AFM を用いた極薄膜の密着性と耐摩耗性の評価，トライボロジスト，**46**，pp.439-446（2001）

37) 大久保芳彦，松橋伸介，田島永善，梅村　茂，廣野　滋，金子礼三：AFM ナノウェア評価における表面形状測定条件の影響，日本金属学会誌，**67**，pp.281-285（2003）

38) C. M. Mate, G. M. McClellend, R. Erlandsson, and S. Chiang：Atomic-scale friction of a tungsten tip on a graphite surface, Phys. Rev. Lett., **59**, pp.1942-1945 (1987)
39) R. Kaneko：A frictional force microscopy controlled with an electromagnet, J. Microscopy, **152**, pp363-369 (1988)
40) G. Meyer and N. M. Amer：Novel optical approach to atomic force microscopy, Appl. Phys. Lett., **53**, pp.1045-1047 (1988)
41) T. Kohno, N. Ozawa, K. Miyamoto and T. Musha：High precision optical sensor, Appl. Opt., **27**, pp.103-108 (1988)
42) R. Kaneko, S. Oguchi, S. Hara, R. Matsuda, T. Okada, H. Ogawa and Y. Nakamura：Atomic force microscopy coupled with an optical microscope, Ultramicroscopy, **42-44**, pp.1542-1548 (1992)
43) K. Yamanaka and E. Tomita：Lateral Force Modulation Atomic Force Microscope for Selective Imaging of Friction Forces, Jpn. J. Appl. Phys., **34**, 1, pp.2879-2882 (1995)

6章

1) 石井芳朗，玉本圭司：鋳鍛造と熱処理，p.11 (1994)
2) 川名淳雄：砥粒加工学会誌，**46**，5，214 (2002)
3) 特許第2989746号：鋼系複合表面処理製品とその製造方法
4) 市村博司，池永 勝：プラズマプロセスによる薄膜の基礎と応用，p.247，日刊工業新聞社 (2005)
5) W. H. Soe and R. Yamamoto：Radiation Effects & Defects in Solids, **148**, 213 (1999)
6) M. Mordin and M. Larsson：Surf. Coat. Technol., **116-119**, 108 (1999)
7) D. B. Lewis et al.：Surf. Coat. Technol., **116-119**, 284 (1999)
8) S. Boelens et al.：Surf. Coat. Technol., **33**, 63 (1987)
9) O. Knotek et al.：Mater. Sci. Eng., **A105**, **A106**, 481 (1988)
10) F. Vaz et al.：Surf. Coat. Technol., **100**, **101**, 110 (1998)
11) C. Leyens et al.：Mater. Sci. Eng., **A239**, **A240**, 680 (1997)
12) J. Musil：Surf. Coat. Technol., **125**, 322 (1999)
13) 佐藤 裕ら：表面技術，**52**，12，p.883 (2001)
14) 石川剛史ら：砥粒加工学会誌，**46**，5，p.226 (2002)
15) 井出幸夫：表面技術，**55**，9，p.601 (2004)
16) 川名淳雄：表面技術，**58**，8 (2007)
17) 斉藤邦夫：型技術，**22**，9 (2007)
18) 河田一喜：型技術，**16**，6，p.313 (2001)

7章

1）蓮井 淳：新版 溶射工学，産報出版（2006）
2）荒田吉明 編著：セラミックス溶射と応用，日刊工業新聞社（1990）
3）沖 幸男，上野和男 監修：溶射工学便覧，日本溶射協会（2010）
4）福本昌宏 監修：未来を拓く粒子積層新コーティング技術―コールド／ウォームスプレー，エアロゾルでポジションのすべて―，シーエムシー出版（2013）
5）A. Papyrin 編：Cold Spray Technology, Elsevier（2007）
6）羽田 他：世界初の1600℃級M501J形ガスタービンの実証発電設備における検証試験結果，三菱重工技報，**49**，1，pp.19-24（2012）
7）三菱重工グラフ：http://www.mhi.co.jp/discover/graph/feature/no172.html（2016年8月現在）
8）S. Stecurra：Effects of compositional changes on the performance of a thermal barrier coating system, MASA Tech. Memo., TM-78976（1979）
9）C. Mercer, J. R. Williams, D. R. Clarke and A. G. Evans：On a ferroelastic mechanism governing the toughness of metastable tetragonal-prime（t'）yttria-stabilized zirconia, Proc. R. Soc. A, **463**, pp.1393-1408（2007）
10）A. G. Evans, D. R. Clarke and C. G. Levi：The influence of oxides on the performance of advanced gas turbines, J. European Ceramic Soc., **28**, pp.1405-1419（2008）
11）S. Sampath, U. Schulz, M. O. Jarligo and S. Kuroda：Processing science of advanced thermal-barrier systems, MRS Bulletin, **37**, 10, pp.903-910（2012）
12）S. Kuroda and A. Sturgeon：Thermal Spray Coatings for Corrosion Protection in Atmosheric and Aquesous Environments, ASM Hand Book 13B, ASM International（2005）
13）JIS H 8300：亜鉛，アルミニウム及びそれらの合金溶射（2011）
14）American Welding Society：Corrosion tests of flame-sprayed coated steel 19 year report, **C2**, pp.14-79（1974）
15）加藤 他：18年間海洋暴露した溶射鋼管試験体の解析と補修，防錆管理，**50**，1，pp.22-26（2006）
16）S. Kuroda, S. Uematsu, K. Kato, Y. Ichiryu and H. Saitoh：A 25 year exposure test of thermal sprayed Zn, Al, and Zn-Al coatings in marine environments, Proc. Int. Thermal Spray Conf., DVS, pp.340-344（2014）
17）M. Watanabe, A. Owada, S. Kuroda and Y. Gotoh：Effect of WC size on interface fracture toughness of WC-Co HVOF sprayed coatings, Surf. Coat. Technol., **201**, 3-4, pp.619-627（2006）
18）トーカロ ホームページ：http://www.tocalo.co.jp/applied/steel/steel_01.html（2016年8月現在）
19）渡邊 他：タングステンの効率的利用のためのウォームスプレー法による

WC-Co 皮膜の開発，日本金属学会誌，**71**，p.853（2007）

8 章

1）（株）テクノ・アイ ホームページ：http://www.tec-eye.co.jp/deltaperm.html（2016 年 8 月現在）
2）（株）三ツワフロンテック ホームページ：https://www.mitsuwa.co.jp/goods/goods/mfb1000/mfb1000.html （2016 年 8 月現在）
3）ハイバリア材料の開発　成膜技術とハイバリア性の測定・評価，技術情報協会，p.493（2004）
4）浦本上 進：大体積イオンプレーティングのための大直径プラズマ，真空，**25**，10，p.660，日本真空協会（1982）
5）特許第 5188782 号：プラズマ CVD 装置及びプラスチック表面保護膜の形成方法
6）特許第 5188781 号：プラズマ処理装置及びプラスチック表面保護膜の形成方法
7）原 大治：ガスバリア材料の開発，東ソー研究・技術レポート，p.39（2013）
8）上田敦士ら：ペットボトル用高速・高バリア DLC コーティング装置，三菱重工技報，**42**，1（2005）
9）特許第 4237204 号：マイクロ波プラズマ処理装置及びマイクロ波プラズマ処理方法

9 章

1）J. N. Israelachvili：Intermolecular and Surface Forces 2nd ed., Academic Press Ltd., London（1992）
2）R. N. Wenzel：Ind. Eng. Chem., **28**, 988（1936）
3）A. B. D. Cassie and S. Baxter：Trans. Faraday Soc., **40**, 546（1944）
4）L. A. Girifalco and R. J. Good：J. Phys. Chem., **61**, 904（1957）
5）表面技術協会 編：ドライプロセスによる表面処理・薄膜形成の基礎，p.180，コロナ社（2013）
6）D. Eisenberg, W. Kauzmann：The Structure and Properties of Water, Oxford University Press（2005）
7）D. A. McQuarrie and J. D. Simon：Physical Chemistry-A Molecular Approach, University Science Books, Sausalito, California, p.668（1997）
8）F. F. Fowkes：Ind. Eng. Chem., **56**, 12, 40（1964）
9）D. K. Owens and R. C. Wendt：J. Appl. Polym. Sci., **13**, 8, pp.1741-1747（1969）
10）T. Young：Phil. Trans. R. Soc. Lond., **95**, 65（1805）
11）T. S. Chow：J. Phys.：Condensed Matter, **10**, 27, L445（1998）
12）T. Nishio, M. Meguro, K. Nakamae, M. Matsushita and Y. Ueda：Langmuir, **15**,

4321（1999）
13）好野則夫：表面，**34**，p.339（1996）
14）渡辺健太郎，山中雅彦：表面技術，**49**，823（1998）
15）T. Onda, S. Shibuichi, N. Satoh and K. Tsujii：Langmuir, **12**, 2125（1996）
16）S. Shibuichi, T. Onda, N. Satoh and K. Tsuji：J. Phys. Chem., **100**, 19512（1996）
17）技術情報協会 編：エレクトロニクス・エネルギー分野における超撥水・超親水化技術，p.3，技術情報協会（2012）

10 章

1）M. -C. Choi, Y. Kim and C.-S. Ha：Prog. Polym. Sci., **33**, 581（2008）
2）T. Nakatani, K. Okamoto, Y. Nitta, A. Mochizuki, H. Hoshi and A. Homma：Photopolym. Sci. Technol., **21**, V230, 225（2008）
3）I. Gancarz, G. Pozniak and M. Bryjak：Eur. Polym. J., **35**, 1419（1999）
4）T. Steckenreiter, E. Balanzat, H. Fuess and C. Trautmann：Nucl. Instr. Meth. Phys. Res., **B 131**, p.159（1997）
5）M. Day and D. M. Willes：J. Appl. Polym. Sci., **16**, 203（1972）
6）S. Masseya, P. Cloutierb, L. Sancheb and D. Roy：Rad. Phys. Chem., **77**, 889（2008）
7）S. I. Stoliarova, P. R. Westmorelanda, M. R. Nydenb and G. P. Forney：Polymer, **44**, 883（2003）
8）E. Stoffels, I. E. Kieft and R. E. J. Sladek：J. Phys. D Appl. Phys., **36**, 2908（2003）
9）G. Fridman, A. Shereshevsky, M. M. Jost, A. D. Brooks, A. Fridman, A. Gutsol, V. Vasilets and G. Friedman：Plasma Chem., Plasma Process., **27**, 163（2007）
10）G. Fridman, G. Friedman, A. Gutsol, A. B. Shekhter, V. N. Vasilets and A. Fridman：Plasma Processes Polym., **5**, 503（2008）
11）M. G. Kong, G. Kroesen, G. Morfill, T. Nosenko, T. Shimizu, J. van Dijk and J. L. Zimmermann：New J. Phys., **11**, 115012（2009）
12）A. Bogaerts, E. Neyts, R. Gijbels and J. van der Mullen：Spectrochimica Acta, **B 57**, 609（2002）
13）Y. Setsuhara, K. Cho, K. Takenaka, M. Shiratani, M. Sekine and M. Hori：Thin Solid Films, **519**, 6721（2011）
14）Y. Setsuhara, K. Cho, M. Shiratani, M. Sekine, M. Hori, E. Ikenaga and S. Zaima：Thin Solid Films, **518**, 3555（2009）
15）Y. Setsuhara, K. Cho, M. Shiratani, M. Sekine and M. Hori：Thin Solid Films, **518**, 6492（2009）
16）Y. Setsuhara, K. Cho, K. Takenaka, A. Ebe, M. Shiratani, M. Sekine, M. Hori, E. Ikenaga, H. Kondo, O. Nakatsuka and S. Zaima：Thin Solid Films, **518**, 1006（2009）
17）Y. Setsuhara, K. Cho, K. Takenaka, M. Shiratani, M. Sekine, M. Hori, E. Ikenaga and S. Zaima：Thin Solid Films, **518**, 3561（2009）

18）Y. Setsuhara, K. Cho, K. Takenaka, M. Shiratani, M. Sekine and M. Hori：Surf. Coat. Technol., **205**, S355（2010）
19）Y. Setsuhara, K. Cho, K. Takenaka, M. Shiratani, M. Sekine and M. Hori：Surf. Coat. Technol., **205**, S484（2011）
20）Y. Setsuhara, K. Cho, K. Takenaka, M. Shiratani, M. Sekine and M. Hori：Thin Solid Films, **518**, 6320（2009）
21）K. Cho, Y. Setsuhara, K. Takenaka, M. Shiratani, M. Sekine and M. Hori：Thin Solid Films, **519**, 6810（2011）
22）Y. Setsuhara, K. Cho, M. Shiratani, M. Sekine and M. Hori：Current Appl. Phys., **13**, S59（2013）
23）E. Takahashi, Y. Nishigami, A. Tomyo, M. Fujiwara, H. Kaki, K. Kubota, T. Hayashi, K. Ogata, A. Ebe and Y. Setsuhara：Jpn. J. Appl. Phys., **46**, 1280（2007）
24）Y. Setsuhara, T. Shoji, A. Ebe, S. Baba, N. Yamamoto, K. Takahashi, K. Ono and S. Miyake：Surf. Coat. Tehcnol., **174**, **175**, 33（2003）
25）Y. Setsuhara, K. Takenaka, A. Ebe and K. Nishisaka：Plasma Process. Polym., **4**, S628（2007）
26）Y. Setsuhara, K. Takenaka, A. Ebe and K. Nishizaka：Solid State Phenomena, **127**, 239（2007）
27）H. Deguchi, H. Yoneda, K. Kato, K. Kubota, T. Hayashi, K. Ogata, A. Ebe, K. Takenaka And Y. Setsuhara：Jpn. J. Appl. Phys., **45**, 8042（2006）
28）K. Takenaka, Y. Setsuhara, K. Nishisaka and A. Ebe：Jpn. J. Appl. Phys., **45**, 8046（2006）
29）K. Takenaka, Y. Setsuhara, K. Nishisaka and A. Ebe：Plasma Process. Polym., **4**, S1009（2007）
30）K. Takenaka, T. Sera, A. Ebe and Y. Setsuhara：Plasma Process. Polym., **4**, S1013（2007）
31）K. Takenaka, Y. Setsuhara, K. Nishisaka and A. Ebe：Trans. Mat. Res. Soc. Jpn., **32**, 493（2006）
32）T. Uchida, N. Shimo, H. Sugimura and H. Masuhara：J. Appl. Phys., **76**, 4872（1994）
33）H. Niino and A. Yabe：Appl. Phys. Lett., **63**, 3527（1995）
34）H. Niino and A. Yabe：Appl. Surf. Sci., **96-98**, 550（1996）
35）K. Kordás, L. Nánai, K. Bali, K. Stépán, R. Vajtai, T. F. George and S. Leppävuori：Appl. Surf. Sci., **168**, 66（2000）
36）E. Sarantopoulou, J. Kovac, Z. Kollia, I. Raptis, S. Kobe and A. C. Cefalas：Surf. Interf. Anal., **40**, 400（2008）
37）A. Holländer, J. E. Klemberg-Sapieha and M. R. Wertheimer：Macromolecules, **27**, 2893（1994）
38）U. Kogelschatz, H. Esrom, J.-Y. Zhang and I. W. Boyd：Appl. Surf. Sci., **168**, 29

(2000)
39) U. Kogelschatz：Pure & Appl. Chem., **62**, 1667（1990）
40) J. Zhang, H. Esrom, U. Kogelschatz and G. Emig：J. Adhesion Sci. Technol., **8**, 1179（1994）
41) A. Hozumi, Y. Yokogawa, T. Kameyama, Y. Wu, H. Sugimura and O. Takai：MRS Symp. Proc., **750**, 95（2002）
42) A. Hozumi, T. Masuda, K. Hayashi, H. Sugimura, O. Takai and T. Kameyama：Langmuir, **18**, 9022（2002）
43) S. Tanaka, Y. Naganuma, C. Kato and K. Horie：J. Photopolym. Sci. Technol., **16**, 165（2003）
44) V. Skurat：Nucl. Instr. Meth. Phys. Res. B, **208**, 27（2003）
45) M. Charbonnier and M. Romand：Intern. J. Adhesion & Adhesives, **23**, 277（2003）
46) F. Truica-Marasescu and M. R. Wertheimer：Macromol. Chem. Phys., **206**, 744（2005）
47) Y.-J. Kim, K.-H. Lee, H. Sano, J. Han, T. Ichii, K. Murase and H. Sugimura：Jpn. J. Appl. Phys., **47**, 307（2008）
48) Y.-J. Kim, Y. Taniguchi, K. Murase, Y. Taguchi and H. Sugimura：Appl. Surf. Sci., **255**, 3648（2009）
49) 黒澤 宏，佐々木 亘，瀧川靖雄：レーザー研究, **20**, 11（1992）
50) C. von Sonntag：Photophysics and Photochemistry in the Vaccum Ultraviolet (Edited by S. P. McGlynn, G. L. Findley and R. H. Huebner, NATO ASI Series；Series C：Mathematical and Physical Sciences Vol. 142, D. Reidel Publishing Company, Dordrecht（1985）p.913；G. Heit, A. Neuner, P.-Y. Saugy and A. M. Braun：J. Phys, Chem. A, **102**, 5551（1998）
51) R. A. George, D. H. Martin and E. G. Wilson：J. Phys. C., **5**, 871（1972）
52) 杉村博之：表面技術，**63**，751（2012）
53) H. Sato：Chem. Rev., **101**, 2687（2001）
54) A. B. J. Finlayson-Pitts and J. N. Pitts, Jr.：Atomopheric Chemistry：Fundamentals and Experimental Techniques, John Wiley & Sons（1986）
55) 渡辺充広，松井貴一，杉本将治，本間英夫：エレクトロニクス実装学会誌，**10**，299（2007）
56) 杉本将治：表面技術，**61**，197（2010）
57) S. Onari：J. Phys. Soc. Japan, 26, 500（1969）
58) S. Takabayashi, K. Okamoto, K., H. Motoyama, T. Nakatani, H. Sakaue and T. Takahagi：Surf. Interface Anal., **42**, 77（2010）
59) R. P. Roland and R. W. Anderson：Chem. Mater., **13**, 2501（2001）
60) 松浦輝夫：酸素酸化反応—酸素および酸素活性種の化学—，12 章 酸素原子による酸化，p.315，丸善（1977）

61）P. Andresen and A. C. Luts：J. Chem. Phys., **72**, 5842（1980）
62）A. C. Luntz：J. Chem. Phys., **73**, 1143（1980）
63）J. J. Robin：New Synthetic Methods, Advance in Polymer Science, p.35 Chapter 2 The use of Ozone in the Synthesis of New Polymers and the Modification of Polymers, Springer（2004）
64）谷口義尚，金 永鍾，萩生真知子，田口好弘，杉村博之：表面技術，**65**，234（2014）
65）杉村博之：ケミカルエンジニヤリング，**59**，405（2014）
66）H. Sugimura, N. Miki, A. Nakamura and T. Ichii：Chem. Lett., **43**, 1557（2014）
67）H. Sugimura, K. Ushiyama, A. Hozumi and O. Takai：Langmuir, **16**, 885（2000）
68）杉村博之，穂積 篤：バイオインダストリー，**22**，85（2005）
69）杉村博之：真空，**48**，506（2005）

11章

1）J. F. Field：The Properties of Natural and Synthetic Diamond, Academic Press（1992）
2）例えば，（株）不二越のホームページ：http://www.nachi-fujikoshi.co.jp/tool/drill/0503a.htm（2016年8月現在）
3）例えば，（株）アライドマテリアルのホームページ：http://www.allied-material.co.jp/products/tungsten/heatsink/heatsync/（2016年8月現在）
4）S. Sonoda, J. H. Won, H. Yagi, A. Hatta, T. Ito and A. Hiraki：Appl. Phys. Lett., **70**, p.2574（1997）
5）S. Koizumi, M. Kamo, Y. Sato, H. Ozaki and T. Inuzuka：Appl. Phys. Lett., **71**, p.1065（1997）
6）F. P. Bundy, H. P. Bovenkerk, H. T. Hall and R. H. Wentorf, Jr.：Nature, **176**, p.51（1955）
7）例えば，B. V. Derjaguin, D. V. Fedoseev, V. M. Lukyanovich, B. V. Spitsyn, V. A. Ryabov and A. V. Lavreutyev：J. Cryst. Growth, **2**, p.380（1968）
8）例えば，J. C. Angus：J. Appl. Phys., **39**, p.2915（1968）
9）S. Matsumoto, Y. Sato, M. Kamo and N. Setaka：Jpn. J. Appl. Phys., **21**, p.L183（1982）
10）M. Kamo, Y. Sato, S. Matsumoto and N. Setaka：J. Cryst. Growth, **62**, p.642（1983）
11）S. Matsumoto：J. Mater. Sci. Lett., **4**, p.600（1985）
12）A. Sawabe and T. Inuzuka：Appl. Phys. Lett., **46**, p.146（1985）
13）K. Suzuki, A. Sawabe, H. Yasuda and T. Inuzuka：Appl. Phys. Lett., **50**, p.728（1987）
14）S. Matsumoto, M. Hino and T. Kobayashi：Appl. Phys. Lett., **50**, p.737（1987）
15）K. Kurihara, K. Sasaki, M. Kawarada and N. Koshino：Appl. Phys. Lett., **52**, p.437（1988）

16）広瀬洋一，坂本明徳，藤田信行：表面技術，**40**，p.104（1989）
17）Y. Mitsuda, T. Yoshida and K. Akashi：Rev. Sci. Instrum., **60**, p.249（1989）
18）広瀬洋一：精密工学会誌，**53**，p.1057（1987）
19）Y. Mitsuda, K. Kojima, T. Yoshida and K. Akashi：J. Mater. Sci., **22**, p.1557（1987）
20）Y. Mitsuda, K. Tanaka and T. Yoshida：J. Appl. Phys., **67**, p.3604（1990）
21）T. Aizawa, T. Ando, M. Kamo and Y. Sato：Phys. Rev., **B 48**, p.18348（1993）
22）Y. Mitsuda, T. Yamada, T. J. Chuang, H. Seki, R. P. Chin, J. Y. Huang and Y. R. Shen：Surf. Sci., **257**, p.L633（1991）
23）Y. Mitsuda, T. Moriyasu and N. Masuko：Diamond & Related Mater., **2**, p.333（1993）
24）S. Yugo, T. Kanai, T. Kimura and T. Muto：Appl. Phys. Lett., **58**, p.1036（1991）
25）K. Nose, T. Suwa, K. Ikejiri and Y. Mitsuda：Diamond and Related Materials, **20**, p.687（2011）
26）M. Kamo, H. Yurimoto and Y. Sato：Appl. Surf. Sci., **33**, **34**, p.553（1988）
27）S. Koizumi, T. Murakami, K. Suzuki and T. Inuzuka：Appl. Phys. Lett., **57**, p.563（1990）
28）B. R. Stoner and J. T. Glass：Appl. Phys. Lett., **60**, p.698（1992）
29）X. Jiang and C. P. Klages：Diamond Relat. Mater., **2**, p.1112（1993）
30）K. Kobashi：Diamond Films, Elsevier（2005）
31）S. Aisenberg and R. Chabot：Ion-Beam Deposition of Thin Films of Diamondlike Carbon, J. Appl. Phys., **42**, 7, pp.2953-2958（1971）
32）大竹尚登監修：DLC の応用技術，シーエムシー出版（2007）
33）J. Robertson：Diamond-like amorphous carbon, Mater. Sci. Eng., **R37**, pp.129-281（2002）
34）K. Bewilogua and D. Hofmann：History of diamond-like carbon films—From first experiments to worldwide applications, Surf. Coat. Technol., **242**, pp.214-225（2014）
35）表面技術協会発行：表面技術，**58**，10，pp.562-592（2007）
36）斎藤秀俊，田中章浩：DLC 標準化活動，NEW DIAMOND，**28**，3，pp.6-11（2012）
37）M. Tan, J. Zhu, A. Liu, Z. Jia and J. Han：Effects of mass density on the microhardness and modulus of tetrahedral amorphous carbon films, Mater. Lett., **61**, pp.4647-4650（2007）
38）L. M. Ferris：Mellitic Acid from the Oxidation of Graphite with 90% Nitric Acid, J. Chem. Eng. Data, **9**, pp.387-388（1964）
39）大竹尚登，平塚傑工，斎藤秀俊：DLC 膜の標準化について，トライボロジスト，**58**，8，pp.538-544（2013）
40）辻岡正憲：環境に優しいハードコーティングの技術動向とその応用，表面技

術，**63**，3，pp.134-139（2012）

41）黒河内昭夫，和田健太朗，森田寛之，西口 晃，今野芳則：離型性を重視したダイヤモンドライクカーボン薄膜に関する研究，埼玉県産業技術総合センター研究報告，4（2006）

42）中谷正樹：DLC コーティングによる高ガスバリヤ性 PET ボトル，DLC 膜ハンドブック，pp.175-182（2006）

43）大越康晴，平栗健二：生体親和性評価，NEW DIAMOND，**28**，3，pp.41-44（2012）

44）Y. Nitta, K. Okamoto, T. Nakatani, H. Hoshi. A. Honma, E. Tatsumi and Y. Taenaka：Diamond-like carbon thin film with controlled zeta potential for medical material application, Diamond Relat. Mater., **17**, pp.1972-1976（2008）

45）M. Hiramatsu, H. Nakamori, Y. Kogo, M. Sakurai, N. Ohtake and H. Saitoh：Correlation between Optical Properties and Hardness of Diamond-Like Carbon Films, J. Sol. Mech. and Mater. Eng., **7**, 2, pp.187-198（2013）

46）斎藤秀俊：DLC 膜がたどった歴史，NEW DIAMOND，**26**，1，pp.3-8（2010）

47）例えば，W. C. Oliver and G. M. Pharr：An improved technique for determining hardness and elastic modulus using load and displacement sensing indentation experiments, J. Mater. Res., **7**, 6, pp.1564-1583（1992）

48）神田一隆，石神龍哉，安田啓介，岩井善郎，橋本賢樹：ダイヤモンド状炭素（DLC）膜の組成と摩擦・摩耗特性に関する研究，公益財団法人若狭湾エネルギー研究センター平成 22 年度「公募型共同研究事業」成果報告書

49）C. Donnet and A. Erdemir（Ed.）：Tribology of Diamond-like Carbon Films, p.194, Springer（2008）

50）久保百司：第一原理分子動力学法と Tight-Binding 量子分子力学法によるダイヤモンドライクカーボンの摩擦化学反応ダイナミクスと低摩擦機構の解明，J. Comput. Chem. Jpn., **12**, 1, pp.A3-A13（2013）

51）森 広行：大気中無潤滑下における DLC-Si 膜の低摩擦特性，表面技術，**59**，6，pp.401-407（2008）

52）加納 眞：DLC を用いた潤滑下の低フリクション化技術の適用と課題，表面技術，**58**，10，pp.578-581（2007）

53）A. Y. Liu and M. L. Cohen：Prediction of New Low Compressibility Solids, Science, **245**, pp.841-842（1989）

54）A. Y. Liu and M. L. Cohen：Structural properties and electronic structure of low-compressibility materials：b-silicon nitride and hypothetical carbon nitride, Phys. Rev. B, **41**, pp.10727-10734（1990）

55）高井 治：CNx 材料とその機械的性質，トライボロジスト，**44**，9，pp.680-686（1999）

56）J. ZHAO and C. Fanb：First-principles study on hardness of five polymorphs of

C_3N_4, Physica B, **403**, 10-11, pp.1956-1959（2008）
57）J. Martin-Gil, F. J. Martin-Gil, M. Sarikaya, M. Qian, M. J. Yacam and A. Rubio：Evidence of a low compressibility carbon nitride with defect-zincblende structure, J. Appl. Phys., **81**, pp.2555-2559（1997）
58）藤樫勇気，広畑優子，日野友明：反応性スパッタ法による高硬度窒化炭素膜（CN_X）の作製，真空，**44**，3，pp.306-309（2001）
59）K. Kato, N. Umehara and K. Adachi：Friction, wear and N_2-lubrication of carbon nitride coatings, Wear, **254**, 11, pp.1062-1069（2003）
60）浜村尚樹，坂本幸弘：窒素イオン照射したグラファイトの電界電子放出特性，J. Surf. Finish. Soc. Jpn., **57**, 3, pp.238-239（2006）
61）坂本幸弘：炭素系材料への異元素添加と電界電子放出特性の評価，Project Report of Research Institute of C. I. T, pp.9-12（2005）
62）H. Ito, H. Ajima and H. Saitoh：Hydrogen Storage Phenomenon in Amorphous Phase of Hydrogenated Carbon Nitride, Jpn. J. Appl. Phys., **42**, 1, 8, pp.5251-5254（2001）
63）井上 淳，田島政弘：窒化炭素蛍光体の調製と発光特性，島根県産業技術センター研究報告，**45**，pp.15-18（2009）
64）仁田昌二，青野裕美：低誘電率媒体としてのアモルファス窒化炭素薄膜，応用物理，**71**，7，pp.892-894（2001）
65）J. Zhang, X. Chen, X. Fu and X. Wang：Synthesis of a Carbon Nitride Structure for Visible-Light Catalysis by Copolymerization, Angew. Chem. Int. Ed., **49**, 2, pp.441-444（2010）
66）R. H. Wentorf：The Behavior of Some Carbonaceous Materials at Very High Pressures and High Temperatures, J. Phys. Chem., **69**, pp.3063-3069（1965）
67）L. Maya：J. Polym. Sci. A：Paracyanogen reexamined, Polym. Chem., **31**, pp.2595-2600（1993）
68）L. Maya, D. R. Cole and E. W. Hagamo：Carbon-Nitrogen Pyrolyzates：Attempted Preparation of Carbon Nitride, J. Am. Ceram. Soc., **74**, 7, pp.1686-1688（1991）
69）M. R. Wixom：Chemical Preparation and Shock Wave Compression of Carbon Nitride Precursors, J. Am. Ceram. Soc., **73**, pp.1973-1978（1990）
70）E. H. Bordon et al.：High-Pressure Synthesis of Crystalline Carbon Nitride Imide, $C_2N_2(NH)$, Angew. Chem. Int. Ed., **46**, 9, pp.1476-1480（2007）
71）J. Martin-Gil, F. J. Martin-Gil, M. Sarikaya, M. Qian, M. J. Yacam and A. Rubio：Evidence of a low compressibility carbon nitride with defect-zincblende structure, J. Appl. Phys., **81**, pp.2555-2559（1997）
72）M. J. Bojdys, J. O. Müller, M. Antonietti and A. Thomas：Ionothermal Synthesis of Crystalline, Condensed, Graphitic Carbon Nitride, Chem. Eur. J., **14**, 27, pp.8177-

8182（2008）

73）M. Okoshi, Y. Sakamoto and M. Takaya：Effects of Reaction Time and Pressure for Preparation of Carbon Nitride Using Microwave Plasma CVD, J. Mat. Sci. Soc. Jpn., **43**, 2, pp.106-109（2006）（in Japanese）

74）Y. P. Zhang, Y. S. Gu, X. R. Chang, Z. Z. Tian, D. X. Shi and X. F. Zhang：Characterization of carbon nitride thin films deposited by microwave plasma chemical vapor deposition, Surf. Coat. Technol., **127**, pp.259-264（2000）

75）塚田 捷：電子放出機構の量子力学的基礎，表面科学，**23**，1，pp.9-17（2002）

76）足立幸志ほか：日本機械学会東北支部第41期総会・講演会講演論文集，p.95（2006）

77）H. Sugimura, N. Tajima, K. Kawata and O. Takai：On Wear Resistivity of Amorphous Carbon Nitride Thin Films Prepared by Arc Ion Plating, J. Surf. Finish. Soc. Jpn., **52**, 12, pp.887-890（2001）

78）T. Hayasi, A. Matumuro, M. Muramatu, M. Kohazaki and K. Yamaguchi：Wear Resistance of C-N Thin Films Prepared by Ion-Beam-Assisted Deposition, Trans. Jpn. Soc. Mech. Eng. C, **65**, 633, pp.2042-2049（1999）

79）E. Osawa：Superaromaticity, **25**, pp.854-863（1970）

80）S. IIjima：Helical microtubules of graphitic carbon, Nature, **354**, pp.56-58（1991）

81）S. Ogata and Y. Shibutani：Ideal tensile strength and band gap of single-walled carbon nanotubes, Phys. Rev. B, **68**, p.165409（2003）

82）S. Maruyama et al.：Low-Temperature Synthesis of High-Purity Single-Walled Carbon Nanotubes from Alcohol, Chem. Phys. Lett., **360**, pp.229-234（2002）

83）P. Nikolaev et al.：Gas-phase catalytic growth of single-walled carbon nanotubes from carbon monoxide, Chem. Phys. Lett., **313**, pp.91-97（1999）

84）斎藤 毅 他：DIPS法による高純度・低欠陥単層カーボンナノチューブの連続合成と直径制御技術，物理会誌，**62**，pp.591-595（2007）

85）K. Hata et al.：Water-Assisted Highly Efficient Synthesis of Impurity-Free Single-Walled Carbon Nanotubes, Science, **306**, pp. 1362-1365（2004）

86）A. Sekiguchi et al.：Robust and Soft Elastomeric Electronics Tolerant to Our Daily Lives, Nano Lett., **15**, pp.5716-5723（2015）

87）S. Bae et al.：Roll-to-roll production of 30-inch graphene films for transparent electrodes, Nature nanotechnol., **5**, pp.574-578（2010）

88）S. Chen et al.：Thermal conductivity of isotopically modified graphene. Nature Materials, **11**, pp.203-207（2012）

89）W. S Hummers Jr., R. E. Offeman：Preparation of Graphitic Oxide, J. Am. Chem. Soc., **80**, p.1339（1958）

90）H. Yamaguchi et al.：Highly Uniform 300 mm Wafer-Scale Deposition of Single and Multilayered Chemically Derived Graphene Thin Films, ACS Nano, **4**, pp.524-

528（2010）

91）AJ. V. Bommel et al.：LEED and Auger electron observations of the SiC（0001）surface, Surf. Sci., **48**, pp.463-472（1975）

92）J. W. May：Platinum surface LEED rings, Surf. Sci., **17**, pp. 267-270（1669）

93）Q. Yu et al.：Graphene segregated on Ni surfaces and transferred to insulators, Appl. Phys. Lett., **93**, p.113103（2008）

94）X. Li et al.：Large-area synthesis of high-quality and uniform graphene films on copper foils, Science, **324**, pp.1312-1314（2009）

95）T. Kobayashi et al.：Production of a 100-m-long high-quality graphene transparent conductive film by roll-to-roll chemical vapor deposition and transfer process, Appl. Phys. Lett., **102**, 023112（2013）

96）J. Kim et al.：Low-temperature synthesis of large-area graphene-based transparent conductive films using surface wave plasma chemical vapor deposition, Appl. Phys. Lett., **98**, 091502（2011）

97）T. H. Han et al.：Extremely Efficient Flexible Organic Light-emitting Diodes with Modified Graphene Anode, Nature Photonics, **6**, pp. 105-110（2012）

12章

1）C. Cooper, G. Campion, L. J. Melton 3rd.：Hip fractures in the elderly：a world-wide projection, Osteoporosis Int., **2**, 285（1992）

2）但野 茂：非侵襲骨応力計測の原理，骨研究最前線，NTS（2013）

3）菅野伸彦：人工関節の歴史と人工股関節最新デザインコンセプト，人工臓器，**40**（1），52（2011）

4）R. G. T. Geesink, K. de Groot and C. P. Klein：Bonding of bone to apatite-coated implants, J. Bone Joint Surg. Br., **70**, 17-22（1988）

5）稲垣雅彦，亀山哲也：プラズマバイオマテリアルコーティング，J. Plasma & Fusion Res., **83**（7），595（2007）

6）M. Inagaki, Y. Yokogawa and T. Kameyama：Improvement of bond strength of plasma-sprayed hydroxyapatite on titanium composite coatings on titanium：Partial nitriding of titanium deposits by rf thermal plasma, J. Vacu. Sci. Tech., **A 21**, 1225（2003）

7）Y. Nakashima, K. Hayashi, T. Inadome, K. Uenoyama, T. Hara, T. Kanemaru, Y. Sugioka and I. J. Noda：Hydroxyapatite-coating on titanium arc sprayed titanium implants, Biomed. Mater. Res., **35**, 287-298（1997）

8）浜名俊彰，長谷川幸治ら：第18回日本整形外科学会基礎学術集会予稿集（2003）

9）M. Inagaki and T. Kameyama：Phase transformation of plasma-sprayed hydroxyapatite coating with preferred crystalline orientation, BIOMATERIALS,

28, 2923（2007）
10）青木秀希：表面科学，**10**，96（1989）；H. Aoki：Medical application of Hydroxyapatite, Tokyo, St Louis, Ishiyaku Euro America, p.210（1994）
11）S. D. Cook, K. A. Thomas, J. F. Kay and M. JARCHO：Hydroxyapatite-coated titanium for orthopedic implant applications, Clin. Orthop. Rel. Res., **232**, 225-243（1988）
12）B. C. Wang, T. M. Lee, E. Chang and C. Y. Yang：The shear strength and the failure mode of plasma-sprayed hydroxyapatite coating to bone：The effect of coating thickness, J. Biomed. Mater. Res., **27**, 1315（1993）
13）K. Hayashi, M. Inagaki et al.：Effect of a prostaglandin EP4 receptor agonist on early fixation of hydroxyapatite/titanium composite-and titanium-coated rough-surfaced implants in ovariectomized rats, J. Biomed. Mater. Res. A, **92A**, 1202（2010）
14）山根隆志，兵藤行志，亀山哲也，稲垣雅彦，金 平：アジア高齢者対応人工股関節の研究開発動向調査，NEDO 国際先導調査事業，平成 19 年度成果報告書
15）福田英次，高橋広幸，中川誠治，中島義雄，中野貴由：電子ビーム積層造形法による骨類似機能化した人工関節の開発，まてりあ，**52**（2），74（2013）
16）G. Fridman, G. Friedman, A. Gutsol, A. B. Shekhter, V. N. Vasilets and A. Fridman：Applied plasma medicine, Plasm. Proc. Polym., **5**, pp. 503-533（2008）
17）M. Laroussi：Low-Temperature Plasmas for Medicine?, IEEE Trans. Plasm. Sci., **37**, pp.714-725（2009）
18）堀 勝：未来を創るプラズマ，応用物理，**2**，pp.132-135（2014）
19）I. E. Kieft, J. L. V. Broers, V. Caubet-Hilloutou, D. W. Slaaf, F. C. S. Ramaekers, and E. Stoffels：Electric discharge plasmas influence attachment of cultured CHO k1 cells, Bioelectromagnetics, **25**, pp.362-368（2004）
20）I. E. Kieft, M. Kurdi and E. Stoffels：Reattachment and apoptosis after plasma-needle treatment of cultured cells, IEEE Trans. Plasm. Sci., **34**, pp.1331-1336（2006）
21）G. Fridman, A. Shereshevsky, M. M. Jost, A. D. Brooks, A. Fridman, A. Gutsol, V. Vasilets and G. Friedman：Floating electrode dielectric barrier discharge plasma in air promoting apoptotic behavior in melanoma skin cancer cell lines, Plasm. Chem. Plasm. Proc., **27**, pp.163-176（2007）
22）H. J. Ahn, K. I. Kim, G. Kim, E. Moon, S. S. Yang and J. S. Lee：Atmospheric-Pressure Plasma Jet Induces Apoptosis Involving Mitochondria via Generation of Free Radicals, Plos One, 6（2011）
23）R. Sensenig, S. Kalghatgi, E. Cerchar, G. Fridman, A. Shereshevsky, B. Torabi, K. P. Arjunan, E. Podolsky, A. Fridman, G. Friedman, J. Azizkhan-Clifford and A. D. Brooks：Non-thermal Plasma Induces Apoptosis in Melanoma Cells via

Production of Intracellular Reactive Oxygen Species, Annals of Biomed. Eng., **39**, pp.674-687（2011）

24）Y. Okazaki, Y. Wang, H. Tanaka, M. Mizuno, K. Nakamura, H. Kajiyama, H. Kano, K. Uchida, F. Kikkawa, M. Hori and S. Toyokuni：Direct exposure of non-equilibrium atmospheric pressure plasma confers simultaneous oxidative and ultraviolet modifications in biomolecules, J. Clin. Biochem. Nutr., **55**, pp.207-215（2014）

25）M. Iwasaki, H. Inui, Y. Matsudaira, H. Kano, N. Yoshida, M. Ito and M. Hori：Nonequilibrium atmospheric pressure plasma with ultrahigh electron density and high performance for glass surface cleaning, Appl. Phys. Lett., **92**（2008）

26）K. I. Fengdong Jia, K. Takeda, H. Kano and H. K. J. Kularatne, M. Sekine and M. Hori：Spatiotemporal behaviors of absolute density of atomic oxygen in a planar type of Ar/O_2 non-equilibrium atmospheric-pressure plasma jet, Plasma Sources Science and Technology, **23**, p.7（2014）

27）K. Takeda, M. Kato, F. D. Jia, K. Ishikawa, H. Kano, M. Sekine and M. Hori：Effect of gas flow on transport of O（P-3（j））atoms produced in ac power excited non-equilibrium atmospheric-pressure O-2/Ar plasma jet, J. Phys. D-Appl. Phys., **46**（2013）

28）S. Iseki, K. Nakamura, M. Hayashi, H. Tanaka, H. Kondo, H. Kajiyama, H. Kano, F. Kikkawa and M. Hori：Selective killing of ovarian cancer cells through induction of apoptosis by nonequilibrium atmospheric pressure plasma, Appl. Phys. Lett., **100**（2012）

29）M. Vandamme, E. Robert, S. Pesnel, E. Barbosa, S. Dozias, J. Sobilo, S. Lerondel, A. Le Pape and J. M. Pouvesle：Antitumor Effect of Plasma Treatment on U87 Glioma Xenografts：Preliminary Results, Plasm. Proc. Polym., **7**, pp.264-273（2010）

30）M. Keidar, R. Walk, A. Shashurin, P. Srinivasan, A. Sandler, S. Dasgupta, R. Ravi, R. Guerrero-Preston and B. Trink：Cold plasma selectivity and the possibility of a paradigm shift in cancer therapy, Br. J. Cancer, **105**, pp.1295-1301（2011）

31）F. Utsumi, H. Kajiyama, K. Nakamura, H. Tanaka, M. Mizuno, K. Ishikawa, H. Kondo, H. Kano, M. Hori and F. Kikkawa：Effect of Indirect Nonequilibrium Atmospheric Pressure Plasma on Anti-Proliferative Activity against Chronic Chemo-Resistant Ovarian Cancer Cells In Vitro and In Vivo, Plos One, **8**, p.e81576（2013）

32）I. Yajima, M. Iida, M. Y. Kumasaka, Y. Omata, N. Ohgami, J. Chang, S. Ichihara, M. Hori and M. Kato：Non-equilibrium atmospheric pressure plasmas modulate cell cycle-related gene expressions in melanocytic tumors of RET-transgenic mice, Experimental Dermatology, **23**, pp.424-425（2014）

33) M. Iida, I. Yajima, N. Ohgami, H. Tamura, K. Takeda, S. Ichihara, M. Hori and M. Kato：The effects of non-thermal atmospheric pressure plasma irradiation on expression levels of matrix metalloproteinases in benign melanocytic tumors in RET-transgenic mice, Eur. J. Dermatol., **24**, pp.392-394（2014）
34) H. Tanaka, M. Mizuno, K. Ishikawa, K. Nakamura, H. Kajiyama, H. Kano, F. Kikkawa and M. Hori：Plasma-Activated Medium Selectively Kills Glioblastoma Brain Tumor Cells by Down-Regulating a Survival Signaling Molecule, AKT Kinase, Plasma Medicine, **1**, pp.265-277（2011）
35) F. Utsumi, H. Kajiyama, K. Nakamura, H. Tanaka, M. Hori and F. Kikkawa：Selective cytotoxicity of indirect nonequilibrium atmospheric pressure plasma against ovarian clear-cell carcinoma, Springerplus, **3**, p.398（2014）
36) K. Torii, S. Yamada, K. Nakamura, H. Tanaka, H. Kajiyama, K. Tanahashi, N. Iwata, M. Kanda, D. Kobayashi, C. Tanaka, T. Fujii, G. Nakayama, M. Koike, H. Sugimoto, S. Nomoto, A. Natsume, M. Fujiwara, M. Mizuno, M. Hori, H. Saya and Y. Kodera：Effectiveness of plasma treatment on gastric cancer cells, Gastric Cancer（2014）
37) F. Ye, H. Kaneko, Y. Nagasaka, R. Ijima, K. Nakamura, M. Nagaya, K. Takayama, H. Kajiyama, T. Senga, H. Tanaka, M. Mizuno, F. Kikkawa, M. Hori and H. Terasaki：Plasma-activated medium suppresses choroidal neovascularization in mice：a new therapeutic concept for age-related macular degeneration, Sci. Rep., **5**, p. 7705（2015）
38) H. Tanaka, M. Mizuno, K. Ishikawa, K. Nakamura, F. Utsumi, H. Kajiyama, H. Kano, Y. Okazaki, S. Toyokuni, S. Maruyama, F. Kikkawa and M. Hori：Plasma Medical Science for Cancer Therapy. ～toward cancer therapy using non-thermal atmospheric pressure plasma～, IEEE Trans. Plasm. Sci.（2014）
39) H. Tanaka, M. Mizuno, K. Ishikawa, K. Nakamura, F. Utsumi, H. Kajiyama, H. Kano, S. Maruyama, F. Kikkawa and M. Hori：Cell survival and proliferation signaling pathways are downregulated by plasma-activated medium in glioblastoma brain tumor cells, Plasma Medicine, **2**, p.12（2012）
40) T. Adachi, H. Tanaka, S. Nonomura, H. Hara, S. I. Kondo and M. Hori：Plasma-activated medium induces A549 cell injury via a spiral apoptotic cascade involving the mitochondrial-nuclear network, Free Radic. Biol. Med., **79C**, pp.28-44（2014）

索　引

ドライプロセスによる表面処理・薄膜形成の応用

Advanced Dry Processing for Surface Finishing and Thin Films Coating

2016 年 12 月 28 日　初版第 1 刷発行　★

編　　者　一般社団法人
表面技術協会
発行者　株式会社　コロナ社
代表者　牛来真也
印刷所　新日本印刷株式会社

112-0011　東京都文京区千石 4-46-10
発行所　株式会社　**コロナ社**
CORONA PUBLISHING CO., LTD.
Tokyo Japan
振替 00140-8-14844・電話(03)3941-3131(代)
ホームページ　http://www.coronasha.co.jp

ISBN 978-4-339-04650-2　（齋藤）　（製本：愛千製本所）
Printed in Japan